# カミキリ学のすすめ

新里達也 編著
槇原 寛・大林延夫・高桑正敏・露木繁雄 著

海游舎

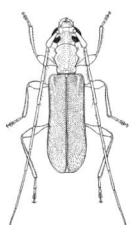

まえがき

　科学や技術の専門分野を称して何々屋と呼ぶことがある．生物学の分野に限れば，植物屋とかシダ屋，あるいは鳥屋などである．虫に目をやれば，蝶屋，蛾屋，トンボ屋．カブトムシやタマムシなど硬い羽（翅鞘）をもつ甲虫類の専門家は甲虫屋と呼ばれる．甲虫類は日本だけでも既知種が1万ほどの大きなグループであるため，さらに分野が細かく分かれ，コガネムシ屋やタマムシ屋，ゾウムシ屋などの専門家がいる．カミキリムシは，その多様な色調と変化ある姿形，日本産だけでも750種という種数の多さゆえ愛好家が多く，カミキリ屋は数多い甲虫専門家のなかでも，やや大きな派閥をもっている．

　そうしたカミキリ屋の5人が，自分たちのこだわり続けた研究史を書き下ろしたのが，この『カミキリ学のすすめ』である．このカミキリ学という聞きなれない言葉は，昆虫学あるいは甲虫学からもじった即席学派である．その「すすめ」とは，カミキリムシ研究を楽しんでもらいたいという純粋な思いがあってのこと．それ以上でも以下でもない．

　そもそも本書は，『日本産カミキリムシ』という総説が出版された2007年に企画された．専門的な内容は同書に譲るとしても，カミキリ研究の四方山話を詰め込んだ本をこの機会に世に送りだせないかという思いが，その当初抱いた出版のイメージであった．そこで，日頃から親しくさせていただいているカミキリ屋の先輩方にお声かけをして，原稿執筆をお願いした．

　序章は，カミキリがどんな昆虫であるのか，その興味深い側面を簡単に紹介した．各論となる次章以降を読み進めるための，水先案内のようなものである．その後に続く5章は次のとおり．第1章「ハナカミキリの話」（大林延夫），第2章「ムナミゾアメイロカミキリの分類学」（新里達也），第3章「熱帯降

雨林のカミキリムシ」(槇原 寛)，第4章「非武装地帯の崩壊がコブヤハズ群にもたらしたもの」(高桑正敏)，第5章「カミキリムシとの出会いと発見史」(露木繁雄)．このように，本書はカミキリのことしか書かれていないので，そのほかのことを期待されても困る．本当にカミキリの話だけである．

　この企画が成功したかどうかは，正直なところよくわからない．ただ言えることは，著者の誰もが終始楽しみながら，担当する一章を書き上げたことだけは間違いない．そうした思いがお伝えできたかどうかが，たぶん成否の鍵であるだろう．本書を手にした皆様には，耽美で不思議なカミキリの世界を，どうか楽しんでいただければ幸いである．

　本書の表紙には，旧友の分島徹人さんに，「ヤマシャクヤクの花に訪れたフタスジカタビロハナカミキリ」をモチーフにした日本画を描き下していただいた．彼は多彩な芸術家であるがまた熱心なカミキリ屋でもある．推薦文は，私たちの甲虫屋仲間である養老孟司さんにお寄せいただいた．友人の伊藤弥寿彦さんと佐藤岳彦さんからは，各章の扉用に素敵な著者のスナップ写真をご提供いただいた．また，(株)海游舎の本間陽子さんには，終始変わらぬご支援をいただくとともに，私どもの遅筆を辛抱強く見守ってくださった．そのほか誌面の都合でお名前を一人ずつ上げることはできないが，本書編纂の過程で多くの方々のご支援をいただいた．この場を借りて厚くお礼を申し上げたい．

　2013年7月25日

著者を代表して　新里達也

目 次

序章 カミキリ学のすすめ (新里達也)
- 0-1 身近なカミキリムシ ……………………………………………… 1
- 0-2 名前の由来 ………………………………………………………… 3
- 0-3 カミキリムシの分類 ……………………………………………… 4
- 0-4 類縁の近いハムシ ………………………………………………… 5
- 0-5 生活史 ……………………………………………………………… 6
- 0-6 植物との共進化 …………………………………………………… 8
- 0-7 植物との攻防 ……………………………………………………… 9
- 0-8 興味深い生物地理 ………………………………………………… 10

1 ハナカミキリの話 (大林延夫)
- 1-1 はじめに …………………………………………………………… 13
- 1-2 ハナカミキリの起源 ……………………………………………… 16
- 1-3 私のカミキリムシ研究 …………………………………………… 20
- 1-4 カミキリムシの分類体系 ………………………………………… 22
  - 科と亜科の分類 ……………………………………………… 22
  - ハナカミキリ亜科の族の分類 ……………………………… 25
  - 後翅の翅脈と族の分類 ……………………………………… 26
- 1-5 属の分類と雄交尾器 ……………………………………………… 28
  - 分類形質としての雄交尾器 ………………………………… 29
  - 雄交尾器の研究 ……………………………………………… 31
- 1-6 属の分布から見たハナカミキリの歴史 ………………………… 32
  - 祖先的な形態的特徴を残しているグループ ……………… 32
  - ヒラヤマコブハナカミキリ属 ……………………………… 34
  - テツイロハナカミキリ属 …………………………………… 34
  - ハイイロハナカミキリ属とアラメハナカミキリ属 ……… 36
  - ヒメハナカミキリ属 ………………………………………… 37
  - ハナカミキリ族のさまざまな属 …………………………… 38
  - 東洋区のハナカミキリ ……………………………………… 39
  - ウォーレシアのハナカミキリ ……………………………… 40
- 1-7 ハナカミキリではなくなったカミキリムシ …………………… 44
  - ニセハナカミキリ亜科 ……………………………………… 44
  - キヌツヤハナカミキリ族 …………………………………… 48
  - ホソコバネカミキリ亜科 …………………………………… 50
- 1-8 ハナカミキリの話題 ……………………………………………… 53

		よつすじ紋をもつハナカミキリ	53
		ヤクシマヨツスジハナカミキリ	55
		ヨツスジハナカミキリ属	56
		クロオオハナカミキリ属	57
		エトロフハナカミキリ属とカタキハナカミキリ属	59
		ヨスジホソハナカミキリ属	61
1-9	おわりに		63

2　ムナミゾアメイロカミキリの分類学　　　　　　　　　　（新里達也）

2-1	出会い		65
		満開のカシの花	65
		オブリィウム	67
2-2	研究事始め		68
		ムナミゾアメイロカミキリの仲間	68
		珍品のカミキリムシ	69
		日本における研究史	69
2-3	風変わりな形態と習性		71
		奇妙な雄交尾器	71
		特殊化が著しいメダカカミキリ属	72
		さまざまな産卵行動	74
		卵の隠蔽と熊手状器官	75
		産卵行動の進化	77
		スネケブカヒロコバネカミキリ	78
2-4	熊手状器官をもたない異端児		79
		メダカアメイロカミキリ属の創設	79
		風変わりなナカネアメイロカミキリ	81
2-5	台湾とゆかりのある謎の2種		82
		長崎市愛宕山の謎のオブリィウム	82
		佐渡のウスゲアメイロカミキリ	84
		ウスゲアメイロカミキリとシリグロアメイロカミキリは同種か	85
		都内で発見されたシリグロアメイロカミキリ	86
2-6	ヒゲナガアメイロカミキリの住む迷宮		87
		ベーツが記載した謎のオブリィウム	87
		研究者の混迷	88
		林匡夫による再記載	90
		分布疑問種の烙印	91
		存在の再認識	92
		ロンドン自然史博物館	93
		タイプ標本の精査	95
		期待される再発見	98
2-7	サドチビアメイロカミキリの正体		99
		サドチビアメイロカミキリとツシマアメイロカミキリの関係	99
		日本周辺にも分布するツシマアメイロカミキリ	100
		日本国内のツシマアメイロカミキリの変異	101

　　　　黒いムナミゾアメイロカミキリの理由 ………………………… 102
　　　　サドチビアメイロカミキリの真の正体 ………………………… 103
　　　　佐渡のサドチビアメイロカミキリを求めて …………………… 105
　2-8　本州中部から発見されたエゾアメイロカミキリ ……………………… 108
　　　　日本新記録のムナミゾアメイロカミキリ ……………………… 108
　　　　エゾアメイロカミキリの繁殖戦略 ……………………………… 109
　　　　群馬県上野村でエゾアメイロカミキリが採れた ……………… 111
　　　　扉温泉から記録された謎のムナミゾアメイロカミキリ ……… 113
　　　　幼虫の探索 ………………………………………………………… 115
　　　　続く成虫の探索 …………………………………………………… 117
　　　　執念の成虫採集 …………………………………………………… 119
　2-9　オブリィウム研究はまだ続く …………………………………………… 123

3　熱帯降雨林のカミキリムシ　　　　　　　　　　　　　　　（槇原 寛）

　3-1　カミキリムシとの出会い ………………………………………………… 125
　3-2　1998年ブキットスハルト ― 全ての始まり ― ……………………… 127
　　　　エルニーニョ南方振動現象による極度の乾燥 ………………… 131
　　　　トラップの設置 …………………………………………………… 132
　　　　文献が届かない …………………………………………………… 133
　　　　山火事 ……………………………………………………………… 135
　　　　森林火災の原因 …………………………………………………… 137
　　　　燃え残った木で虫採り …………………………………………… 138
　　　　ヘビが出る ………………………………………………………… 139
　　　　暴　動 ……………………………………………………………… 141
　　　　石炭火消火 ………………………………………………………… 143
　　　　サマリンダ大洪水 ………………………………………………… 145
　　　　花に集まるカミキリムシ ………………………………………… 146
　　　　ライトトラップ …………………………………………………… 150
　　　　マレーズトラップ ………………………………………………… 155
　　　　吊り下げ式トラップ ……………………………………………… 157
　　　　自然物を利用しての採集法 ……………………………………… 158
　　　　激動の1年のまとめ ……………………………………………… 167
　3-3　ブキットバンキライ天然林 ……………………………………………… 167
　　　　ブキットバンキライの概要 ……………………………………… 168
　　　　ブキットバンキライの調査 ……………………………………… 168
　　　　ブキットスハルトのカミキリムシ目録 ………………………… 171
　　　　火災後に異常な個体数増減を示すカミキリムシ ……………… 172
　　　　海に出る …………………………………………………………… 174
　　　　近隣地域との類縁性 ……………………………………………… 175
　3-4　新たな展開 ………………………………………………………………… 176
　　　　再びサマリンダへ ………………………………………………… 176
　　　　応用研究の始まり ………………………………………………… 177
　　　　CDM試験林の調査 ……………………………………………… 182
　　　　再びブキットスハルト …………………………………………… 187
　3-5　おわりに …………………………………………………………………… 189

4 非武装地帯の崩壊がコブヤハズ群にもたらしたもの　　（高桑正敏）

- 4-1 はじめに ………………………………………………………… 191
- 4-2 コブヤハズカミキリ群の属種たち ……………………………… 192
  - 属の系統関係は不明 ………………………………………… 193
  - 属種の奇妙な分布 …………………………………………… 196
  - 成虫越冬という生活史 ……………………………………… 199
  - 食性の知見 …………………………………………………… 200
- 4-3 非武装地帯の崩壊 ………………………………………………… 202
  - 「非武装地帯」説の台頭 …………………………………… 202
  - ハイブリッド集団の発見 …………………………………… 204
  - 奥裾花渓谷における非武装地帯の消滅 …………………… 206
  - 奥裾花渓谷の現在 …………………………………………… 207
- 4-4 謎だらけの「黒紋コブヤハズ」………………………………… 209
  - 「黒紋コブヤハズ」は本当にハイブリッド？ …………… 209
  - 「黒紋コブヤハズ」が発現する条件 ……………………… 211
  - 人工的に作り出された黒紋コブヤハズ …………………… 214
  - 「無紋コブヤハズ」とは …………………………………… 215
  - 「無紋マヤサンコブヤハズ」とは ………………………… 217
  - 黒紋コブヤハズが出現した年代 …………………………… 218
- 4-5 八ヶ岳における2種の攻防 ……………………………………… 220
  - 信じられない思い …………………………………………… 220
  - 28年後の敗退 ………………………………………………… 221
  - ハイブリッドゾーンの発見 ………………………………… 222
  - 進出のバリアーとなっている林道 ………………………… 225
  - かつての非武装地帯と今後の課題 ………………………… 226
  - 拡大造林政策がもたらしたもの …………………………… 227
- 4-6 コブヤハズ類の攻防が語るもの ―種とは何か― ………… 229
  - 相転移説 ……………………………………………………… 230
  - 遺伝的な観点と分布・形態的な観点 ……………………… 231
  - 最終氷期最盛期以降を考える ……………………………… 233
  - 地史的な時代に交雑はあったか …………………………… 235

5 カミキリムシとの出会いと発見史　　（露木繁雄）

- 5-1 カミキリムシとの出会い ………………………………………… 237
- 5-2 思い出のカミキリたち …………………………………………… 238
  - モモグロハナカミキリ ……………………………………… 239
  - ヒメヨツスジハナカミキリ ………………………………… 240
  - カエデノヘリグロハナカミキリ …………………………… 241
  - カスガキモンカミキリ ……………………………………… 242
  - ヨコヤマトラカミキリ ……………………………………… 243
  - キョクトウトラカミキリ …………………………………… 244
  - エトロフハナカミキリ ……………………………………… 246
  - ホソコバネカミキリ類 ……………………………………… 247

	ネキダリス番外編	257
	マダラゴマフカミキリ	261
	ジュウニキボシカミキリ	263
	クロツヤヒゲナガコバネカミキリ	264
	カノコサビカミキリ	266
	ムネマダラトラカミキリ	266
	ヒラヤマコブハナカミキリ	268
	フトキクスイモドキカミキリ	270
	フタスジカタビロハナカミキリ	271
	ベーツヒラタカミキリ	272
	イボタサビカミキリ	274
	オトメクビアカハナカミキリ	276
	ムナコブハナカミキリ	278
	トゲムネアラゲカミキリ	281
5-3	虫屋との出会い	283
	草間慶一さん (1924〜1998)	283
	西川協一さん (1936〜2000)	285
	甲虫談話会の大先生方	286
	私と同年代および私より若いカミキリ屋さんたち	288

引用文献 ………………………………………………………………… 291

本書に登場するカミキリムシの和名・学名一覧 ……………………… 297

事項索引 ………………………………………………………………… 306

序章　カミキリ学のすすめ

(新里達也)

0-1　身近なカミキリムシ

　カミキリムシを知らないという人はまずいないだろう．同じ甲虫の仲間のカブトムシやクワガタムシに比べれば知名度はやや落ちるけれど，ヒゲが長くて白い斑紋があり，捕まえると「キィキィ」鳴く虫といえば，たいがい話は通じる．とはいえ，よほどの虫好きでもない限り，なかなかこれ以上のイメージは膨らまない．おそらく普通の人が思い浮かぶ虫の正体もおよそ次の3種くらいのものである (図 0-1)．

　可能性が一番高いのがゴマダラカミキリ．ミカンやポプラなどをはじめとする果樹や庭木の害虫である．体の大きさは 25〜35 mm，光沢のある黒い体に白い斑紋を散らしている．北海道，本州，四国および九州に分布する．琉球からは本種とは別に，オオシマゴマダラカミキリなど近縁の3種が知られている．

　次はキボシカミキリ．体はやや細く触角も長い．体長は 15〜30 mm．ツヤ消

図 0-1 身近なカミキリムシ 3 種 （A）ゴマダラカミキリ．（B）キボシカミキリ．（C）シロスジカミキリ (伊藤弥寿彦撮影)

しの灰色の体に黄白色の斑紋をもつ．灰色に見えるのは，黒い体に灰色の毛が密に生えているからである．昔は庭先にイチジクの木を植えている家が多く，本種にひどく食害されていた．最近はイチジクよりも，空き地などに生えているヤマグワでよく見つかる．九州以北の本土域に分布する本種は，おそらく明治以降のやや新しい時代に，中国北東〜南部より人為的に運び込まれ定着したものである．もっとも，琉球や伊豆諸島にはこれとは別にキボシカミキリの日本在来の集団が分布している．

　もう 1 種だけ可能性があるとすればシロスジカミキリであろう．ただしこの虫は今では結構珍しい．里山の雑木林が，農林業の担い手を失い放置されてから長い歳月が過ぎた．成長しすぎた林で，このカミキリが好むコナラやクヌギの 10〜20 年生の若い木が少なくなったことが，減少の原因といわれている．本種は大きく立派な体格をもち，体長が 40〜55 mm もある．ツヤ消しの灰色

の体に黄白色の斑紋を散らしている．本州，四国および九州に分布するが，中国や朝鮮半島などの大陸側からも知られている．

　かつて，雑木林から切り出した薪を煮炊きに利用していた時代があった．庭先で薪割りをしていると，その中から鉄砲虫と呼ばれるカミキリの幼虫が現れる．それを集めて焼いて食べたという話を，子供の頃に母親から聞かされたことがある．その昔話の背景は栃木の田舎であったから，食用にした鉄砲虫はこのシロスジカミキリであったと思う．実際にカミキリの幼虫は，世界各地の，とりわけ熱帯地域では広く食用にされている．有名な『ファーブル昆虫記』にも，オオウスバカミキリの幼虫を試食する話が登場する．

0-2　名前の由来

　カミキリムシの語源は「髪切り」に由来する．響きが同じ「紙切り」はその語源として正しくない．カミキリの牙 (=大腮) はよく発達していて，その形が結髪を切る鬘切り鋏の形に似ているところから，そう呼ばれるようになったらしい．実際にこの虫の成虫は，蛹から羽化して植物体から野外に出るときに樹皮に孔を空け，また摂食などのために植物の組織を齧り取る．そういったときに，強靭な大腮は頼りになる道具である．それはニッパー状のねじ切る構造をもっていて，試しに紙を切らしてみても穴を開けることはあるが，うまく切断することができない．その仕草を見てもやはり「紙切り」でないことがわかる．

　カミキリムシの名前の起源は古く，平安時代中期に著された『和文抄』のなかに，すでに嚙髪虫＝髪を齧る虫という「髪切り」とほぼ同じ語彙を見ることができる．同じ平安時代末期の『類聚名義抄』にもカミキリと思われる虫が登場し，そのカミが髪の語彙と一致する．

　一方，中国語の漢字では天牛のように書いて，その発達した触角を天に向けて伸びる牛の角に見立てている．ヨーロッパのいくつかの言語でも longhorn または longicorn (英語)，longicornes (仏語) と呼ばれ，ツノやヒゲの語彙はいずれもこの虫の長い触角を見立てたものである［英語には timber beetle (樹木の甲虫) という表現もある］．また，独語の Bockkäfer の Bock はウシやシカなどの偶蹄類の雄のことで，これも似たような連想からきているのだろう．もっとも，カミキリの長い触角は威嚇や闘争に用いる道具ではなく，嗅覚と触覚を

担う重要な感覚器官である.

　日本でも天牛は大陸から渡来した漢字文化とともに別称として用いられることもあるが，あまり一般的ではない．それにしても，日本語の「髪切虫」は諸外国の言語とは着想が全く異なり独特である．それゆえ，奥ゆかしい日本文化を垣間見る思いがして面白い．

0-3　カミキリムシの分類

　カミキリムシが含まれる甲虫類は一般に体の外被が硬く，前翅が体の後半部をすっぽりと覆い，例外もあるが普通は後翅がその中に完全に納められている点が，他の昆虫類のグループと見分けるうえで重要な識別点となる．

　このなかでもカミキリは，頭から体の後ろに伸びる長い触角が目立った特徴である．体の大きさは最小 2 mm，最大 170 mm 超と変異が大きいが，日本で普通に見られるものは 10〜20 mm 程度で，意外に小さなものが多い．体格も細長くスマートなものから幅広く強健なものなどさまざまである．色彩は，茶や黒だけの地味なもの，黒と黄色の縞模様，緑や青の金属光沢，空色に黒の模様をもつものなど色調や模様の変化が多く，美しい種類も少なくない．体の表面にほとんど毛がなく光沢が強いもの，逆に毛深いもの，ゴツゴツしたこぶを備えるものもいる．

　カミキリは，分類学的にはケラモドキカミキリムシ科，タマムシカミキリムシ科，クリハラカミキリムシ科，ムカシカミキリムシ科，ホソカミキリムシ科およびカミキリムシ科の 6 科からなるカミキリムシ上科の総称というのが現在広く受け入れられている分類体系である．これとは別に，これらカミキリムシ類 6 科全てを類縁の近いハムシ類とともに，ハムシ上科という大きなグループのなかに併合し，そのなかに広義のカミキリムシ科をすえて，上記の 6 科をその亜科として扱うという体系を用いることも多い．あるいは，ホソカミキリムシ科，ムカシカミキリムシ科およびカミキリムシ科の 3 科を立てて，カミキリムシ科のなかにその他の科群を亜科として併合するという考え方もある．

　カミキリムシ類 6 科のうち日本産については，カミキリムシ科とホソカミキリムシ科の 2 科が知られている．カミキリムシ科はさらに多くの亜科に分類され，日本産についてはニセクワガタカミキリ亜科，ノコギリカミキリ亜科，ク

ロカミキリ亜科，ハナカミキリ亜科，ホソコバネカミキリ亜科，カミキリ亜科およびフトカミキリ亜科の7亜科より構成される．

現在まで記録されているカミキリの種数は，日本産では約750種(亜種の単位を含めると約950)に及ぶ．この種数は全ヨーロッパの総種数約550種(Bense, 1995)の約1.4倍に匹敵し，わが国がいかにカミキリの種多様性が高い地域であることかがうかがえる．世界からこれまで記録されたカミキリムシの総種数は，タバキリアン・シェビロー (G. Tavakilian & H. Chevillotte) のデータベース，Titan (2019年4月) によれば，37,740である．

0-4　類縁の近いハムシ

カミキリムシと血縁的に近い仲間にハムシ科がある．普通はハムシとカミキリはかなり異なった形をしていてあまり見間違えることはないが，実際にはハムシのようなカミキリやその逆の例も知られている．

両グループを分ける体の構造の違いとしては，カミキリは頭部にある1対の触角が長く，体の後方に向けて伸びるが，ハムシはこの触角が短く，通常は前方に向けて伸びる．また，カミキリでは肢の脛節に必ず2本の端棘をもつが，ハムシの場合は0〜2本と変異がある．これでは端棘を2本もつハムシはカミキリと区別が難しくなるわけだが，そのようなハムシの一群は触角の状態を見ることにより区別がいちおう可能である．いちおうと言葉を濁したのは，これらの形質にしばしば例外が認められるからである．経験豊かな分類学者でさえ，うっかりすると両者を見誤ることもある．

また，カミキリの成虫が発音するのは，発音板と呼ばれる中胸背板のやすり状構造と前胸背板を擦り合わせることによるもので，これは外敵に対する威嚇に主に用いられる．この発音板の存在こそがカミキリの特徴と思われがちだが，この器官はハムシ科のカタビロハムシ亜科にも認められる．逆にカミキリムシ科のなかでも祖先的なグループとされるノコギリカミキリ亜科は中胸に発音板をもたず，上翅の縁と後肢を使って発音を行う．

私たちは外観を見て直感的にカミキリとハムシを見分けている場合が多いが，体の構造を詳しく調べると，中間的な特徴が見つかり，なかなか両者を決定的に分けるのは難しい．このほかに系統的には明らかに遠いグループである

図 0-2 カミキリムシとそれによく似た虫　(A) モモグロハナカミキリ (© 大林・新里, 2007 (田辺秀雄撮影))．(B) ジョウカイの一種 (ジョウカイボン科)．(C) ヒナルリハナカミキリ (© 大林・新里, 2007 (田辺秀雄撮影))．(D) アカクビボソハムシ (ハムシ科)．

が，ジョウカイボン科やカミキリモドキ科などの甲虫も，野外でカミキリと見誤ることが多い仲間である (図 0-2)．

0-5　生活史

　甲虫の仲間であるカミキリムシは，卵・幼虫・蛹・成虫の完全変態の生活環をもつ．例外的にムカシカミキリ科では，若齢期とそれ以降で幼虫の形態を変える過変態が知られている．

　卵の期間は短く，通常は 1〜2 週間で幼虫が孵化してくる．幼虫期間は生活環のなかで最も長く，通常は 6〜9 か月を要し，長いものでは 2 年以上に及ぶものもある．蛹の期間は前蛹期間を含めて 2〜4 週間と比較的短い．もっとも，いずれかのステージで休眠を行う場合は，その期間はさらに長期に及ぶ．なお，

図 0-3　カミキリムシの生活史　　ヨーロッパルリボシカミキリ (Reitter, 1912).

卵から蛹の期間は，植物体や土の中で生育するため，私たちの目に触れる機会は少ない (図 0-3).

　蛹から羽化して成虫になったカミキリは野外に現れる．その期間は短く，通常は 2 週間から 2 か月程度のものが多い．夏や冬に休眠して 1 年近く生きるものもいるが，少数派である．成虫の寿命が短いのは，彼らには次世代の子孫を残すための生殖の役割しか与えられていないからであろう．しかし，成虫は延命や繁殖行動あるいは生殖器官の発育のために植物質の各部位を食べる．これは後食と呼ばれて，幼虫期間の発育のための摂食と区別されている．この後食の対象となるのは，花 (花蜜・花粉・花弁)，樹液，樹皮 (生木・枯死木の枝や幹)，葉 (葉脈・葉肉)，枯葉，菌類などである．

　カミキリの成虫の活動はおおまかに昼行性と夜行性に分けられるが，この習性は亜科や族などである程度の傾向が認められる．一般に昼行性のカミキリは斑紋や色彩に鮮やかなものが多く，夜行性のものには地味なものが多いが，例外も少なくない．また，交尾などの繁殖行動に関しては，1 日の限られた短い時間帯に集中して行う場合が少なくない．

0-6 植物との共進化

　カミキリムシの起源は中生代ジュラ紀の地層から発見されたニセクワガタカミキリに似た最古の化石までさかのぼることができる．しかし現在のような繁栄を獲得したのは，新生代の古第三紀，およそ 5,000～4,000 万年前以降ではないかといわれている．

　中生代に非常に温暖だった地球は，この時代になると徐々に寒冷化に向かいだした．さらに造山運動により山岳地形が形成され，地表面でも標高差による気温勾配が生じた．地球規模でさまざまな気候帯が出現することで，それが多様なタイプの森林や草地の発達を促すことになる．中生代まで繁栄していたシダ植物と裸子植物は寒冷化につれて衰退し，それに取って代わり，被子植物が急速に多くの系統に分化していった．カミキリもこの時代に被子植物とともに共進化を遂げて，現在のような繁栄を手にしたものと考えられる．それを裏づけるように，カミキリの食性を見ると，ほとんどの科と亜科で被子植物食が圧倒的に多い．裸子植物はクロカミキリ亜科やハナカミキリ亜科の一部が利用しているにすぎない．また，シダ植物にいたってはほとんど利用されることはない．

　カミキリが植物との共進化により繁栄したことはまず間違いはないが，カミキリが嗜好する寄主植物が全て，両者の系統関係を反映しているわけではない．

　寄主植物が判明している日本産のカミキリについてみると，1 種または 1 属内の植物種だけを利用する単食性のものは 1 割程度，1 科または 1 亜科内の植物種を利用する狭食性のものは 2 割程度である．このうち狭食性のカミキリには，マツ科やクスノキ科，ハイノキ科を選択的に利用する種が多く知られている．また，単食性のカミキリのなかには，1 種の植物だけを利用するものも少ないながらいる．これらについてだけは，植物との直接の共進化の可能性を示唆しているとみてもよいかもしれない．

　一方，それ以外の多くのカミキリは，複数の科にわたる寄主植物をもっていて，寄主植物の系統との関係は明らかでない．なかでもアカメガシワ (トウダイグサ科) は日本産の 100 種近くに及ぶカミキリが寄主植物として利用してい

る．このような場合はカミキリと植物の共進化を想定するには無理がある．むしろカミキリが二次的に利用するようになったと考えたほうがよいだろう．

　最近になって，植物を枯死させる青変菌 (子囊菌の仲間) と共生関係をもつカミキリが知られるようになった．植物体は生きているうちは栄養価が高いが，枯れると糖やタンパク質が変質してカミキリが直接利用しにくくなる．従来はそのような栄養価の低い植物体を食べて成長することが謎とされ，このような昆虫は栄養効率が異常に高いのではないかなどともいわれてきた．ところが，植物の枯死は青変菌の寄生によるものが多いが，カミキリは植物体ごとこの菌を食べて，菌の生きた組織から栄養を摂取していることがわかってきた．一方，この青変菌にしても寄主植物の選択性はうるさく，狭いものやや広いものと多様である．そうであれば，カミキリと菌類との共進化が最初に起こり，菌類側の寄主植物の選択性が広がったことで，共生関係にあるカミキリの選択性も広がったと解釈することができる．たとえばこうした菌類との関係で見れば，腐朽材を食べるカミキリでは寄主植物との関係は非常に低い．クワガタムシなどでよく知られているように，菌類との関係のほうがより重要である．

　こうして見ると，生きた新鮮な植物と枯れて死んだ植物では，餌資源をめぐるカミキリの戦略のシナリオは異なるようである．生きた植物を食べるようなカミキリではまさに，従来から言われているように植物との共進化が最初に起きているのだろう．しかし，枯死した植物を利用するカミキリでは，植物との共進化の後に二次的に菌類と共進化を起こしたのかもしれない．あるいは菌類とだけの関係もあるのだろう．植物と菌類とカミキリの三つ巴の共進化である．カミキリの寄主植物に見られる多様な変異は，このような関係を反映したものと考えられる．

0-7　植物との攻防

　カミキリムシの幼虫は植物の組織を食べて成長する．基本的には資源の現存量が大きい木本植物の材組織のうち，生木から衰弱木，腐朽木までのさまざまな状態のものを食べている．さらに草本植物の組織，土中にいて根茎や腐植などを食べるものもいる．

　カミキリは基本的に枯れているか弱っている植物を食べている．植物にして

も簡単に食べられてしまっては子孫を残せないので，身を守るためのさまざまな防御戦略をもっている．多くの場合，生きた植物体に侵入してきた異物である虫は樹脂に取り巻かれて殺されてしまう．しかし，植物が弱っていれば防御機能も低下するので，侵入者の食害を許してしまうことになる．カミキリはもっぱらそのような植物を攻撃する．前に述べたように，青変菌などの菌類の助けを借りているものも多いようである．

ただ一部の種類では，植物の防除機能に対抗する戦略を獲得していて，生きた植物を積極的に食べる．彼らは植物の化学毒への耐性をもっていたり，組織を切断して樹脂が滲出するのを抑えたり，植物体内を忙しく徘徊して樹脂に取り巻かれるのを避けている．

カミキリは全て木を枯らす害虫と思っている人が意外にいる．害虫と益虫の区別にしても，人間側の経済的損益を基準にしているのだが，実際のところ約750種いる日本のカミキリのうち，害虫としてきわだった被害を起こすのは，多く数えても両手の指の数にすぎない．そのなかに農林業の害虫になるものが少ないながらいる．

害虫としてよく知られているのは，用材として植林されるスギの生木を食べるスギカミキリとスギノアカネトラカミキリ，マツを食べるマツノマダラカミキリ，柑橘類や樹木を食い荒らすゴマダラカミキリ，養蚕利用に栽培されるクワ生木食のトラフカミキリ，キボシカミキリおよびクワカミキリ，ブドウの蔓に入るブドウトラカミキリ，キクの新芽を枯らすキクスイカミキリなどである．もっとも今の日本では，植林地は管理や伐採のコスト面から経済価値を失っている．養蚕にいたっては今や伝統文化として生き残る零細産業である．幸か不幸かこれらの害虫といわれたカミキリが，実質的な経済的被害をもたらすことも少なくなっている．

0-8 興味深い生物地理

カミキリムシは森林が成立している場所であればどこにでも生息している．大雑把な言い方をすれば，南極を除く全ての大陸とほとんどの島嶼，すなわち生物地理学上の旧北区，新北区，東洋区，オーストラリア区，エチオピア区および新熱帯区にその分布が広く認められる．そしてそれぞれの区系ごとに固

0-8 興味深い生物地理

有のカミキリムシ相が成立している．それらは大陸移動による分布形成や，陸伝いや海流による移動により，移入や交流が繰り返されてきた，気の遠くなるような長い歳月をかけた自然史による結果である．

東西に長い日本列島は吐噶喇(トカラ)列島と屋久島の境に引かれた渡瀬線をほぼ境にして，北東を旧北区，南西を東洋区に分割される．カミキリムシ相も両区系の要素を基本としながら，北アメリカ系要素，ヒマラヤ系要素，周日本海系要素，中国東北部系要素，シベリア系要素，マレー系要素，フィリピン系要素の7つの分布系統から成立すると考えられている(大林・新里, 2007)．日本列島は海洋により大陸と分断されているために，確かにカミキリの固有率は高い．しかし，それぞれの類縁関係に言及する場合には，周辺域のみならず広範な地域に分布する属種との関連を把握する必要がある．

一方，日本とその周辺部だけに限ってみても，カミキリの生物地理は興味深いテーマを示してくれる．

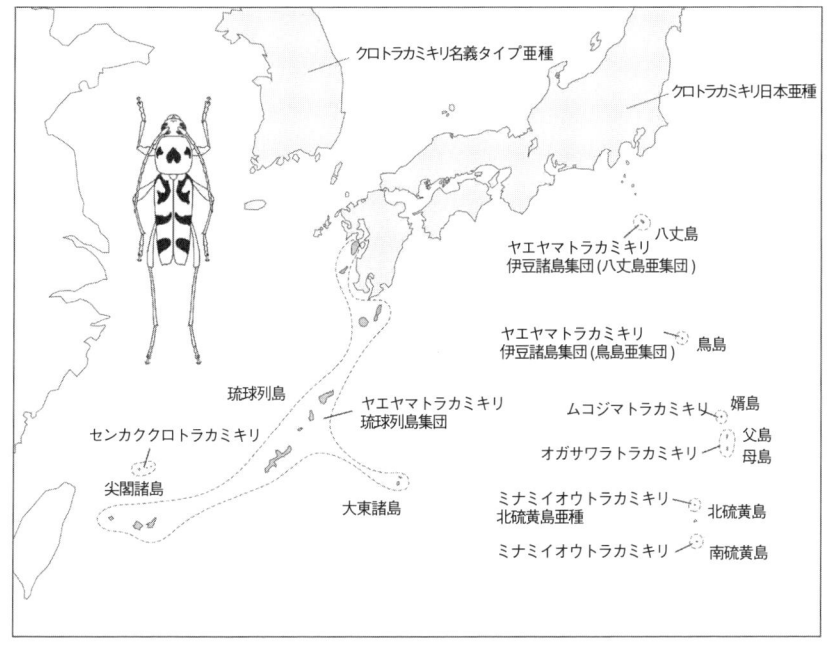

図0-4　ヤエヤマトラカミキリ種群の分布

クロトラカミキリ属のヤエヤマトラカミキリ種群は6種が知られ，いずれも灰色から黄灰色の微毛に覆われた前胸背と上翅に黒帯をもつ一見何の変哲もないトラカミキリである．この種群は，屋久島から琉球列島西端の与那国島，東に飛んで伊豆諸島南部に分布するヤエヤマトラカミキリと，北海道から九州の本土域と大陸に分布するクロトラカミキリの2種がそれぞれ広い分布域をもっている．一方，火山列島のミナミイオウトラカミキリ(南硫黄島)とその北硫黄島亜種，小笠原諸島のオガサワラトラカミキリ(母島と父島およびそれらの属島)とムコジマトラカミキリ(聟島)がそれぞれの海洋島で種分化を遂げている．さらに，尖閣諸島にはセンカククロトラカミキリという独立種が分布している(図0-4)．クロトラカミキリは大陸側では中国東北まで分布を広げ，南九州でヤエヤマトラカミキリと分布を接するが，大陸側の個体群と琉球のそれとの直接の関係はなさそうだ．その一方で，日本周辺の島嶼群において異所的に5種が複雑に分化しているのである．おそらく，氷期に形成された陸橋を渡って朝鮮半島から九州に南下した集団が，九州南端から琉球列島全域に広がり，さらに海流に乗って，近くは北の尖閣諸島，遠くは東の小笠原諸島や火山列島までに分布を広げたうえ，それぞれの地域で固有の種に分化したのではないかと考えられている(新里, 2008)．

1 ハナカミキリの話

(大林延夫)

1-1 はじめに

　カミキリムシのなかでも，ハナカミキリ(花天牛)類は，そのスマートな体形と多様な色彩で多くの虫屋を魅了してやまない．この仲間のほとんどは訪花習性をもち，主に花粉や花蜜を求めて花に集まる．しかし集まる花は，人の目を楽しませてくれる観賞用の草花や花木などではなく，たいていは目立たない樹木に咲く花である．春先にはカエデの花，初夏から盛夏にかけてはミズキやシイ，リョウブ，ノリウツギ，ゴトウヅルなど，ハナカミキリが好んで集まる花が次々に開花する．これらの花には，さまざまな種類が数多く集まり，木の高いところまで届く長いつなぎ竿を携えて採集に出かければ，まず戦果なしで帰ることは稀である．

　ところで面白い話がある．先年チェコのカミキリの研究者と台湾で採集する機会があったが，彼は「長いつなぎ竿など使ったことがない」という．聞けば

ヨーロッパではハナカミキリは草丈の低い草本の花でたくさん採れるので，そんなものは必要ないらしい．確かに日本でも中部山岳地帯の標高の高い所や，東北，北海道に行くと，シシウド，ショウマ，シモツケといった草本類にハナカミキリが群がっているし，平地でもガマズミやウツギ，カマツカなどの低木も狙い目である．いずれにしてもカミキリムシ入門にはハナカミキリから入るのが手っとり早い．

ところで厄介な問題がある．たくさん採れるハナカミキリのなかでも，とりわけ多いのが「ピドニア」と呼ばれるヒメハナカミキリの仲間 (*Pidonia* 属) である．この仲間は，東アジアで最も繁栄するグループで，日本からだけでも1属で50種近くが知られているが，互いによく似ていて区別はきわめて難しい．入門どころかいきなり迷路にはまり込んでしまうことになる．ヒメハナカミキリだけを取り上げても興味のある話題には事欠かないが，それらはすでに窪木幹夫 (1987) の名著『日本の甲虫 ⑤ ヒメハナカミキリ』があるので，ここではあえて深く触れないことにする．

さて，ハナカミキリ類は，カミキリムシ科をいくつかに分けた亜科の一つ，ハナカミキリ亜科としてまとめられ，学名は Lepturinae である．これは分類学の祖といわれるリンネ (C. Linnaeus) が1758年に命名した *Leptura quadrifasciata* Linnaeus という種類の属名，細い尾 (腹部) を意味する *Leptura* に由来し

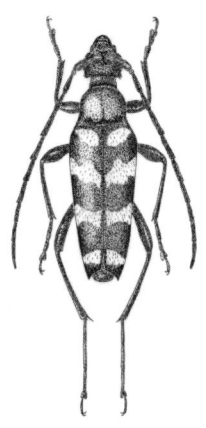

図1-1 ハナカミキリ亜科の代表，カラフトヨツスジハナカミキリ

1-1 はじめに

ており，花とは直接の関係はない．ちなみにこの種はヨーロッパから北海道まで広く分布し，和名はカラフトヨツスジハナカミキリという (図 1-1)．

　野山に出かけると，花にはたくさんのカミキリが集まっている．一番多いのはハナカミキリとトラカミキリである．花に集まるカミキリが花天牛なら，トラカミキリも「花天牛」でよさそうだが，異なるグループが同じ名前では具合が悪いからか，翅の縞々模様を虎に見立てて「虎天牛」と名付けられている．

　さて，カミキリが大好きな「虫屋」の採集シーズンは，普通カエデの花すくいから始まる．「虫屋」といっても，ムシを商売にしている人のことをいうのではない．昆虫が大好きな人は誰でも虫屋かというとそうでもない．イメージとしては，野外に出て昆虫を採集することに無上の喜びを感じる人の総称，といったところか．では子供はみんな虫屋？　いや，ムシ好きの子供がそのまま大人になったのが本当の虫屋．でも，ときには年をとってから目覚めて虫屋になる人も結構いる．

　虫屋以外の人々は，モミジやカエデは秋の紅葉を愛でるものだと端から決め込んでいるので，カエデの花すくいといわれても，どんな花が咲くのか注意して見たことはないだろう．カエデは普通 4 月の末から 5 月のはじめに毎年花が咲く．小学生の頃，岐阜県に住んでいた私の昆虫採集は，毎年 4 月 29 日の休日 (昭和の時代の天皇誕生日) のカエデ詣でが，恒例の虫採りはじめであった．父親に連れられて岐阜県の関市から越美南線 (現在の長良川鉄道) のディーゼルカーに揺られて美濃州原 (後に駅名は木尾と改称) の駅に降り立つ．駅を降りたところに 1 軒だけある茶店で一休みして，近くの林道に入るとすぐに，1 本の大きなカエデがある．木登りが得意な私は，するするとこれによじ登って，つなぎ竿を伸ばす．今でこそつなぎ竿といえばカーボンロッドの繰り出し竿だが，当時は竹製の釣り竿，まさに「つなぎ」竿で結構重い．たくさんの昆虫が花の周りを飛び交い，網ですくうとヒナルリハナカミキリ *Dinoptera minuta* やキバネニセハムシハナカミキリ *Lemula decipiens*，ヒメクロトラカミキリ *Rhaphuma diminuta* に混じって，珍品のミヤマルリハナカミキリ *Kanekoa azumensis* やカエデノヒゲナガコバネカミキリ *Glaphyra ishiharai* が入っている．指先でつまんで毒瓶に収めるとじわりと幸せな気分が満ちてくる．いよいよカミキリのシーズンが始まったことを実感する．

　では，ハナカミキリの仲間は全て花に集まるかというと，そうとは限らない．

ほとんど花では採集されることがない種類もいくつか知られている．ハイイロハナカミキリ属 *Rhagium* やヒラヤマコブハナカミキリ *Enoploderus bicolor*, ムナコブハナカミキリ *Xenophyrama purpureum*, アラメハナカミキリ *Sachalinobia koltzei*, モモグロハナカミキリ *Toxotinus reinii* などがこれに当たる．これらは，ハナカミキリの仲間では古い系統の種類で，いわばハナカミキリの祖先的な習性を残しているグループと考えられている．では，ハナカミキリの祖先はいつ頃に出現したのだろうか．

1-2 ハナカミキリの起源

ハナカミキリの世界における分布は，生物地理学による区分 (図 1-2) でいえば旧北区と新北区に大部分が分布し，東洋区と新熱帯区に一部が進出しているというのが，大ざっぱなイメージである．別の言い方をすると，ユーラシア大陸と北アメリカ大陸に大多数が分布し，南アメリカ大陸北部や東南アジアに

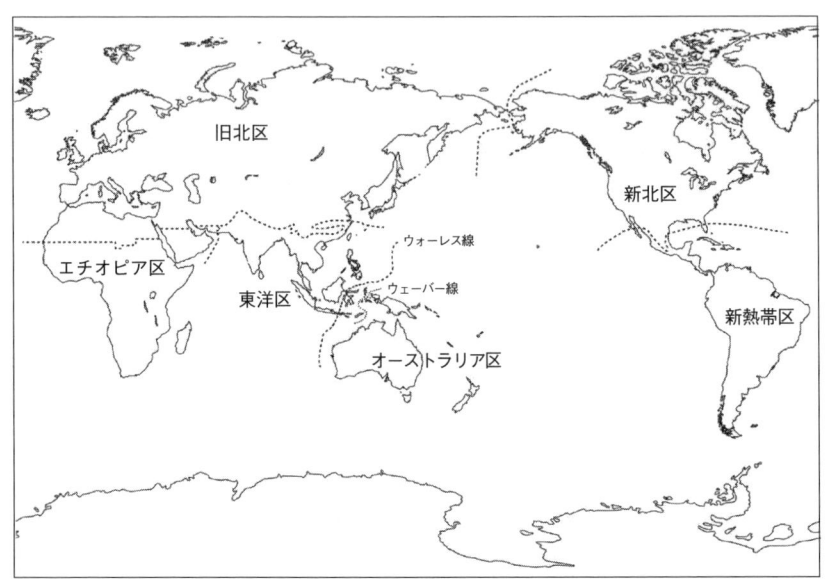

図 1-2 生物地理の区分図

少数が分布するが，アフリカ大陸とオーストラリア周辺にはほとんどいない．例外的にマダガスカルには多種多様なハナカミキリが分布するが，これは後に述べるように，最近の知見では真正のハナカミキリとは別のグループとされている．

　地球の地質年代表を表 1-1 に示す．古地理学によると，ペルム紀までに超大陸パンゲアと呼ばれる一つの巨大な陸塊が形成され，その周囲を超海洋パンタ

表 1-1　地質年代表

時代区分		年代	主な出来事
古生代 Palezoic	デボン紀 Devonian	4.19〜3.59 億年	昆虫類出現？，種子植物出現，硬骨魚繁栄
	石炭紀 Carboniferous	9〜2.99 億年	巨大昆虫，爬虫類出現，シダ・トクサ植物繁栄
	ペルム紀 Permian	2.99〜2.52 億年	甲虫類出現，パンゲア大陸出現，末期に三葉虫類絶滅
中生代 Mesozoic	三畳紀 Triassic	2.522〜1.996 億年	恐竜出現，アンモナイト繁栄，パンゲア分裂開始
	ジュラ紀 Jurassic	1.996〜1.455 億年	裸子植物・恐竜繁栄，末期にローラシアとゴンドワナ分離
	白亜紀 Cretaceous	1.455〜0.655 億年	大陸大移動，恐竜・被子植物繁栄，南米とアフリカが分離，末期に大絶滅 (K-T 境界)
新生代 Cenozoic	古第三紀 Paleogene 暁新世 Paleocene	6,550〜5,580 万年	アルプス造山運動，気候温暖
	古第三紀 Paleogene 始新世 Eocane	5,580〜3,390 万年	哺乳類繁栄，インドプレート北上，ヒマラヤ成立
	古第三紀 Paleogene 漸新世 Oligocane	3,390〜2,303 万年	地球の寒冷化始まる．北米とヨーロッパに陸橋
	新第三紀 Neogene 中新世 Miocene	2,303〜533 万年	日本海の成立
	新第三紀 Neogene 鮮新世 Pliocene	533〜236 万年	氷床の発達，海水準低下，針葉樹・落葉広葉樹混交林の拡大，パナマ地峡成立
	第四紀 Quaternary 更新世 Plesiocene	236〜1.17 万年	人類の出現，氷河期−間氷期，7 万年前−ヴュルム氷期 2〜1.8 万年前−最寒冷期
	第四紀 Quaternary 完新世 Holocane	1.17 万年〜現在	現生種

ラッサが取り囲んでいた．昆虫類が地球上に現れたのは古生代のデボン紀から石炭紀にかけてと考えられており，パンゲア超大陸があったペルム紀には，すでに現生の昆虫類のさまざまな祖先が出現していたとされている．この超大陸に東側からテーチス海が侵入して南北に分裂し始め，三畳紀末 (約 2.1 億年前) には，北側のローラシア大陸と，南側のゴンドワナ大陸にほぼ分離した．その後，それぞれは少しずつ移動しながらさらにいくつかの塊に分裂し，ジュラ紀から白亜紀にかけて，ゴンドワナ大陸は南アメリカ，アフリカ，アラビア，インド，マダガスカル，オーストラリア，南極などの大陸や陸塊に分かれるが，

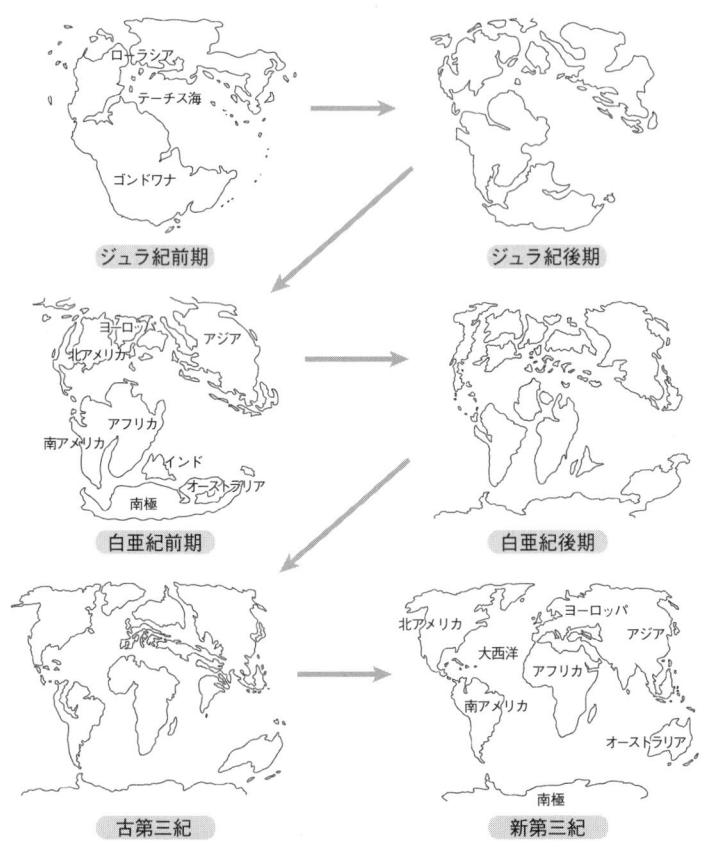

図 1-3　中生代ジュラ紀〜新生代新第三紀の大陸移動模式図

インド亜大陸は単独で北上して古第三紀にはローラシア大陸に衝突して合体する (図 1-3).

　現在のハナカミキリの主要な分布域は，まさにこのローラシア大陸にあることから，ハナカミキリが誕生したのは，ローラシア大陸とゴンドワナ大陸がほぼ完全に分離した白亜紀以降の出来事であろうと想像される．その意味ではローラシア大陸起源と考えられるハナカミキリ類は，カミキリムシのなかでは新参者の部類に入るといえよう．

　カミキリムシが餌としている植物の変遷を概観すると，デボン紀後期から石炭紀には昆虫類と相前後して裸子植物が出現し，恐竜が繁栄した中生代の三畳紀，ジュラ紀，白亜紀を通じて世界中に広がった．そして温暖で雨量も多かった白亜紀には被子植物が勢力を拡大し，その末期にはすでに今日の科レベルにまで分化していたという．

　気候的に見ると，ジュラ紀から白亜紀に移行する時代の寒冷期の後，白亜紀の中期から新生代古第三紀の中頃までは，比較的安定した温暖な気候であったとされる．しかし，白亜紀末の約 6,500 万年前には，ジュラ紀から白亜紀にかけて繁栄した恐竜など大型の爬虫類の大量絶滅が起こった．これは，巨大な隕石の衝突による地球環境の急激な変化によるものと考えられており，K-T 絶滅あるいは K-T 境界と呼ばれる．このときに昆虫類がどの程度の影響を受けたかは定かでないが，花粉分析によれば白亜紀に繁栄した被子植物も K-T 境界の前後ではその構成が大きく変化したとされており，相当の影響を受けたことは想像に難くない．

　ハナカミキリの祖先も，おそらくは白亜紀の被子植物の多様な進化に伴って，裸子植物を餌としていたグループの一部が食性を転換しつつ訪花性を獲得していったと考えられる．そして K-T 境界の大量絶滅で大きく空いたニッチ (生態的地位) を利用して生き残った種が放散的な種分化を起こし，古第三紀の比較的早い時期には今日のハナカミキリの属レベルでの祖先が出そろっていたのではないだろうか．古第三紀の漸新世，あるいは新第三紀に入ると徐々に寒冷化が進み，第四紀更新世には氷河期と間氷期が交互に訪れて大きく気候が変動する．そしてこの第四紀の気候変動に伴う海進や海退，植物相の南下や北上が，属内の種分化や分布域の移動を促進し，今日の繁栄をもたらしていると考えることができるだろう．しかし，蒋・陳 (2001) は，1999 年に中国

遼寧省で，およそ1.45億年前のジュラ紀の地層から地球上最も古い花の化石が発見され，これは従来考えられていた被子植物の起源より4,500万年もさかのぼっていることから，ハナカミキリ亜科 Lepturinae の起源もかなり古く，カミキリ亜科 Cerambycinae とそれほど違わないかもしれないと述べて，意外に起源が古いことを示唆している．

では，そのハナカミキリの祖先とはどんなものだったのだろうか．現在われわれが見ることのできるカミキリムシの仲間のなかで，祖先に近いグループはどれなのだろうか．シーラカンスのように生きた化石と呼べるような古い形質を残した種がいるのだろうか．

1-3　私のカミキリムシ研究

話は突然変わるが，少々私自身の経歴について触れることをお許しいただきたい．昆虫学を志して愛媛大学農学部に進学した私は，著名な昆虫学者で博物学者でもあった石原保教授のもとで，分類学についてのちゃんとした勉強を基礎からするはずであった．それは在野の昆虫学者として苦労を重ねた父親の息子に託す希望でもあった．しかし，親元を離れて大学生になった私は，糸の切れた凧のように自由奔放に学生生活を謳歌する道を選んでしまった．誕生まもない愛媛大学学術探検部に入部し，洞穴探検や岩登りに熱中し，友と人生を語らい，恋に夢中になり，揚げ句の果てに講義には出席しないで時間があれば惰眠をむさぼる，典型的な落ちこぼれ学生として4年間を過ごしてしまった．卒業論文のテーマにした「日本産カツオブシムシの分類学的研究」も中途で放り出したまま，父の患う前立腺ガンの進行に急かされて，何とかお情けで卒業させていただいたのが実情である．

しかし4年間の学生生活のなかで，勉強はしなかったけれども，昆虫採集だけは熱心であった．当時の研究室には，石原教授をはじめ，立川哲三郎，久松定成，宮武睦夫と4人の先生方が在籍し，入学するとすぐに，研究室に机を置くことを許していただいていたし，3年上に佐藤正孝(故人・名古屋女子大学名誉教授)，2年上には有田 豊(名城大学名誉教授)という，これもまた大先輩がいた．この両先輩は，吐噶喇列島や奄美大島に遠征して採集してきた，たくさんの珍しい虫を見せびらかし，琉球列島の魅力を吹聴していた．曰く「南の

島々では，しばしば信じられないことが起こる！」．刺激を受けないほうがおかしい．入学してようやく 3 か月を過ぎたばかりの 1962 年の 7 月 3 日，まだ夏季休暇が始まる前に，いても立ってもいられずに講義をほったらかして松山を飛び出した．

目指すは奄美大島．単身松山から予讃線で八幡浜へ，八幡浜の港から船で別府港に渡り，別府から再び日豊線に乗り換えて鹿児島へ，そして鹿児島からは奄美郵船の高千穂丸に乗り込んで，ようやく名瀬の港に着いたのは出発から 3 日目の朝である．採集地の情報は，出発前に佐藤先輩から聞いていた，「八津野」という地名だけが頼りであったが，営林署で許可を得て泊めていただいた八津野の造林小屋での数日間はしかし，虫屋にとっては夢のような日々であった．原生林から切り出された大木の土場 (材木置き場) を見回ればカミキリムシはいくらでもいたし，枯れ枝を狙って叩き網をすれば面白いように虫が落ちてくる．小屋の周りには恐ろしい猛毒のハブが出没するし，ヒメハブやヒャンなどの毒蛇はどこにでもいた．トカゲやカエルまで採集してホルマリン漬けにした．

どこでも見てやろうとバスに乗って島中をあちこちと巡ったが，二尺四寸の八貫ザック (キスリング) の中で，ヘビやトカゲを入れたガラス瓶からホルマリンが漏れ出してバスを降ろされた．途中で知り合った「富山の薬売り」のおじさんに誘われて，ポンポン船で加計呂麻島にも渡ってみた．途中で財布が底を尽き，名瀬の郵便局から父に電報を打った．「カネナクナッタ．カエレヌ．ノブオ」．電信為替で新村のみどり旅館に届いた 1 万円は，涙が出るほどうれしかった．東仲間の三太郎峠では台風の直後，山道に出てきたでかいハブに出会った．捕まえたら体長が 2 m を超える大物，入れ物がないので生きたまま保健所に売った．500 円で買ってくれた．1 日分の宿代にしかならなかった．

下痢が止まらず，古仁屋の宿で 2 日間も寝込んだ後，ヨロヨロしながら一人で湯湾岳に登ったが，出会うのはハブばかり．ここでハブに打たれたら (現地の人は，ハブに「かまれる」とはいわず「打たれる」と言う) と思うと怖くなって引き返した．最後にもう一度八津野に戻ってカミキリ採集を楽しんだ後，資金も底を尽き，食うや食わずで松山に帰ってきたのはもう 8 月 6 日であった．

翌 1963 年は 3 月に有田先輩と再び奄美大島へ，5 月には屋久島へと遠征を

した．そして夏休みには，学術探検部の仲間を巻き込んで，吐噶喇・奄美群島総合学術調査を企画した．1か月にわたって奄美大島，徳之島，沖永良部島，与論島と転戦し，洞穴探検や動植物の調査を実施し，別のパーティーは吐噶喇列島の無人島横当島に上陸して調査を行った．

1964年には，トンボの研究家，石田昇三氏に同行いただいて，1か月半をかけて沖縄島，宮古島，石垣島，西表島，与那国島を回った．復帰前の沖縄に渡るには，パスポートとビザを取得し，外貨持ち出しで制限されていたアメリカドルを，1ドル360円で換金しての，まさに外国旅行であった．勉強しなかった言訳にはならないけれども，この3年間で通算するとおよそ5か月間は琉球列島で昆虫採集をしていたことになる．

大学卒業後は，神奈川県の園芸試験場に何とか職を得て，その後の27年間を分類学とは無縁の病害虫防除の仕事に携わってきた．しかし，折りに触れて励まし，叱責し，採集に連れ出し，論文を共著で書いてくれるなど，終始分類学の道に引き戻してくれたのが，大学の先輩である佐藤正孝さんであった．佐藤さんのおかげで，何とか細々ながら標本を集め，顕微鏡をのぞき，虫との縁を切らずにすんだといえるかもしれない．そんな私が思いがけず大学教員として母校に戻るきっかけになったのは，これも大学の先輩である有田豊氏の，半ば強制的な勧めによる学位の取得であった．学位論文のテーマは分類学とは無縁の「ダイコンを加害するキタネグサレセンチュウの総合的防除」で，愛媛大学の昆虫学研究室の助教授として赴任した私の役割は，分類学研究のメッカであった研究室に害虫防除の研究テーマを加えることであったが，自身はいよいよ本格的な分類学の研究が始められると密かな期待を膨らませていた．ちょうど50歳になる1か月前のことであった．

1-4 カミキリムシの分類体系

科と亜科の分類

生物の分類は，リンネの二名式命名法による「種」を基本単位として階層分類と呼ばれる方法で分類される．高次の階層から順に「界」，「門」，「綱」，「目」，「科」，「族」，「属」，「種」と並べ，必要に応じてさらに亜目・上科・亜

表1-2 カミキリムシ類の科および亜科の分類例

上科	科	亜科
カミキリムシ類 Cerambycoidea	タマムシカミキリ科 Oxypertidae	
	ムカシカミキリ科 Vesperidae	ムカシカミキリ亜科 Vesperinae クリハラカミキリ亜科 Anoplodermatinae カンショカミキリ亜科 Philinae
	ホソカミキリ科 Disteniidae	ホソカミキリ亜科 Disteninae アサヒナカミキリ亜科 Cyrtonopinae ヒマラヤカミキリ亜科 Dynamostinae
	カミキリムシ科 Cerambycidae	ニセクワガタカミキリ亜科 Parandrinae ノコギリカミキリ亜科 Prioninae クロカミキリ亜科 Spondilidinae ハナカミキリ亜科 Lepurinae ホソコバネカミキリ亜科 Necydalinae ニセハナカミキリ亜科 Dorcasominae カミキリ亜科 Cerambycinae フトカミキリ亜科 Lamiinae

科・亜属などに細分することもある．カミキリムシは動物界・節足動物門・昆虫綱・鞘翅目 (甲虫目)・カミキリムシ科ということになる．

　カミキリの高次の分類体系 (種よりも上位の，族や亜科など) については，主に幼虫の形態に基づいたシュバッハとダニレフスキー (Švácha & Danilevsky, 1987-1989) の研究が広く受け入れられている．彼らは，従来一つの科とされていたカミキリムシ類 (上科) Cerambycoidea を，タマムシカミキリ科 Oxypertidae，ムカシカミキリ科 Vesperidae，クリハラカミキリ科 Anoplodermatidae，ホソカミキリ科 Disteniidae およびカミキリムシ科 Cerambycidae の5科に分けた．しかし，その後，シュバッハほか (Švácha et al., 1997) はクリハラカミキリ科をムカシカミキリ科の1亜科に降格し，表1-2のように4科とすることを提唱している．

　このうち大部分のカミキリが含まれるカミキリムシ科は，現在8つの亜科に分類されており，ハナカミキリの仲間はハナカミキリ亜科 Lepturinae に含まれる．しかし，これら8つの亜科の系統学的な関係については以下に示すように諸説があり，まだ定説はない．シュバッハほか (Švácha et al., 1997) の，主に幼虫の形態に基づいたカミキリムシ科の系統樹 (図1-4) では，ニセクワガタカミ

図1-4 主に幼虫の形質に基づいたカミキリムシ科の亜科の系統樹 (Švácha *et al.*, 1997)

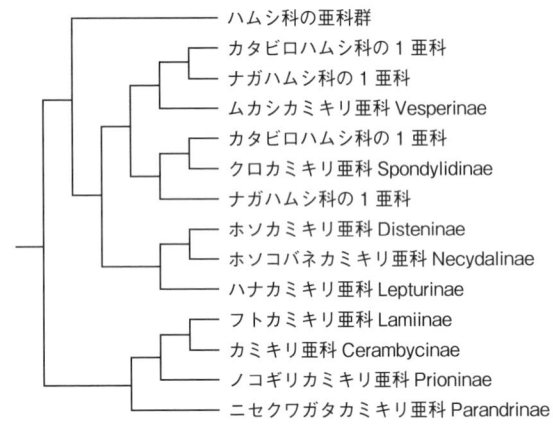

図1-5 分子系統に基づいたカミキリムシの系統樹 (Hunt *et al.*, 2007 より一部引用)

キリ亜科 Parandrinae とノコギリカミキリ亜科 Prioninae を含む枝がはじめに分かれたこと，ハナカミキリ亜科がホソコバネカミキリ亜科 Necydalinae と共通の祖先から分かれたことを示しているが，その他の亜科との関係は明瞭になっていない．

一方，2007年に Science 誌に発表された大英博物館のハント (T. Hunt) らによる甲虫類全体の遺伝子に基づいた系統解析の結果は，図1-5に示すようなもので，フトカミキリ亜科 Lamiinae，カミキリ亜科 Cerambycinae，ノコギリカミキリ亜科，ニセクワガタカミキリ亜科はハムシのグループからはじめに分か

れた．一方，ホソカミキリ科 (ここでは亜科として扱われている) とハナカミキリ亜科は最も近縁で，ホソコバネカミキリ亜科と同じ系統に含まれており，この系統はハムシのグループの一部から分かれたとしている．

ハナカミキリ亜科の族の分類

　ハナカミキリ亜科はさらにいくつかの族に分けられるが，この族の分類についても諸説があって，その扱いは研究者によってさまざまである．

　カミキリムシの分類体系は，1800 年代にトムソン (J. Thomson) やラコルデール (J. T. Lacordaire)，ガングルバウアー (L. Ganglbauer) らヨーロッパの学者たちによって体系づけられていったが，初めて世界のハナカミキリの属を体系的に整理したのはボッペ (Boppe, 1921) である．彼はハナカミキリ亜科の属を，カンショカミキリ群 (Philini)，ムカシカミキリ群 (Vesperini)，オビハナカミキリ群 (Desmocerini)，ニセハナカミキリ群 (Dorcasomini)，ハイイロハナカミキリ群 (Rhagini)，カタビロハナカミキリ群 (Toxotini)，ハナカミキリ群 (Lepturini) の 7 群 (この「群」はほぼ現在の「族」の概念) にまとめた．しかし，今日ではこれらのうちカンショカミキリ群とムカシカミキリ群は別の科に移され，ここではカタビロハナカミキリ群に含められている多数のマダガスカル特産の属もニセハナカミキリ亜科 Dorcasominae に移すべきだと考えられている．

　一方，幼虫の形態を詳細に研究し，世界のカミキリムシの分類体系に新たな考えを提唱したシュバッハとダニレフスキー (Švácha & Danilevsky, 1987-1989) は，ハナカミキリ亜科を I～VI の 6 族に分類したが，II，III，IV 族としたものには新たに名称を命名していない．2007 年発行の総説『日本産カミキリムシ』では，日本産種を，広義のハイイロハナカミキリ族 Rhagiini と，ハナカミキリ族 Lepturini の 2 族にまとめて扱っている．

　その後も族の分類にはさまざまな考えが提唱されている．2009 年には Rhamnusiini 族が新設され，ボスケットほか (Bousquet *et al*., 2009) のカタログでは世界で 8 族 (Desmocerini, Encyclopini, Lepturini, Oxymirini, Rhagiini, Rhamnusiini, Teledapini, Xylosteini) を，また 2010 年に発刊された旧北区のカタログ (Löbl & Smetana, 2010) では Teledapini 族を認めず，アラメハナカミキリ族 Sachalinobiini が新設され，旧北区で 7 族 (Encyclopini, Lepturini, Oxymirini, Rhagiini, Rhamnusiini, Sachalinobini, Xylosteini) を採用してい

表1-3 世界のハナカミキリ亜科の族名と,属の概数

族	属の概数
1. Xylosteini ムカシハナカミキリ族	約10属 (*Xylosteus*, *Palaeoxylosteus*, *Leptorhabdium*, *Peithona*, *Teledapus*, *Teledapalpus*, *Notorhabdium*, etc.)
2. Encyclopini テツイロハナカミキリ族	1属 (*Encyclops*)
3. Rhamnusiini ムナコブハナカミキリ族	3属 (*Rhamnusium*, *Neorhamnusium*, *Hefferina*)
4. Desmocerini オビハナカミキリ族	1属 (*Desmocerus*) (新北区特産)
5. Sachalinobiini アラメハナカミキリ族	1属 (*Sachalinobia*)
6. Oxymirini (和名はない)	1属 (*Oxymirus*)
7. Rhagiini ハイイロハナカミキリ族	約30属 (*Rhagium*, *Toxotus*, *Stenocorus*, *Lemula*, *Pidonia*, *Gaurotes*, *Acmaeops*, etc.)
8. Lepturini ハナカミキリ族	約100属

る.また,既存の属をどの族に入れるかも研究者によってさまざまな考えがある.ここでは仮にハナカミキリ科を8族として,それぞれに世界からおよそどれくらいの属数が知られているかを示しておく(表1-3).

後翅の翅脈と族の分類

　大学に赴任して,毎年学生が昆虫学研究室に入ってくるようになると,なかなか自分で卒業論文のテーマを見つけられない学生もいて,そのたびに一緒に悩むことになる.そんななかで最初にカミキリムシに興味を示してくれたのは,鈴木佳恵さん(1997年)であった.そこで彼女にカミキリムシ類の後翅翅脈を調べてみないかと提案した.これまで標本を作るときに,思いつくと後翅を取り出して作っておいたプレパラート標本があったものの,これを体系的に調べる余裕がないまま放置していたからである.

　鈴木さんには日本産のカミキリ亜科の翅脈を調べてもらうことにして,足りない種の標本を分解して後翅のプレパラートを作り,描画装置を使って図を描くよう指示した.双眼の実体顕微鏡に描画装置を取りつけてのぞくと,顕微鏡

の視野の中に鏡で取り込んだ手元の紙が写り込むので，画像を鉛筆でなぞっていくと図が描ける便利な装置である．ところが，顕微鏡の性能もあったのだろうが，彼女がのぞくと手元の紙に写った画像と鉛筆の線がずれてしまい，図が描けないと半ベソをかく．ようやく慣れるまで，かなりの図は私が自分で描く羽目になってしまった．この研究はカミキリ亜科を扱ったもので，この章の主題から離れるので具体的な内容には触れないが，カミキリ亜科のなかには，族によって翅脈相に共通の特徴が見られるものがあり，高次分類にも役立つことを示してくれた．

これに意を得て，ハナカミキリ亜科の後翅翅脈を卒論のテーマにしてくれたのが日下 (旧姓 北原) 明子さん (2002 年) である．日下さんには，日本産のハナカミキリに加えて，かつてはハナカミキリ亜科 Lepturinae に含められていたホソコバネカミキリ亜科 Necydalinae や，外国産のニセハナカミキリ亜科 Dorcasominae も含めて比較検討してもらった．この頃には，すでに前述のシュバッハとダニレフスキーの幼虫形態に基づいたカミキリの分類体系が広く受け入れられており，ハナカミキリ亜科の族については前述のように 6 つの族を提唱していたこともあって，これを翅脈で検証をしてみたいというのが主な狙いであった．

それでは，後翅翅脈からこのシュバッハの分類体系を検証した結果はどうだったのだろうか．ハナカミキリ亜科の大部分は，いずれの族も基本的に同じ翅脈相 (図 1-6 F, G, I) で，現在では別の科とされているホソカミキリムシ科 Disteniidae と同じであったが，カミキリムシ科のクロカミキリ亜科 Spondylidinae，カミキリ亜科 Cerambycinae，フトカミキリ亜科 Lamiinae，ニセハナカミキリ亜科 Dorcasominae (図 1-6 C, D)，ホソコバネカミキリ亜科 (図 1-6 L) などとは明瞭に区別できた．

なお，ハナカミキリ亜科のなかでは，ハイイロハナカミキリ族 Rhagiini のヒラヤマコブハナカミキリ属 *Enoploderes*，ハイイロハナカミキリ属 *Rhagium*，カタビロハナカミキリ属 *Pachyta* (図 1-6 H) などに，楔形室と呼ばれる閉じられた翅脈の部屋をもつものや，ニセハムシハナカミキリ属 *Lemula* (図 1-6 J) やヒナルリハナカミキリ属 *Dinoptera* のように脈の一部が消失する属が出現した．また，ムカシハナカミキリ族 Xylosteini の *Capnolymma* 属 (図 1-6 E) にも翅脈が少ないものがあった．結果として，ハナカミキリ亜科のなかでは，一部の属に

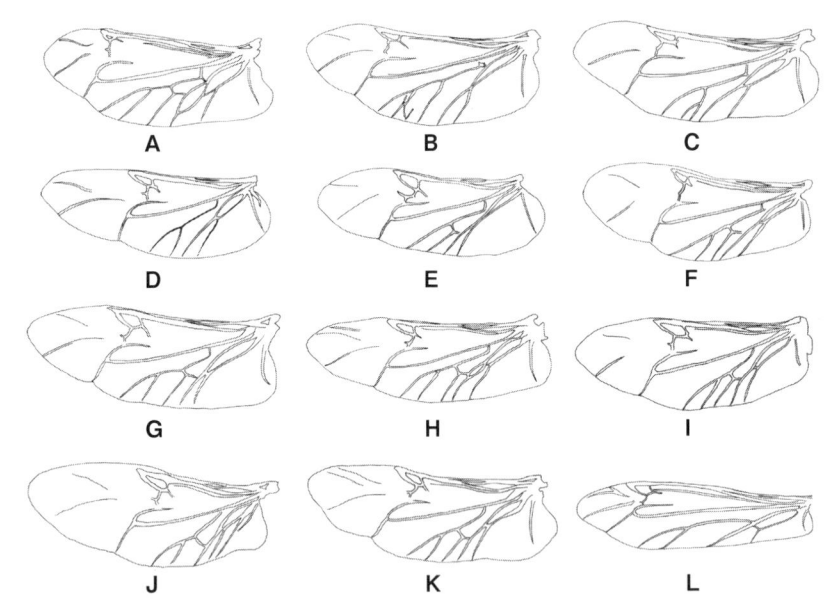

図 1-6 カミキリムシの後翅翅脈 （A）カンショカミキリ属の一種 *Philus antennatus* (ムカシカミキリ科・カンショカミキリ亜科)．（B）*Vesperus strepens* (ムカシカミキリ科・ムカシカミキリ亜科)．（C）*Apatophysis barbara* (ニセハナカミキリ亜科)．（D）キンケカタビロハナカミキリ属の一種 *Formosotoxotus nobuoi* (同)．（E）*Capnolymma capreola* (ハナカミキリ亜科・ムカシハナカミキリ族)．（F）*Xylosteus spinolea* (同)．（G）アラメハナカミキリ *Sachalinobia koltzei* (ハナカミキリ亜科・アラメハナカミキリ族)．（H）キベリカタビロハナカミキリ *Pachyta erebia* (ハナカミキリ亜科・ハイイロハナカミキリ族)．（I）アカムネハナカミキリ (同)．（J）キバネニセハムシハナカミキリ *Lemula decipiens* (同)．（K）マルガタハナカミキリ *Pachytodes cometes* (ハナカミキリ亜科・ハナカミキリ族)．（L）クロホソコバネカミキリ *Necydalis harmandi* (ホソコバネカミキリ亜科)．(北原原図)．

祖先的な形質と考えられる楔形室が現れたり，翅脈の一部が退化したりするものの，族を特徴づけるような違いは現れないというのが結論であった．

1-5 属の分類と雄交尾器

　分類学上の界，門，綱，目，科，族，属，種という概念 (カテゴリー) は，より近縁なものどうしをまとめて階層順に積み上げた体系であることは先に述べたが，このことは，生物の進化の過程になぞらえて単純に理解すれば，階層

が上位のカテゴリーほど分化の歴史が古く，下位の階層にある属は，これらに比べれば新しく分かれた，いわばより近い親戚ということになる．親戚といっても人間の親戚ならばせいぜい 3 世代か 4 世代もさかのぼればその先は曖昧模糊としてくるし，そもそも人間は 1 種である．ゴリラやチンパンジー，オランウータンを人間の親戚と表現するのに近いかもしれない．もっとも昆虫と哺乳類では属の概念が同じではないからあまり良い例えにはならないし，古い時代に分化したグループの間でも，古い形質を残していて類縁関係を推定できるためにまとめられているものから，相対的に新しく分化して互いに似たところが見つけやすいものまで，属をくくる概念もさまざまであり，現在の階層分類がきわめて人為的，かつ恣意的であるために系統関係を正しく表現している確証はない．

　そのために，分類学者は少しでも進化の道筋に沿った分類体系に近づけようとさまざまな努力をしている．しかし，現生種をもとに体系を組み立てようとしても，現在までに途中の多くの種が滅びてしまっているため，分類単位が高次になるほどそのギャップが大きく，進化の道筋をたどるのは困難な場合が多い．分岐分類学もそのような目的のために開発された手法で，できるだけ多くの形質を比較して親戚関係や分かれた順序を推定する方法であるが，常に二分岐による種分化を前提にしていることや，側系統を認めないなど，理論的な問題も指摘されている．

　一方，近年になって，遺伝子情報に基づいた系統解析の技術が飛躍的に進歩し，分子系統樹によってより客観的な進化の道筋を探ることが可能になり，昆虫を含む多くの生物で次々に新しい知見がもたらされつつある．しかしこの方法も扱う遺伝子によって得られる結果が異なったり，雑種に由来する種の位置づけが困難であったりするなど，今後の研究の進展に待つところも多い．カミキリムシについてもこのような研究は始まったばかりで，特定のグループを除いてまだ十分に解析は進んでおらず，特に亜科や族のような高位の階層は，いまだにさまざまな考えがあって定説が得られていない．

分類形質としての雄交尾器

　オスの交尾器は，昆虫類の種を区別する重要な分類形質の一つとして，多くの分類群で利用されている．その理由は，繁殖によって種を存続させるための

基本的な行動である交尾に直接関わる器官と考えられるからである．「種」とは何かという問題は大変難しくて，これは生物学の永遠の問題ともいえるほどにその定義は難しい．けれども，ここでは広く一般に用いられているマイヤー (E. W. Mayr) の定義「種とは，相互に交配可能な個体からなる自然個体群の集団で，他の集団とは生殖的に隔離されたもの」を借用しよう．これによれば，種が種であるためには，他の集団とは互いに交尾することができない状態，すなわち他の種と生殖的に隔離されていることが重要である．生殖隔離が生じる状況はさまざまあるが，交尾器の構造は直接的に交尾を阻害する要因の一つと考えられる．オスとメスの交尾器がロックアンドキー，すなわち錠前と鍵の関係にある場合には，鍵が合わなければ錠前は開けられないという理屈である．

では，交尾器はどのような構造になっているのだろうか．石川良輔 (1991) の『オサムシを分ける錠と鍵』でよく知られるようになったオサムシの交尾器は，硬化した部分がまさにこのロックアンドキーに相当する構造になっていて，違う種が交尾を試みた結果，キーに相当する雄交尾器が破損することもあるという．しかし，カミキリムシでは，交尾に際してメスの交尾器に挿入されるのはオスの交尾器の中央片に収納されている内袋で，これが反転してメスの貯精嚢に精子を送り込んでおり，硬化した部分はこの内袋を挿入する際の支えとして利用されていると考えられる．錠前と鍵の関係にあるのはこの内袋と，これに対応するメスの内部構造のほうである．最近では，この雄交尾器の内袋を透過光で観察したり，人為的に内袋を反転させて構造を調べる試みがなされているが，技術的な困難さもあってまだ広く分類形質として用いられているほどに研究は進んでいない．

一般にカミキリの雄交尾器で分類形質として用いられるのは，観察がしやすい硬化している部分で，主に中央片 (median lobe) と包片 (tegmen) である．これらの部分は，直接「鍵」の役割を果たしていないと考えられるにもかかわらず，その構造が種を区別する形質として広く用いられている．その理由は，たとえば飛翔するための後翅や，それを支える役目をもつ翅脈はさまざまな昆虫で容易に退化するし，樹皮下で生活する昆虫は科が違っても同じように体が扁平になるように，種の生活様式や生態，生息環境に適応してさまざまに変化する機能形態とは異なり，交尾器はそれらの影響を受けにくく，種本来の特徴

を安定的に維持しているからであろうと考えられる.

　このことは, 雄交尾器の特徴が種の違いを表すだけでなく, 共通の祖先をもち, その祖先から分化した時期が近いほど互いに似た特徴をもっている可能性が高いことを意味しており, それは外見的な機能に由来する構造に比べて系統, すなわち近縁度を反映しやすいと考えることができる. もちろん, 系統関係を推察する手段としては, さまざまな外部形質も用いられているが, 観察が容易な雄交尾器の硬化した部分は, 種の違いを検出できると同時に, 近縁な種間の類似性を計る物差しとしても役立つはずである.

雄交尾器の研究

　少しややこしい話になったが, 江原昭三 (Ehara, 1954) は, カミキリムシの雄交尾器について世界で初めて包括的な研究を行い, 当時の分類体系で 6 亜科, 101 種の雄交尾器を図示するとともに, いくつかの基本的な形質に基づいて亜科間の比較を行った. そして, 主要なハナカミキリ亜科, カミキリ亜科およびフトカミキリ亜科の雄交尾器を比較すると, 過去の研究者によって作られた亜科の概念がおおむね妥当であることに加えて, 特にハナカミキリ亜科の独立性が強く支持されると結論している. もっとも, この論文のなかで重要な点は, 多くの場合, 同じ「属」に含まれる種の雄交尾器は互いによく似ている, すなわち, 雄交尾器の属の分類形質としての有用性を指摘したことであろう.

　しかしそのなかで江原さんは,「これには例外もあって, たとえば *Strangalia* 属 (現在の分類ではヨツスジハナカミキリ属 *Leptura* に相当する) 7 種の包片の形態は種間で多様化している」と述べているが, これは当時の属の分類が大ざっぱで, 今日では 4 属に分けられている種が一つの属とみなされていたことによるものである (後述).

　その後, 中根・大林 (Nakane & K. Ohbayashi, 1957, 1959) は, ハナカミキリ亜科の「属」の分類にオスの交尾器の形態がきわめて有用であることを示し, 雄交尾器の特徴に基づいて, 従来, 同じ属として扱われていた種を分割し, いくつもの新しい属を創設している.

　このハナカミキリの雄交尾器を修士論文のテーマにしてくれたのは, 松原 (旧姓 竹内) 悠紀さん (2006 年) である. 日本産ハナカミキリ亜科のほとんど全ての種を解剖して図を描いてくれた. これらの図を, これまでの分類体系に基

づいて並べてみると，属ごとによく似ていることが一目瞭然で，これはすなわち従来の属の分類が交尾器の形態からも裏づけられたことを意味している．しかし，それらを詳細に検討すると，部分的には属の概念や範疇を変更すべきと考えられるものがいくつか見いだされた．これらについては今後改めて外部形態と併せて再検討しながら分類学的な処置を必要とするものであるが，これまでに明らかになってきた点のいくつかを「1-8 ハナカミキリの話題」の節で紹介したい．

1-6 属の分布から見たハナカミキリの歴史

ハナカミキリの分類では，属が細分化される傾向が強く，それだけ同属の種間の類縁度は高いと考えられる．このため，属のレベルでその世界的な分布を見ると，その歴史や成り立ちが垣間見えてくる．ここでは，特徴的ないくつかの属，または属群についてその起源を推理してみよう．なお，これ以降は，属や種レベルでの話題になるが，和名のない外国産の属や種の説明には，やむを得ず学名が多く出てくることをお許しいただきたい．

祖先的な形態的特徴を残しているグループ

ムカシハナカミキリ族 Xylosteini に入れられているいくつかの属は，その特徴の一つとして複眼が粗く分割される，つまり一つの個眼が大きく，複眼を構成する個眼の数が少ない点がある．これは，多くの夜行性の昆虫に見られる特徴で，複眼が細かく分割された日中活動性のハナカミキリに比べると，より祖先的な形態的特徴を残しているグループであると考えられている．日本産の種では，ケブトハナカミキリ Caraphia lepturoides の複眼が粗く，テツイロハナカミキリ Encyclops olivacea のそれも昼行性で訪花する習性があるにもかかわらずやや粗く分割されるが，この両種は他の形態的特徴からムカシハナカミキリ族とは異なる系統に属すると考えられる．

ムカシハナカミキリ族の Xylosteus 属と Leptorhabdium 属は北アメリカにそれぞれ1種ずつが分布しているが，東ヨーロッパのコーカサス地方を中心とした地域にも Xylosteus 属の種が3～4種，Leptorhabdium 属の種が2種分布している．これらの2属はそれぞれ同属の別種が，遠く離れた地域に隔離的に分布

1-6 属の分布から見たハナカミキリの歴史　　　　　　　　　　　　　　　　　　33

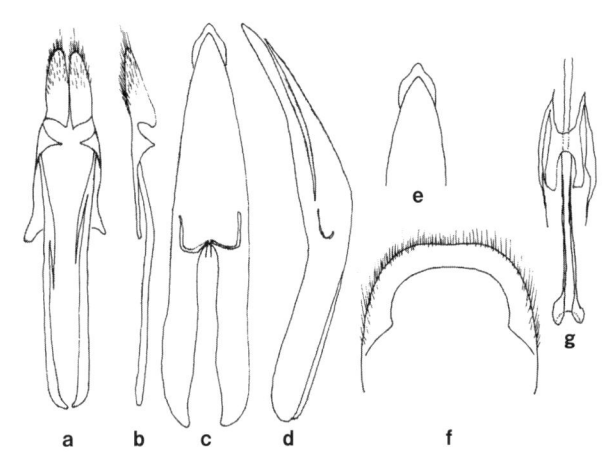

図1-7　ケブトハナカミキリの雄交尾器　　(a) 包片 (背面). (b) 同 (側面). (c) 中央片 (背面). (d) 同 (側面). (e) 同先端部 (背面). (f) 第8背板 (下面). (g) 内袋内骨片. [以下の交尾器の図の記号は, 本図を参照]

する特徴からも，温暖な古第三紀のローラシア大陸に起源をもち，その後の寒冷化によって分布を南に広げたグループで，第四紀の厳しい環境の変化にさらされながら細々と生き残ってきた，いわば遺存種的な存在といえよう．ただし *Xylosteus* 属の種は夜行性であるが，*Leptorhabdium* 属の種は日中も活動するという．

　大林・下村 (N. Ohbayashi & Shimomura, 1986) は，この族に新たに2新属を創設し，インド・ベンガル産の1種を *Palaeoxylosteus kurosawai*，マレー半島産の1種を *Notorhabdium immaculatum* と命名した．*Notorhabdium* にはその後，大林・王 (N. Ohbayashi, Niisato & Wang, 2004) が中国湖北省からもう1種を加えたが，いずれも樹上の花で採集されており，これらは粗い複眼をもちながらもすでに訪花性を獲得したものと考えられる．

　一方，これらの雄交尾器の形質は，属の特徴としてきわめて有用であるが，上位の族の特徴として捉えるのは困難である．しかし，このムカシハナカミキリ族に含める研究者が多いケブトハナカミキリ属 *Caraphia* の交尾器 (図1-7) は，包片の側片基部が深く切れ込み，中央片内袋に特異な骨片をそなえる (図1-7 g) など，明らかに他の属とは異質な形態をしており，新たにケブトハナカミキリ族を創設すべきかもしれない．

ヒラヤマコブハナカミキリ属

　ハイイロハナカミキリ族 Rhagiini，あるいは Rhamunisiini 族の一員とされるヒラヤマコブハナカミキリ属 *Enoploderes* を見てみよう．日本に分布するヒラヤマコブハナカミキリ *E. bicolor* は，群馬県で採集された1個体のオスに基づいて1941年に大林一夫によって記載されたもので，その和名は当時東京都の井の頭公園にあった平山博物館の館長で，同年に『原色千種昆虫図譜』を世に出した平山修次郎氏に因んだものである．

　本種は，かつては日本のカミキリムシのなかでは珍しい種の代表で，その生態が解明されるまでは，毎年少数ながらカエデの花が咲く頃に林間を飛翔する個体が得られていた東京都の高尾山が，確実に本種が得られる数少ない産地であった．このため，高尾山詣での喧騒は長くカミキリ屋の春の恒例行事であった．その後，本種はアカメガシワやカエデなど，各種の広葉樹にできた樹洞に生息し，幼虫は樹洞内部の腐朽部を食べて育つことが明らかとなり，比較的容易に得られるようになった．本種は基本的には樹洞内で世代を繰り返し，訪花性もほとんどないことが，野外で採集される機会が少なかった理由である．

　この属は世界中でわずか3種しか知られておらず，1種はコーカサスから中央アジアに，もう1種が北アメリカ南西部に，そして残りの1種が日本に分布する．これら3種は，分布が互いに飛び離れているにもかかわらず，その形態はよく似ており(図 1-8)，交尾器を比べてみてもきわめて近縁であることがわかる．このことは，この仲間もユーラシア大陸とアメリカ大陸が陸続きであった古第三紀に起源をもち，今日では狭い地域に局地的に取り残された遺存種の典型的な事例，いわばカミキリの生きた化石というべきかもしれない．

テツイロハナカミキリ属

　前者と同様に，テツイロハナカミキリ属 *Encyclops* も古い歴史をもつグループと考えられる．現在世界から9種が知られ，東アジアのアムール地方に1種，台湾に2種，中国の四川省に2種 (そのうちの1種は別属と思われるが)，中国の湖北省と日本にそれぞれ1種が知られるほか，アメリカ大陸の北部と，カリフォルニア沿岸部に隔離されたようにそれぞれ1種が分布する．本属は，かつてその華奢で両側が平行な体型と，細い糸状の触角などの特徴から，他の

1-6 属の分布から見たハナカミキリの歴史

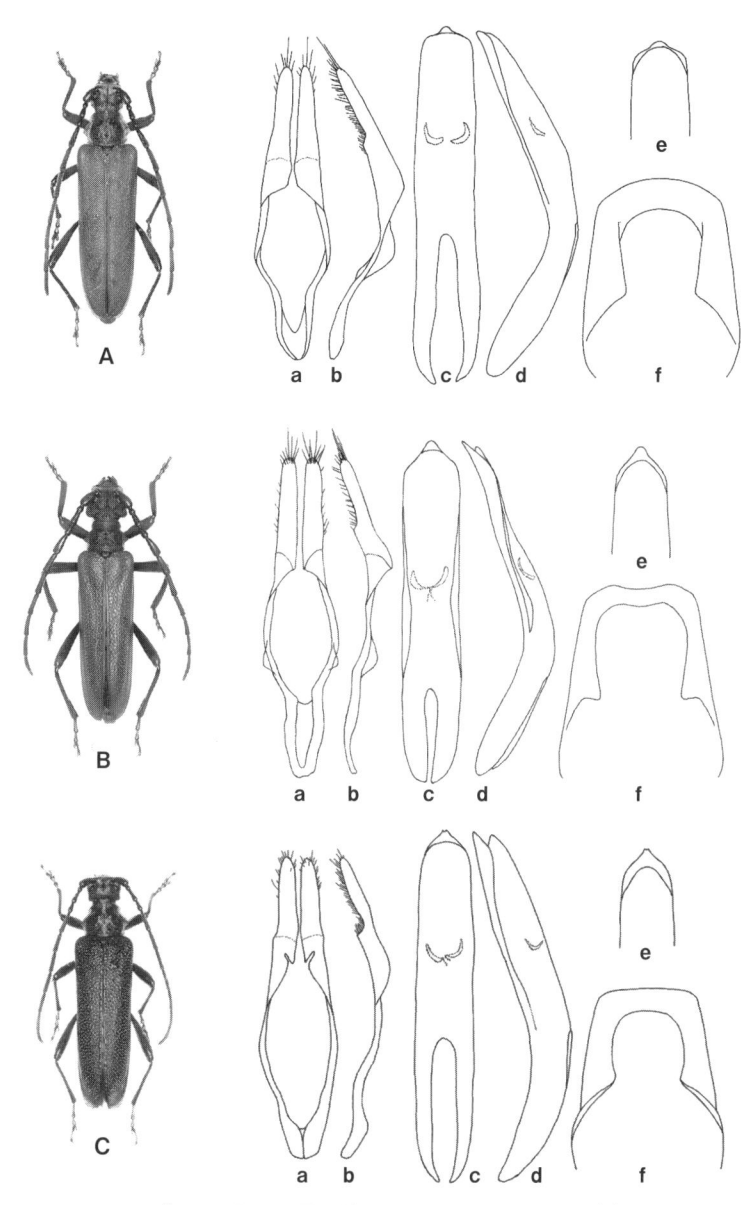

図1-8 ヒラヤマコブハナカミキリ属3種とそれらの雄交尾器 (A) *Enoploderes sanguineus* (コーカサス). (B) ヒラヤマコブハナカミキリ *E. bicolor* (日本). (C) *E. vitticollis* (カリフォルニア).

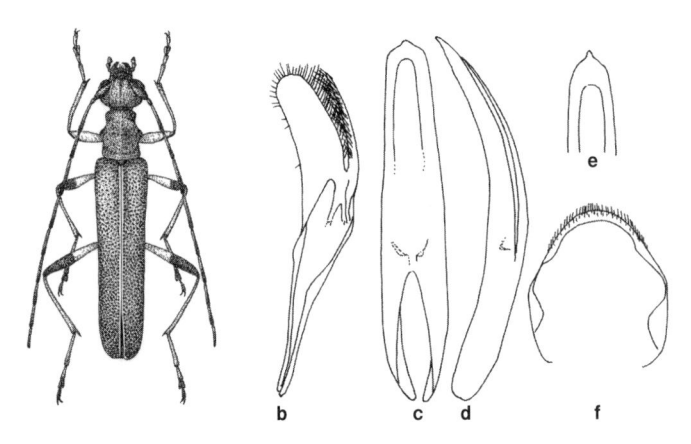

図1-9 テツイロハナカミキリとその雄交尾器

族と区別して独立したテツイロハナカミキリ族 Encyclopini として扱われ，その後，複眼が粗く分割される特徴からムカシハナカミキリ族 Xylosteini に含められていたが，最近は再び独立した族として扱う研究者が多い．雄交尾器 (図1-9) も側片が平たい葉片状を呈する点で特異な形態であることから，独立した族とするのが妥当であろう．

ハイイロハナカミキリ属とアラメハナカミキリ属

先に，ハナカミキリ類はおそらくは白亜紀以降の被子植物の進化に伴って，裸子植物を餌としていたグループの一部が食性を転換しつつ訪花性を獲得していったと考えられると書いた．ハイイロハナカミキリ属 Rhagium やアラメハナカミキリ属 Sachalinobia は顕著な訪花習性をもたず，食性が針葉樹に偏っていることから，多くは寒冷化が進んで針葉樹が優先した新第三紀に繁栄し，今日に至っている仲間であろう．

ハイイロハナカミキリ属は，ハイイロハナカミキリ族 Rhagiini のなかの1属で三つの亜属に分けられ，ヨーロッパから東アジアにかけて十数種が分布する．この属の種類が一番多いのは日本周辺で，中国，台湾を含めると7種が知られている．一方，北アメリカからは，過去には10種を超える種や亜種，型などが記載されていたが，リンスレイとチェムサック (Linsley & Chemsac, 1972)

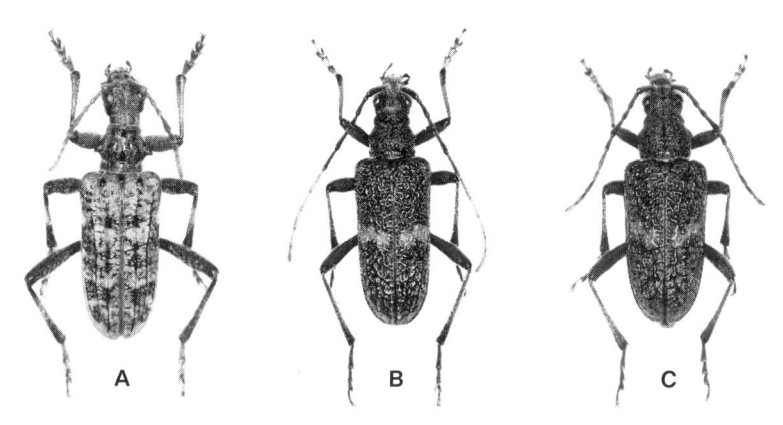

図1-10 ハイイロハナカミキリ属とアラメハナカミキリ属　(A) エゾハイイロハナカミキリ *Rhagium heylovskyi*. (B) アラメハナカミキリ *Sachalinobia koltzei*. (C) カナダアラメハナカミキリ *S. rugipennis*.

はこれら全てを1種の個体変異として扱い,ヨーロッパに分布する種と同じものであるとしてしまった.しかし,同所的に異なる種が生息する日本産種を,交尾器などの形質に基づいて再検討した私の経験からすると,北アメリカの種も何種かに分かれるのではないかと考えており,将来の再検討が望まれる.

　アラメハナカミキリ属は,日本を含む極東アジアに分布するアラメハナカミキリ *Sachalinobia koltzei* と,これに比べて体型が太目で触角が短いカナダアラメハナカミキリ *S. rugipennis* が北アメリカ大陸北部に知られるだけの小属である(図1-10).シュバッハの幼虫による分類では,この属と *Xenoleptura* 属の2属で第4族を構成するとされたが,現在はアラメハナカミキリ族 Sachalinobini としてアラメハナカミキリ属の2種だけが含まれている.アジアとカナダの種の形態的な差は,おそらく第四紀の最終氷期であるウルム氷期の後に成立した,ベーリング海峡によって隔離されたことによって生じたものであろう.

ヒメハナカミキリ属

　このような,形態や習性からも古い形質を残していると考えられるグループと同様に,ベーリング海峡を隔てて旧北区(ユーラシア大陸)と新北区(北アメリカ大陸)の両方に同属の種が分布する例は多い.ハイイロハナカミキリ族

Rhagiini のコブハナカミキリ属 *Stenocorus*, カタビロハナカミキリ属 *Pachyta*, クモマハナカミキリ属 *Evodinus*, クビアカハナカミキリ属 *Gaurotes*, キタクニハナカミキリ属 *Acmaeops*, ヒメハナカミキリ属 *Pidonia* などがその例である.

　これらの一つであるヒメハナカミキリ属を見ると, その分布域は, ユーラシア大陸の東と西, すなわちヨーロッパと東アジア, そして北アメリカ大陸の東と西で, 前述のヒラヤマコブハナカミキリ属 *Enoploderus* とよく似た分布を示す. しかし, ヒラヤマコブハナカミキリ属と基本的に異なるのは, この仲間は顕著な訪花性を示すことのほか, ヨーロッパと北アメリカでは少数の種が遺存的な分布を示すのに対して, 東アジア, 特に日本から中国, 台湾にかけては著しい種分化を起こしていて, 今まさに繁栄している状態にあることである. これらは, 現在の分布状況から推察して, 遅くとも新生代古第三紀にそれらの祖先がローラシア大陸に存在し, 寒冷な新第三紀の後期には南下しつつ分布を広域に拡大していたと考えられる. しかし, 第四紀の急激な気候変動などによってその分布域が分断され, あるいは衰退して, 東アジアに残っていた一群だけが新しい環境に適応して種分化を遂げたと考えることができよう. おそらく, 他のハイイロハナカミキリ族の多くの属も, 基本的に同様な進化の過程を経てきたグループであろうと推察される.

ハナカミキリ族のさまざまな属

　昼行性が発達し, 訪花性がより強くなったハナカミキリ族 Lepturini は, 複眼が触角の着生部を取り巻くように発達し, 頭部は花粉や蜜を食べやすいように前方に長く伸びている. これらは, 頭部があまり前方に伸びず, 触角が複眼の前方, 大腮により近い位置に着生するハイイロハナカミキリ族 Rhagiini のグループなどに比べてより新しいグループと考えられている. ハナカミキリ族のなかで, 両大陸にまたがって分布する属, たとえばブチヒゲハナカミキリ属 *Stictoleptura*=*Corymbia*, シララカハナカミキリ属 *Judolia*, マルガタハナカミキリ属 *Pachytodes*, ツヤケシハナカミキリ属 *Anastrangalia*, ヨスジホソハナカミキリ属 *Strangalia* などは, いずれも新第三紀にその起源があって, 第四紀の気候変動に耐えながら新しい環境に適応し, 今日まで広く生き残っているグループと想定される. また, もう少し分布が限定されて新大陸にしか見られない属や, 旧北区西部に分布の中心があるその他の多くの属も, それぞれの地域です

でに新第三紀末までには属レベルでの分化を終えていたのではないかと考えられる.

東洋区のハナカミキリ

このようにハナカミキリ類を見てくると，その起源はローラシア大陸にあって，分布の中心は旧北区と新北区に偏っているように見える．しかし近年，東洋区に属するインドシナから中国南部，台湾にかけての照葉樹林帯を中心とした主に標高の高いところや，マレー半島からインドネシア島嶼部の熱帯・亜熱帯地域にも多様なハナカミキリが生息していることが明らかになってきた．これらの東洋区を中心に分布する種の大部分はハナカミキリ族 Lepturini のもので，多くは旧北区にも同じ属の種が知られている．これらは，古第三紀に広葉樹に依存して繁栄していた旧北区系の属の一部が，その後の地球規模の寒冷化により分布を南に押し下げられた後，そこで出合った豊かな自然環境のなかで新たに種分化をしてきたと考えられる.

インドネシアのジャワ，スマトラからボルネオ，フィリピンにかけて分布する *Elacomia* 属や *Asilaris* 属，*Pseudoparanaspia* 属，*Ocalemia* 属，*Stenoleptura* 属などは，典型的なマレー系東洋区のグループである．一方，ヒマラヤからインドシナを経由して中国南東部に広がる照葉樹林帯に生息するグループは，日本の琉球列島にまで分布が及び，日華系要素とも呼ばれて日本人にも馴染み深い属が多数含まれる．このなかでも特に興味深いのは，ヒノキ科の植物を寄主とする種群である．この植物は，特異的に種々のハナカミキリが利用しており，それらのなかには他の科の植物を利用しない，いわゆる狭食性の種が多い．少し冗長になるが，それらを列記すると次のような種があげられる.

大部分の種が主にヒノキ科を寄主とする属には，ヘリグロホソハナカミキリ属 *Ohbayashia* (ヘリグロホソハナカミキリ *O. nigromarginata*)，ヘリウスハナカミキリ属 *Pyrrhona* (ヘリウスハナカミキリ *P. laeticolor*)，アカハネハナカミキリ属 *Formosopyrrhona* (アマミアカハネハナカミキリ *F. satoi*)，モウセンハナカミキリ属 *Ephies* (モウセンハナカミキリ *E. japonicus*)，クロソンホソハナカミキリ属 *Mimostrangalia* (クロソンホソハナカミキリ *M. kurosonensis*, ヒゲナガホソハナカミキリ *M. longicornis*, ジャコウホソハナカミキリ *M. dulcis*)，ホソハナカミキリ属 *Leptostrangalia* (ホソハナカミキリ *L. hosohana*) などがある．ま

た，同属の種のなかには別の植物を寄主とするものもあるが，ハイノキ科を主な寄主とする種 (オオシマホソハナカミキリ *Strangalia gracilis*，タケウチホソハナカミキリ *S. takeuchii*，ミヤマホソハナカミキリ *Idiostrangalia contracta*，マルオカホソハナカミキリ *I. maruokai* など) や，他の植物とともにハイノキ科を利用するもの (ヤエヤマヒオドシハナカミキリ *Paranaspia yaeyamensis*，ヤツボシハナカミキリ *Leptura mimica*，ヨツスジハナカミキリ *L. ochraceofasciatus*，ヤマトヨツスジハナカミキリ *L. subtilis*，ヒゲジロハナカミキリ *Japanostrangalia dentatipennis*，アオバホソハナカミキリ *Strangalomorpha tenuis*，ニョウホウホソハナカミキリ *Parastrangalis lesnei*，ニンフホソハナカミキリ *P. nymphula*) を含めると，20種近くのハナカミキリが利用している．

ハイノキ科の植物は後期白亜紀に北アメリカに出現し，暁新世 (古第三紀) にヨーロッパへ，中新世 (新第三紀) にアジアに広がったと推定されており，日本では鮮新世の果実化石が発見されているという (高橋正道, 2006)．ここに列記したハナカミキリのいくつかの属は，白亜紀の後期，約5,000万年前頃に成立したヒマラヤの南部で，新第三紀中新世以降に出現し，インドシナ半島，中国南部から台湾，琉球列島につながる常緑照葉樹林帯に進出したハイノキ科植物などに依存しながら今日まで繁栄しているグループと考えられる．

ウォーレシアのハナカミキリ

生物地理区によって区分される地域に生息する生物相の違いは，過去の地球の歴史を反映したものと考えられている．ダーウィンと進化論を共同で提唱したイギリスのウォーレス (A. R. Wallace) は，昆虫類や鳥類相の比較から，インドネシアのバリ島とロンボク島の間 (ロンボク海峡) から，ボルネオ島とスラウェシ島の間 (マカッサル海峡) を北に抜けるラインが東洋区とオーストラリア区を分けるラインであるとした．これが有名なウォーレス線である (図1-11)．一方，オランダの生物学者ウェーバー (M. Weber) は，淡水魚の研究に基づいて，ティモール島の東から，ブル島の西を通ってハルマヘラ島の東側を抜けるラインが東洋区とオーストラリア区の境界であるとしてウェーバー線を提唱した．このウォーレス線とウェーバー線に挟まれた地域を今日ではウォーレシアと呼んでいる．このウォーレシアの中ではスラウェシ島が最も大きく，その島の成り立ちにも諸説がある．現在では，スラウェシ島は東洋区を起源とする部

1-6 属の分布から見たハナカミキリの歴史

図 1-11 ウォーレシアとその周辺の概念図

分と，オーストラリア区の一部分が合体して出来た島と考えられており，生物相も両方の特徴を兼ね備えている．

先に，オーストラリア区にはほとんどハナカミキリが分布していないと述べたように，ウォーレシアを除いたオーストラリア区には，ニューギニアのミソール島から *Elacomia misolensis* の1種が知られているにすぎない．パプアニューギニアから記載された *Papuleptura* 属の2種は，最近の研究によってハナカミキリではなくハムシ科であるとされている．一方，ウォーレシアからも，これまでに知られているのはスラウェシ島の *Elacomia histrionica*，モウセンハナカミキリ属の一種 *Ephies taoi* および *Shimomuraia notabilis* の3種だけである．この *Elacomia* 属やモウセンハナカミキリ属 *Ephies* はほぼ東洋区に限って広く分布していることから，東洋区起源と考えられる．しかしクワガタムシやカブトムシの研究者の永井信二氏がスラウェシ島で採集した2種 (図 1-12 A, B) や，近年，コメツキムシの研究者である鈴木 亙氏によってロンボク島からもたらされたハナカミキリ1種 (図 1-12 H) は，既知のいずれの属にも該当せず，いずれも新属新種と見られる．このように，ウォーレシアにはわずかながら固有の

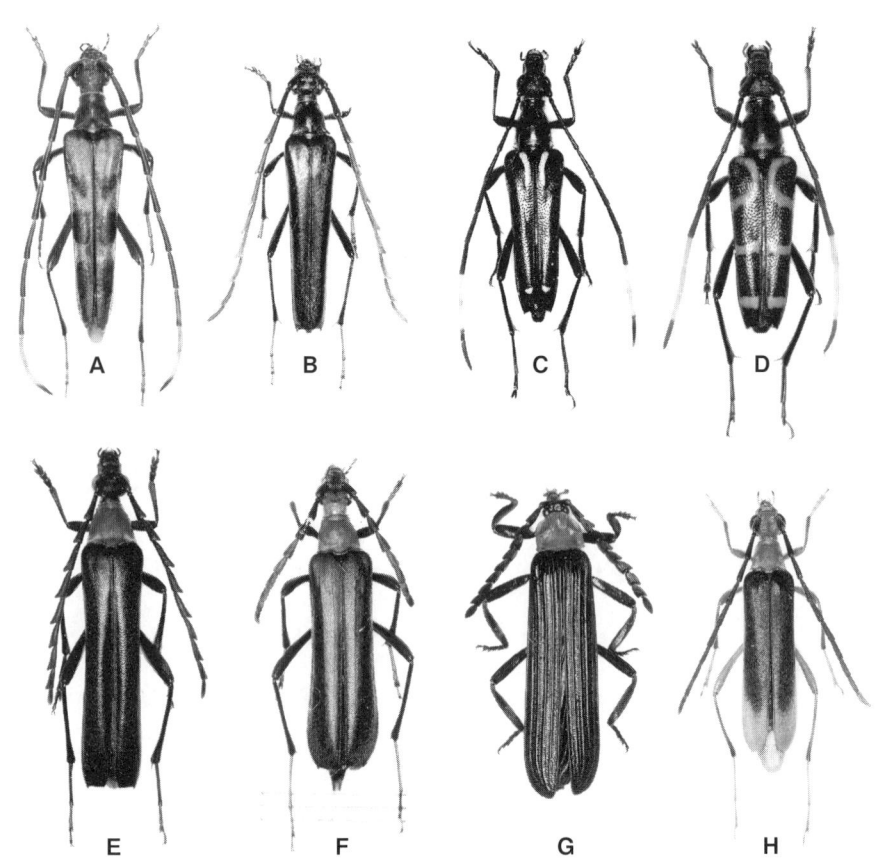

図1-12 ウォーレシアのハナカミキリ （A）,（B）スラウェシ島の未記載種.（C）*Elacomia* sp.（D）*E. histrionica*.（E）*Ephies taoi*.（F）*E.* sp.（G）（F）に擬態したベニボタルの一種.（H）ロンボク島の未記載種.

グループが存在する可能性が高いことが明らかとなり，現在詳細にこれらを研究中である．

ところで2009年に愛媛大学博士課程の学生，高須賀圭三君が北スラウェシのゴロンタロ州からモウセンハナカミキリ属のハナカミキリ1メスを採集して持ち帰った(図1-12 F)．ティロンカビラ山の標高500 m地点で採集したもので，赤い胸部とブルーの上翅の色彩は一見して中部スラウェシで得られている既知の*Ephies taoi*（図1-12 E）にそっくりであるが，明らかに異なる種類で，

1-6 属の分布から見たハナカミキリの歴史

図1-13 *Ephies* sp.が採集された，500 m ポイント (A) と 800 m ポイント (B) の調査隊

交尾器を検するためにもオスの標本を入手したいところである．機会を得て2010年1月に，再度この山に登るという高須賀君を案内に，鹿児島大学のアリ類の大家，山根正気教授と三人で挑戦することになった．ゴロンタロ大学山岳部の，OBと学生合わせて九人にサポートしていただいて4泊5日の採集登山を試みたが，色彩がそっくりで明らかに本種に擬態していると思われるベニボタルの仲間 (図1-12 G) が複数個体得られただけで，残念ながら本種を採集することはできなかった (図1-13)．樹高が20〜30 mに達するような熱帯林で，ハナカミキリを採集するのはきわめて困難であるが，ウォーレシアで最大

の島であるスラウェシ島には，まだ未知のハナカミキリが生息している可能性は高く，今後の調査研究が楽しみである．

1-7　ハナカミキリではなくなったカミキリムシ

　最近の分類学者の考えによって，かつてはハナカミキリ亜科 Lepturinae の仲間とされていた一部のグループは，独立した亜科として別の分類群に移された．ハナカミキリの話題からは外れることになるが，ここではハナカミキリではなくなったカミキリムシの代表的なグループをいくつか紹介しよう．

ニセハナカミキリ亜科

　著名な民族学者で，台湾と紅頭嶼 (現在の蘭嶼) の間の生物相の違いを指摘して「鹿野ライン」を提唱するなど，生物地理学上も多大な足跡を残した鹿野忠雄は，カミキリムシの分類学者としてもよく知られている．鹿野は，1933 年に台湾からキンケカタビロハナカミキリをモモグロハナカミキリ属の新種 *Toxotinus auripilosus* として記載した．一方，松下真幸は，同じ年に台湾から，従来マダガスカル特産とされていた *Artelida* 属の新種として *A. asiatica* という種を記載した．林匡夫 (Hayashi, 1960) は，それぞれのタイプ標本を調べ，両者が同じ種であること，記載された年は同じであるが，鹿野の論文が松下のそれに先行するとして，後者を前者のシノニム (同物異名) とした．そのうえでこの種が既存の属にはあてはまらず，マダガスカルに分布する *Paratoxotus* 属に近い新属であるとして *Formosotoxotus* 属を創設した．その後，マレー半島やボルネオ，ベトナム，ネパールなどから新たな種が次々に発見され，*Formosotoxotus* 属のもとに 8 種が追加された．

　話は変わるが，およそ甲虫の分類に携わっている研究者は，等しくフランスのピック (M. Pic) が記載した種の正体に悩まされる．1890 年代から 1950 年代にかけて，精力的に次から次へと世界中の甲虫類に名前をつけたピックは，それらを命名するにあたって，きわめて簡単な特徴しか記載してくれておらず，実物を見ないと見当がつかない種類が多いのである．

　2002 年頃からラオス北部の調査を始めた私にとっても，ピックがトンキン (現在の北ベトナム) から記載した多くのハナカミキリの正体を明らかにする必

1-7 ハナカミキリではなくなったカミキリムシ

要が出てきた．そこで，本書の編者である新里さん，ドイツ在住のカミキリムシ研究家の横井彌平太さんとともに，ピックが記載した種類のタイプ標本を調査する目的で，2005年の秋にパリの自然史博物館を訪れた．

　私が最初にこの博物館を訪れたのは，1978年のことである．そのときは，フトカミキリ亜科の大家のブロイニング博士 (S. Breuning) に，持参したアジアのリンゴカミキリや小型のフトカミキリ類の同定をお願いするのが目的で，博物館の標本を調べる時間もなく，ビリエー博士 (A. Villiers) にはお目にかかってご挨拶ができただけであった．ブロイニングもビリエーもすでに他界された後の27年ぶりのパリの自然史博物館で，ピックのタイプ標本を探したがなかなか見つからない．ハナカミキリの標本は，ビリエーによって分類順にきちん

図1-14 パリ博物館の標本箱が並んだ棚 (A) と，ピックのコレクションが入っていた標本箱 (B)

図1-15　120年前に採集されていたキンケカタビロハナカミキリ属 *Formosotoxotus* の新種

と整理されているのに，トンキンのピックのタイプ標本がどこにあるのかわからない (図1-14).

　途方にくれた私は，とりあえず整理されている標本の写真を撮影していたが，二日目の午後になって，偶然に別の棚から未整理の標本に混じってトンキンのタイプ標本が入った箱が発見された．ようやく探し当てた目的の標本を，一つずつメモを取りながら撮影をしているうちに，ふと1個体の標本が目にとまった．どうもキンケカタビロハナカミキリの仲間である．ラベルを見ると，「Sikkim, 1890, Harmand」としか書かれていない．およそ120年も前に採集された標本である．しかしこれが7番目の *Formosotoxotus* 属の種の発見であった (図1-15).

　私はこの新種を，私の大先輩であり水生昆虫の大家であった故佐藤正孝さんの追悼論文集で，*F. masatakai* として命名記載した (N. Ohbayashi, 2007)．この論文のなかで，これまでに記載された本属の種を再検討し，マレー半島から記載された2種はシノニムであることを確認して全部で6種を認めるとともに，それまではハナカミキリ亜科のカタビロハナカミキリ族 Stenocorini やムカシハナカミキリ族 Xylosteini として扱われてきたこの *Formosotoxotus* 属を，ハナカミキリ亜科とは別のニセハナカミキリ亜科 Dorcasominae に移した．

　このニセハナカミキリ亜科は，ロシアのダニレフスキー (Danilevsky, 1979) が，従来ハナカミキリ亜科に含められていた *Apatophysis* 属の一種の幼虫が，ハナカミキリ亜科とは異なる形態をもっているとして，古く1869年にラコル

1-7　ハナカミキリではなくなったカミキリムシ　　　　　　　　　　　　　　　　47

デールが用いたApatophysidesという学名に基づいて亜科名をApatophyseinaeにしたものである．

この*Apatophysis*属は，ヨーロッパから中東を経て中国まで分布し，20種あまりが知られている．私がシッキムから新たにこの*Formosotoxotus*の種を記載するとき，オスの交尾器の構造が*Apatophysis*属のそれにそっくりであることに気がついた(図1-16)．

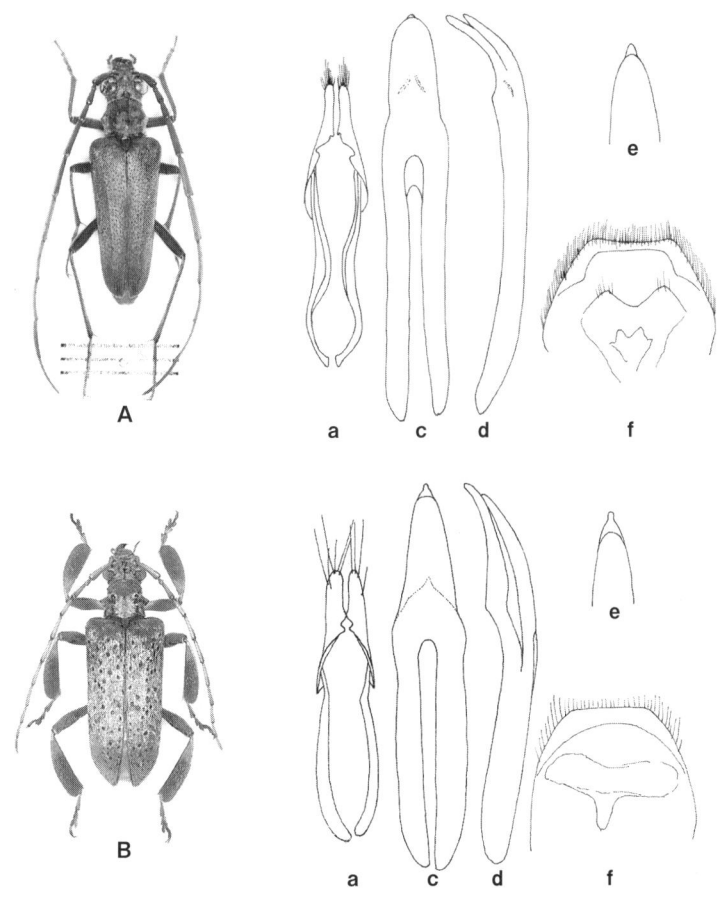

図1-16　ニセハナカミキリ亜科の2属の雄交尾器　　(A) *Apatophysis barbara*. (B) *Formosotoxotus hisamatsui*.

さらに詳しく調べると，両属の後翅翅脈もハナカミキリ亜科の翅脈とは異なる同じ特徴がある (図 1-6 C, D 参照) ほか，中胸背板のやすり板が左右に分割されないなどの特徴を共有することから，ニセハナカミキリ亜科に入れるべきと判断したものである．

　一方，シュバッハ (Švácha *et al.*, 1997) は，アフリカ大陸に分布する *Dorcasomus* 属やマダガスカルからハナカミキリとして記録されていた多数の属は，全てこの亜科に含めるべきだとした．先に，マダガスカルに分布するハナカミキリは，真性のハナカミキリとは別のグループだと述べたが，別のグループとはこのニセハナカミキリ亜科のことである．シュバッハは，もし *Dorcasomus* 属もこの亜科に含められれば，Apatophysides に先行する Dorcasomides Lacordaire, 1869 をこの亜科名に採用して Dorcasominae とすべきであるとし，最近，トルコのエッデクメン (Özdikmen, 2008) がこの亜科名を正式に採用した．しかし，アフリカの Dorcasominae とユーラシアの Apatophyseinae は別の亜科とすべきだという意見もあり，2010 年の旧北区のカタログでは Apatophyseinae を認めている．いずれにしても，松下真幸 (Matsushita, 1933) がキンケカタビロハナカミキリを，マダガスカルのハナカミキリの一属である *Artelida* 属の種として記載した炯眼に脱帽である．

キヌツヤハナカミキリ族

　少し古い図鑑を見ると，ハナカミキリ亜科のなかにキヌツヤハナカミキリ族 Eroschemini というグループがあって，日本産の種ではキヌツヤハナカミキリとアマミアカハネハナカミキリがここに入れられている．この族はラコルデール (M. Th. Lacordaire) が 1869 年にオーストラリア周辺に生息する *Eroschema* という属をもとにして設立したカミキリ亜科の族で，その後，アジアのキヌツヤハナカミキリ属 *Corennys* や *Pyrocalymma* 属もここに含められていた．

　このキヌツヤハナカミキリ族を，グレシット (Gressitt, 1951) が中国のカミキリムシを集大成した論文のなかでハナカミキリ亜科に移し，その特徴は触角の第 3 節と 4 節が毛深く，それ以降の節より太短いことだと再定義した．

　それ以来ハナカミキリ亜科のなかに，キヌツヤハナカミキリ族が定着することになったのだが，これによって奇妙なことが起こった．林匡夫 (Hayashi, 1957) は，アカハネハナカミキリ属 *Formosopyrrhona* を創設する際に，この新属がヘリ

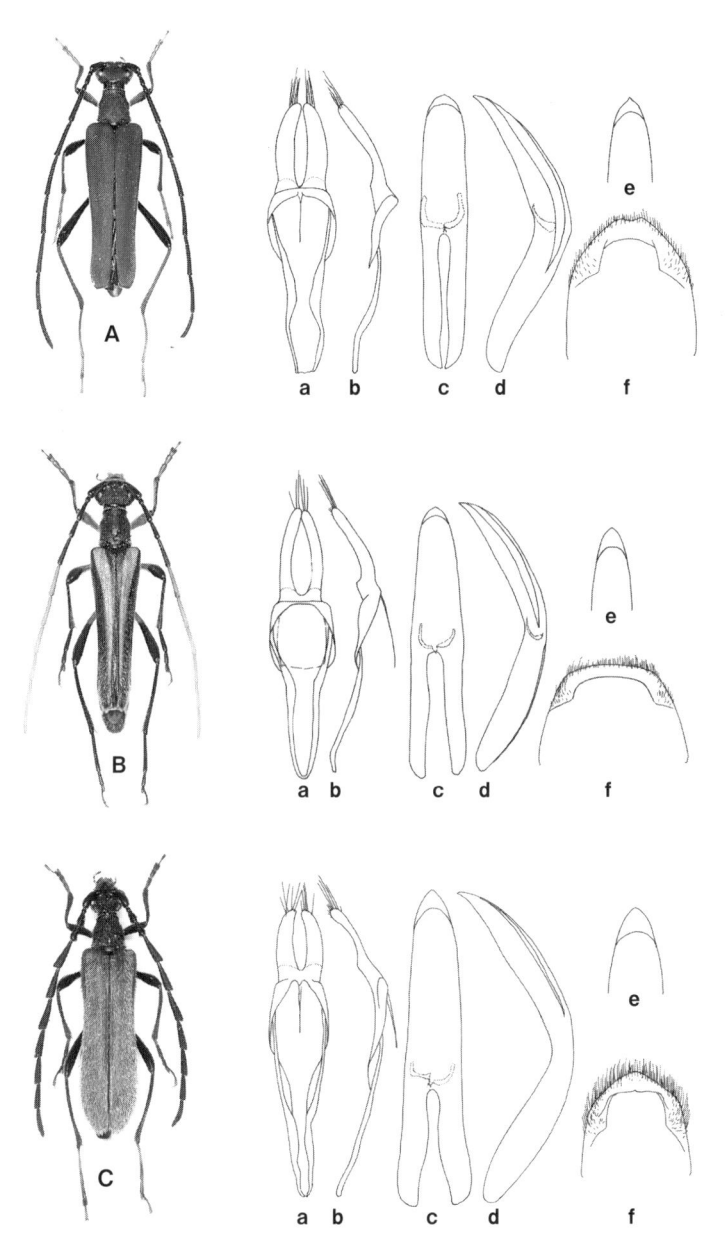

1-7 ハナカミキリではなくなったカミキリムシ 49

図1-17 ヘリウスハナカミキリ (A)，ヘリグロホソハナカミキリ (B) およびアマミアカハネハナカミキリ (C) とその雄交尾器

ウスハナカミキリ属 Pyrrhona に近縁であると述べて, 学名も意訳すれば「台湾のヘリウスハナカミキリ属」と命名していたにもかかわらず, 後には前者をキヌツヤハナカミキリ族, 後者をハナカミキリ族に入れて引き離してしまった.

現在では, オーストラリア周辺に生息する Eroschema 属とその仲間はカミキリ亜科に属することが確認され (Švácha & Danilevsky, 1988), ハナカミキリ亜科に入れられていたアジアに分布するグループは一緒にすべきではないことが明らかとなっている. さらに, これらアジア産のいくつかの属は, いずれもハナカミキリ族に含められるべきものであることも確かめられている. これでようやく引き離されていたアカハネハナカミキリ属 Formosopyrrhona とヘリウスハナカミキリ属 Pyrrhona は, 再び同じハナカミキリ族に含められることになったのである. さらにこれらの交尾器を比較すると, 両属の交尾器はよく似ており, さらにヘリグロホソハナカミキリ属 Ohbayashia もそっくりであることから, この3属は同じグループにまとめられることが明らかとなった (図1-17).

ホソコバネカミキリ亜科

日本のカミキリ屋の間では, 人気ナンバーワンのホソコバネカミキリ, 学名のネキダリス Necydalis を略した通称「ネキ」は, 現在はホソコバネカミキリ亜科 Necydalinae とされているが, これまでしばしばハナカミキリ亜科 Lepturinae の一族として扱われてきた. その短縮した上翅と, ハチに擬態していると考えられる独特の体型は, カミキリムシのイメージからもはみ出してしまうが, シュバッハとダニレフスキーによる幼虫の研究 (Švácha & Danilevsky, 1987-1989) でも, ハントほかの遺伝子の研究 (Hunt et al., 2007) からも, 確かにハナカミキリ亜科に最も近縁な亜科であることが裏づけられている.

ではなぜ, ハナカミキリ亜科のホソコバネカミキリ族 Necydalini ではなくて, 独立した亜科にしなければならないか, というと, それは研究者の一つの見解, としか言いようがない. ハナカミキリ亜科との大きな違い, というより, カミキリムシのなかでも特異なのは, 後翅を折り畳むことができない点である. 飛ぶことを止めて後翅が退化した種類を除いて, ほとんどのカミキリムシ, いやほとんどの甲虫は後翅を前翅の下に収納するためにこれを折り畳む. ホソコバネカミキリと同様に前翅が短縮して後翅が露出しているコバネカミキリ Psephactus remiger (ノコギリカミキリ亜科 Prioninae) や, ヒゲナガコバネカミ

キリ属 *Glaphyra* の仲間 (カミキリ亜科 Cerambycinae) も，静止するときには行儀よく後翅の先端を折り畳む．「ネキ」が後翅を畳まない理由が，単に行儀が悪いだけなのか，ハチに擬態するために伸ばしたままにしているのかは不明である．

　話は余談になるが，「ネキ」の日本の研究者の変遷が面白い．古い話はさておいて，間違いなく日本の「ネキ」ブームを作ったのは草間慶一さんで，これにたくさんのカミキリ屋が加わった．生態研究では郷 遠さん，採集名人では露木繁雄さん，苅部治紀さん，外国産の種は高桑正敏さん，等々．しかし，近年は本書の編著者でもある新里さんが一等群を抜いて第一人者である．私などは，自分であまり採集したことがないし，かといって何しろ珍しい種類が多くて誰もくれたりはしない．にもかかわらず世界中の標本を集めて，次々に新種を発表している新里さんのところに標本が集まるのは，彼の人徳のいたすところか，はたまた何か奥の手あるのだろうか．

　余談ついでに，唯一私が珍品の「ネキ」を手にした話をしよう．2001年の12月，愛媛大学林学科の教授，末田達彦先生の誘いでラオスを訪れた．目的は，インドシナの高標高地に生育するラオスヒノキを探し出して，年輪の調査を行うためである．直径が1mを超えるような大木になるラオスヒノキに穴を開けてコアを採取し，年輪の幅の変化から過去の気候変動を読みとろう，というものである．しかし，現地に行ってみると，案内してくれるはずになっていたラオス大学の教授も，どこにヒノキがあるのか全然わかっておらず，埒があかない．ところが，出かける前に，ラオスに日本人の虫屋さんがいると永井信二氏から聞いてメモしていった電話番号に電話すると，すぐにホテルに飛んできてくれたのが若原弘之さんであった．

　翌日にはもう調査のために必要な書類を調えて迎えにきた若原さんの案内で，ビエンチャンからサムヌアへ飛行機で飛び，標高2,140mのプーパン山へ向かった．そこは素晴らしい環境の自然林で，末田先生と同行の学生たちは目的のラオスヒノキを次々と見つけて調査に余念がない．おまけでついていった私はもっぱら虫を探して木の皮を剥いだり石をひっくり返したり．しかし山の上は真冬で気温は1桁がやっとの寒さ．思いついてナタで崖を削ると，何と日本の冬と同じように越冬中のオサムシやコロギス，ときにはヘビまで出てくる．今はカミキリが採れる季節ではないが，この環境なら，春になればきっと虫の

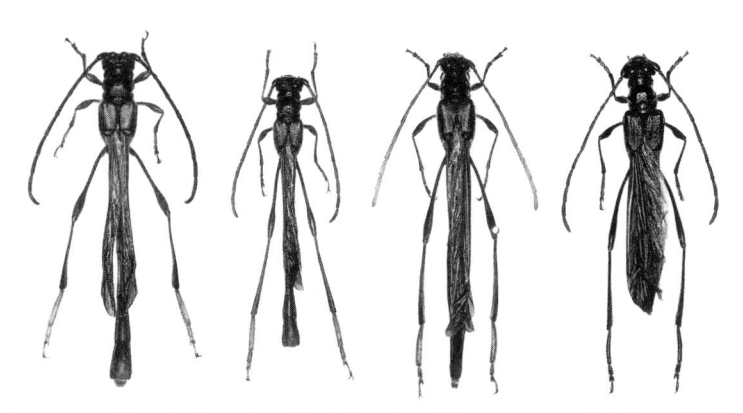

図1-18 いずれも新種だった4種4個体のネキダリス (Niisato & N. Ohbayashi, 2004)

天国になりそうだ．ここはもう一度くるしかないと心に決めた．
　年が明けた2002年の4月の末，先輩の佐藤正孝さん夫妻と吉富博之氏を誘って再び訪れたプーパン山は，まさにカミキリの宝庫であった．点々と咲くシイの花には無数のハナカミキリやトラカミキリが群れ，ラオスヒノキの伐倒木にもカミキリが次々と飛んでくる．道端から真っ赤なベニボシカミキリが飛び出す．ふと目の前をよぎったヒメバチに網をだすと，うまく向こうから飛び込んでくれた．ま，採っておくかとのぞいた網の中にいたのは，何とネキダリスであった．
　道の脇に1本のシイノキがある．満開の花の周りをカミキリが飛び回っているのに，つなぎ竿をいっぱいに伸ばしてもやっと一番下の枝にしか届かない．真上を見上げて必死で網を振るが，思うように虫が入ってくれない．首が疲れてふと足下を見ると，変な真っ黒い虫が地面を這っている．何とこれもネキダリスであった．結局この春に採集したネキダリス4個体は，いずれも異なる種，つまり4種4個体で，全てが新種であった (図1-18)．
　また，ハナカミキリも大豊作で，新種を含めてこの年だけで40種以上が採れており，以後私も含めて毎年多くの虫屋がこの山を訪れることになったのは当然のなりゆきである．
　ホソコバネカミキリの仲間は，圧倒的に東洋区アジアに多産し，他の地域では小アジアに1種，ヨーロッパに2種，北アメリカに8種が知られているにす

ぎない．北アメリカの1種は *Ulochaetes* という別属で，これと同属の1種がヒマラヤ周辺に隔離分布している．南アメリカからも，ホソコバネカミキリ亜科として上翅が短縮し，あるいは狭まった多くの属種が記録されているが，これらは新里さんが『日本産カミキリムシ』(2007) のなかで指摘しているようにカミキリ亜科に属すと考えられている．

1-8　ハナカミキリの話題

よつすじ紋をもつハナカミキリ

　日本のハナカミキリのなかで，北海道から沖縄まで広く分布し，個体数が少ない琉球列島を除けばどこに行っても普通に見られるのがヨツスジハナカミキリ *Leptura ochraceofasciata* である．この，黒地の上翅に黄褐色の4本の帯がある斑紋パターンは，いわばハナカミキリの代表的なファッションの一つである．別種が同じ斑紋パターンなだけでなく，属が違ってもこのファッションを取り入れている．日本の種類だけを見ても，同じヨツスジハナカミキリ属 *Leptura* には，他にカラフトヨツスジハナカミキリ *L. quadrifasciata*，ヒメヨツスジハナカミキリ *L. kusamai*，ヤマトヨツスジハナカミキリ *L. subtilis*，ヤクシマヨツスジハナカミキリ *L. yakushimana* の4種類がいるし，*Macroleptura* 属の

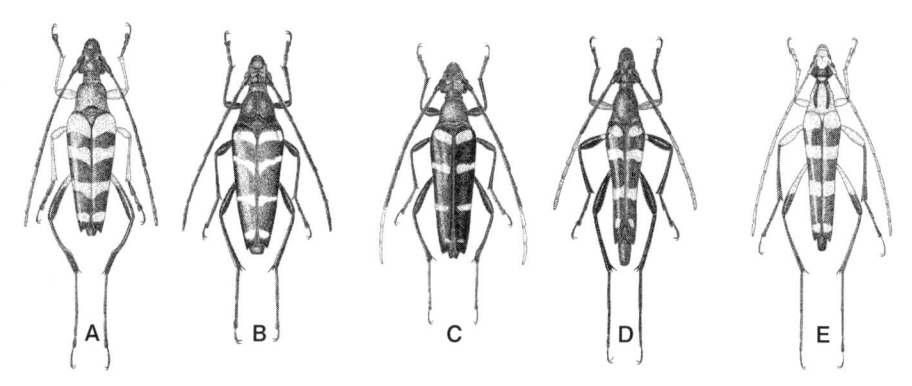

図1-19　よつすじ紋をもつハナカミキリ　　(A) ヨツスジハナカミキリ．(B) ヤマトヨツスジハナカミキリ．(C) ヤクシマヨツスジハナカミキリ．(D) コウヤホソハナカミキリ．(E) タケウチホソハナカミキリ．

オオヨツスジハナカミキリ *M. regalis*, *Strangalia* 属の4種, ヨツジホソハナカミキリ *S. attenuata*, コウヤホソハナカミキリ *S. koyaensis*, タケウチホソハナカミキリ *S. takeuchii*, オオシマホソハナカミキリ *S. gracilis* も「よつすじ」である. 人間なら, 流行に後れまいと他人のファッションをまねるのは理解できるにしても, 昆虫が互いに似た模様を身にまとうのには別の訳があるはずである (図 1-19).

　色彩や斑紋, 行動などをまねすることを擬態という. 体内に有毒な物質をもっていたりして, 鳥などの捕食者が食べると味が悪いであろう昆虫は, 捕食者に覚えてもらうために派手な色彩をし, 美味しい昆虫は, まずい昆虫によく似た模様をして食べられる危険を減らそうとする. 黄色と黒の縞模様は, どう猛なスズメバチやアシナガバチの典型的な斑紋パターンで, 多くの昆虫がこれに似た模様を身にまとうことでやはり危険が減ると考えられている. ハナカミキリのよつすじ紋は, スズメバチのそれに似ているといえば似ていなくもないが, はたして本当にそれで危険が回避されているのか, 別の意味があるのかは定かでない. これと全く逆の戦略をとっているのは隠蔽的擬態と呼ばれる, 目立たない色や模様で周辺の環境に紛れて身を隠してしまう方法で, これも天敵からの捕食を免れて危険を減らす有効な手段である. いずれにしても昆虫のさまざまな色や形, 模様は, それぞれが生き延びるために何らかのメリットとなる意味があるというのは確かなようである.

　話をヨツスジハナカミキリに戻そう. 日本のヨツスジハナカミキリは, 主にその斑紋の現れ方や触角の色彩によって, いくつかの亜種に区分されている. 本州以北と千島列島や朝鮮半島に分布する原名亜種のほか, 四国〜九州, 対馬, 屋久島, 奄美大島, 沖縄島の個体群がそれぞれ別亜種として区別されている. わずかな斑紋や色の違いによって細かく亜種を分ける意味があるかどうかは別にして, 同じ種類が地域によって斑紋や色彩を異にする例は多い. しかし, 種類が違うのに斑紋には地域の特徴が現れてしまう興味ある事例がある. ヨツスジハナカミキリとは別種のヒメヨツスジハナカミキリは, 本州中部と, 四国, 九州の標高の高い場所に局所的に分布する珍しい種類だが, そこには普通種のヨツスジハナカミキリも同所的に分布している. 両者は互いにきわめてよく似ていて, 専門家でも区別が難しい. 図 1-20 を見てほしい. A と B がヒメヨツスジハナカミキリ, C と D がヨツスジハナカミキリ (いずれもオス) で, A と

1-8 ハナカミキリの話題

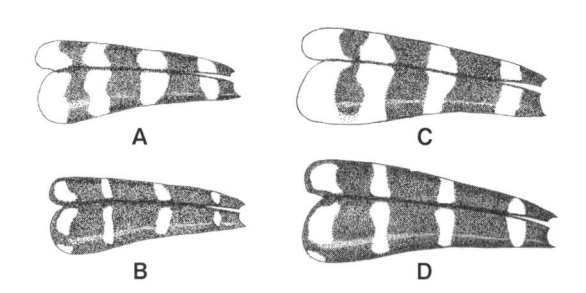

図 1-20 地域ファッションをもつ 2 種のハナカミキリの上翅の斑紋　(A), (B) ヒメヨツスジハナカミキリ．(C), (D) ヨツスジハナカミキリ．(A), (C) 本州産．(B), (D) 四国産．

C は本州中部のいずれも原名亜種，B と D は四国亜種の斑紋である (N. Ohbayashi, 1999)．紋の出方は，種類による違いよりも場所の違いのほうが顕著なのがおわかりになるはずである．種類が違うのにファッションには地域の特徴が現れてしまうのも，それぞれの地域に異なる擬態のモデルがあって，それに斑紋が似ることで生存上のメリットを得ているのかもしれない．

ヤクシマヨツスジハナカミキリ

ところで私が初めてハナカミキリの論文を書いたのは 1970 年 (N. Ohbayashi, 1970) で，ヤクシマヨツスジハナカミキリ *Leptura yakushimana* (図 1-19 C) についてである．この種類は，屋久島小杉谷で採集された 1 個体のメス (原記載ではオスと誤認) の標本に基づいて，1942 年に玉貫光一によって記載された種類である．本種は 1965 年に発刊された『原色昆虫大圖鑑』(北隆館) のなかで，大林一夫が模式標本に基づいたメスの図を示し，ヤマトヨツスジハナカミキリ *L. subtilis* (図 1-19 B) の亜種かもしれないと述べている．その後 1969 年の小島圭三・林匡夫が著した『原色日本昆虫生態図鑑』(保育社) では，本種の雌雄として写真が掲載されているが，オスとされているものはメスで，本種のメスとされている標本はヨツスジハナカミキリ屋久島亜種 *L. ochraceofasciata yokoyamai* のメスであった．

このように当時は本種のメスしか知られておらず，近縁種と混同されることが多かった．ところが大学の研究室の後輩の高木真人君が 1967 年に屋久島小杉谷で採集したヨツスジハナの標本のなかに，まさに本種ではないかと思われる

雌雄の標本を見いだした．オスを解剖して交尾器を比較した結果，ヤマトヨツスジハナやヨツスジハナ屋久島亜種と明瞭に区別できることが確認できたため，論文にして発表した．このときの標本は高木君に返却したが，取り出した交尾器は内緒でそのまま手元に残して今も保存している．高木君ごめんなさい．

　屋久島は，琉球列島の島々に比べると島の歴史が新しいことから本土との共通種が多いが，このヤクシマヨツスジハナは，数少ない屋久島だけに分布する特産のカミキリムシである．本土に分布する種と亜種関係にあるか，ごく近縁の種類が本土にいて一応別種として区別されるものはいくつも知られているが，近縁種がなくて屋久島でしか見つかっていない種は，カミキリムシでは本種のほか，ヤクシマホソコバネカミキリ *Necydalis yakushimensis* とヤクシマコブヤハズカミキリ *Hayashiechthistatus inexpectus* だけである．このヤクシマヨツスジハナの祖先がどこからきたかについては，今のところ謎のままである．

ヨツスジハナカミキリ属

　先に，日本のカミキリムシの雄交尾器を初めて体系的に研究した江原昭三が，「同属の種は互いによく似た交尾器の構造をもっているが，ヨツスジハナカミキリ属（以前は *Strangalia* 属で扱われていたが，現在は *Leptura* 属）などでは例外がある」(Ehara, 1954) と述べていることを紹介した．このとき江原がヨツスジハナカミキリ属として比較した種は7種であるが，これらは今日では表1-4に示すように四つの属に分けられていて，4種がヨツスジハナカミキリ属 *Leptura* に含められ，残りの3種はそれぞれ別の3属 (*Pedostrangalis*, *Etorofus* および *Macroleptura*) に分類されている．

表1-4　江原が *Strangalia* 属 (= *Leptura* 属) として扱った種の現在の所属

江原の図番号	和名	現在の分類による属
73・80	カタキハナカミキリ	カタキハナカミキリ属 (*Pedostrangalia femoralis*)
74・81	ヤツボシハナカミキリ	ヨツスジハナカミキリ属 (*Leptura mimica*)
75・82	クロハナカミキリ	ヨツスジハナカミキリ属 (*Leptura aethiops*)
76・83	ハネビロハナカミキリ	ヨツスジハナカミキリ属 (*Leptura latipennis*)
77・84	ヨツスジハナカミキリ	ヨツスジハナカミキリ属 (*Leptura ochraceofasciata*)
78・85	フタスジハナカミキリ	エトロフハナカミキリ属 (フタスジハナカミキリ亜種) (*Etorofus (Nakanea) vicarius*)
79・86	オオヨツスジハナカミキリ	クロオオハナカミキリ属 (*Macroleptura regalis*)

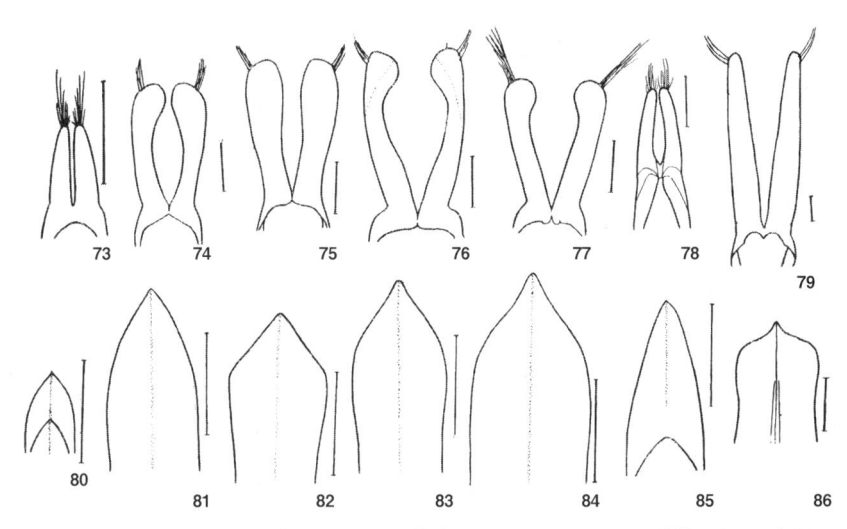

図1-21 江原が *Strangalia* 属として示した雄交尾器 (Ehara, 1954)　　番号は表1-4参照.

　これらの4属7種の雄交尾器包片 (tegmen) と中央片 (median lobe) は図1-21に示すように属によって明瞭に異なる．属の定義が大ざっぱであった当時の分類体系に基づいた江原の疑問は当然の結果であった．ヨツスジハナカミキリ属の雄交尾器は，特に包片の形を見ただけで，すぐにこの属の種とわかるほど特徴的である．

クロオオハナカミキリ属

　中根・大林 (Nakane & Ohbayashi, 1957) は，ヨーロッパから日本まで旧北区に広く分布するクロオオハナカミキリ *Leptura thoracica* (別名オオクロハナカミキリ，セアカハナカミキリ) を基準種として，クロオオハナカミキリ属 *Macroleptura* を設立し，極東アジアから日本にかけて生息するオオヨツスジハナカミキリ *Strangalia regalis* も同じ属に移した．この両種はハナカミキリのなかでは最大級で，後者は日本ではどちらかといえば普通種である．

　ところが，イタリアのサマ (Sama, 2002) は，『北および中部ヨーロッパのカミキリムシ』と題する図鑑のなかで，なぜかヨーロッパには分布しないオオヨツスジハナに対して，1属1種の *Nona* という新属を作ってしまった．日本人

のカミキリ屋としては何か庭を荒らされたようで落ち着かない．いろいろ調べてみると，彼が新属の根拠としたいくつかの特徴は，北アメリカにいる *Bellamira* という属と共通点が多い．ならばオオヨツスジハナは *Bellamira* 属に入れておけば良いのでは，ということで，ちょうど新しいカミキリ図鑑の準備をしてい

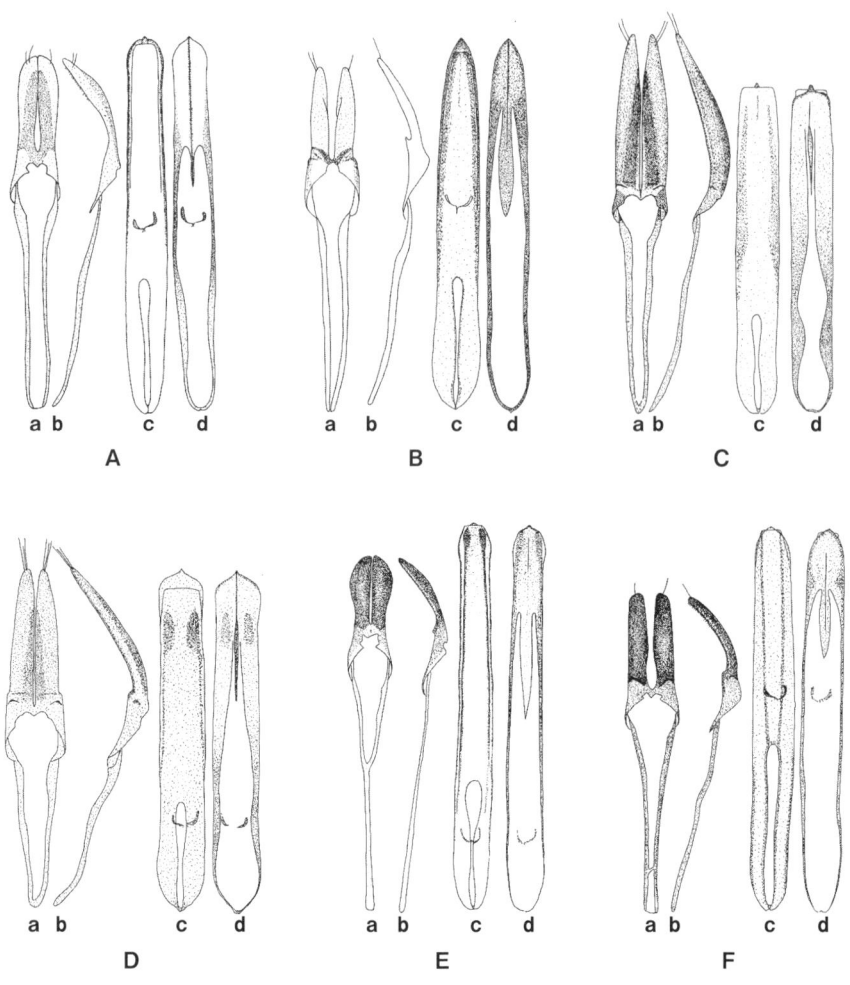

図 1-22 クロオオハナカミキリ属群の雄交尾器　（A）*Bellamira scaralis.*（B）クロオオハナカミキリ．（C）オオヨツスジハナカミキリ．（D）*Macroleptura quadrizona.*（E）*Teratoleptura mirabilis.*（F）*Laoleptura phupanensis.*

たこともあって，この *Nona* 属を *Bellamira* 属のシノニムとして処理した (N. Ohbayashi *et al*., 2005).

その後，サマはこれに反論する論文 (Sama, 2007) を書いて，オオヨツスジハナと *Bellamira* 属の違いを再度強調し，*Noona* 属 (*Nona* 属は別の生物に先取されているとして変更) の正当性を主張した．そこで，改めて近縁と思われる全ての種類について，雄交尾器の形態を含めて精査してみた (N. Ohbayashi, 2008). その結果，北アメリカの *Bellamira* 属は，クロオオハナカミキリ属とは交尾器の包片 (lateral lobe) の特徴が異なることが明らかとなった．一方，オオヨツスジハナは，中国からインドシナにかけて分布する *Macroleptura quadrizona* とクロオオハナの中間的な特徴を備えることからクロオオハナカミキリ属として扱うのが妥当なこと，また，従来クロオオハナカミキリ属の種として扱われていた *M. mirabilis* には新属 *Teratoleptura* を設立するのが妥当で，さらにラオスから得られていた1種も別属の新種 *Laoleptura phupanensis* であった．しかしこれら4属は雄交尾器の中央片がよく似ており，互いに近縁な一つの属群としてみなすことができることも明らかとなった．結局，サマの仕事も私の処置も，ともに少ない材料で判断したことによる早とちりであったことになり，改めて包括的な研究の重要性を認識することとなった (図 1-22).

エトロフハナカミキリ属とカタキハナカミキリ属

日本には，形態的に互いによく似たカタキハナカミキリ *Pedostrangalia femoralis*，エトロフハナカミキリ *Etorofus* (*Etorofus*) *circaocularis* およびフタスジハナカミキリ *Etorofus* (*Nakanea*) *vicarius* の3種が知られている．いずれの属も前胸背板が中央より少し前方で横に張り出し，その後ろがいったんくびれて後縁が横に広がる点でヨツスジハナカミキリ属と区別できる．ところで北アメリカのハナカミキリのなかに，外見も上翅の紋の出方もフタスジハナカミキリによく似た種類があって，こちらはヨツスジハナカミキリ属の種 (*Leptura obliterata*) として扱われている．このことはすでに1947年にグレシット (J. L. Gressitt) が気づいていて，日本のフタスジハナカミキリを北アメリカの種の亜種 (*L. obliterata vicaria*) として処理している．気になって雄交尾器を調べてみると面白いことがわかってきた．

旧北区から3種が知られているエトロフハナカミキリ属は，カタキハナカミ

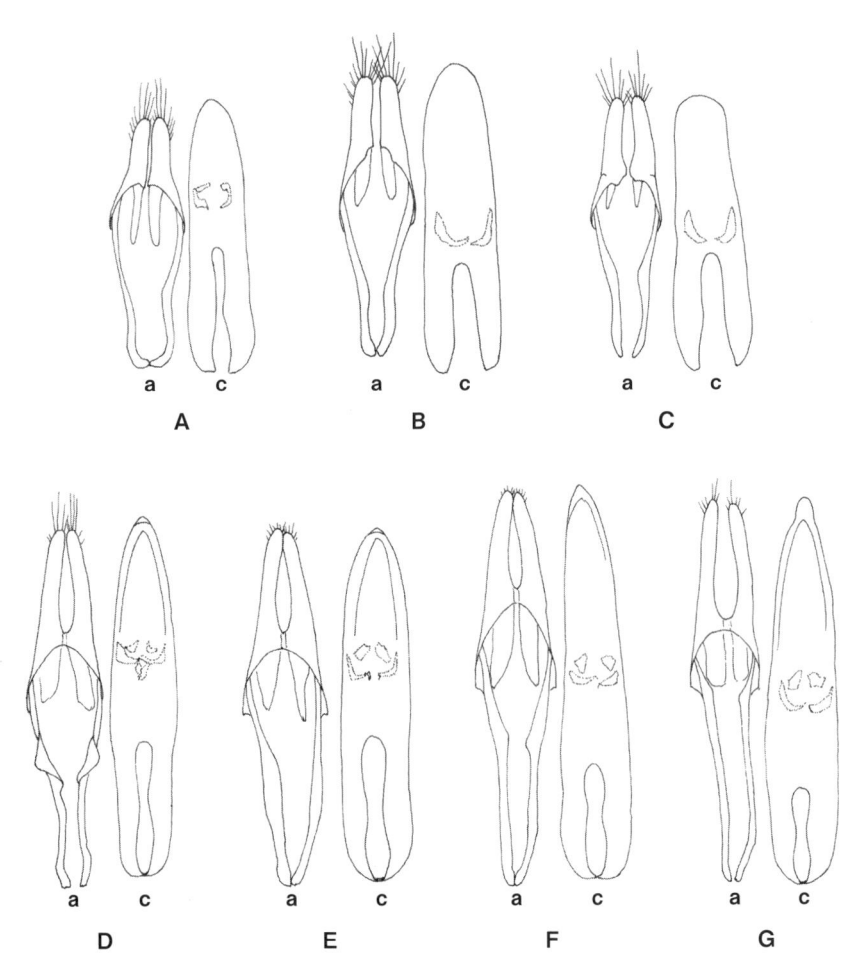

図1-23 カタキハナカミキリ属とエトロフハナカミキリ属の雄交尾器 (A) カタキハナカミキリ *Pedostrangalia femoralis*. (B) *P. verticalis*. (C) *P. revestita*. (D) フタスジハナカミキリ *Etorofus (Nakanea) vicarius*. (E) エトロフハナカミキリ *E. (Etorofus) circaocularis*. (F) *Leptura obliterata*. (G) *L. propinqua*.

キリ属との区別が難しく,これまでしばしば同属として扱われることもあったが,雄交尾器を比較すると前者 (図1-23 D, E) と後者 (図1-23 A, B, C) の違いは一目瞭然であった.一方,フタスジハナカミキリ亜属とエトロフハナカミキリ亜属は後肢の第3跗節の裂開の程度の違いで区別されていたが,雄交尾器

の形態は非常によく似ていて，それぞれ同属の亜属として扱うのが妥当と考えられる．また北アメリカのヨツスジハナカミキリ属 *Leptura* として扱われている 10 種のうち，調べることができた 2 種 (図 1-23 F, G) はいずれもこれらと共通する交尾器の特徴を備えていることから，これらはエトロフハナカミキリ属のフタスジハナカミキリ亜属に含めるのが妥当と判断された．この内容については現在論文として準備中であるが，この一例が示すように，ヨーロッパからアジアに至るユーラシア大陸に分布する属と，北アメリカ大陸に分布する属の関係はこれまで十分に検討されておらず，今後，改めて再検討する必要性が示唆される結果であった．

ヨスジホソハナカミキリ属

　ヨスジホソハナカミキリ属 *Strangalia* の基準種は，北アメリカに分布する「よつすじ」紋のある *Strangalia luteicornis* で，一見して日本のタケウチホソハナカミキリ *S. takeuchii* やヨスジホソハナカミキリ *S. attenuata* にそっくりである．雄交尾器を比べてみても大変よく似ていて，同じ仲間であることが一目瞭然である．

　ところで，このヨスジホソハナカミキリ属は，北アメリカから中央アメリカを経て南アメリカのペルー，ブラジルからアルゼンチン北東部にまで分布を広

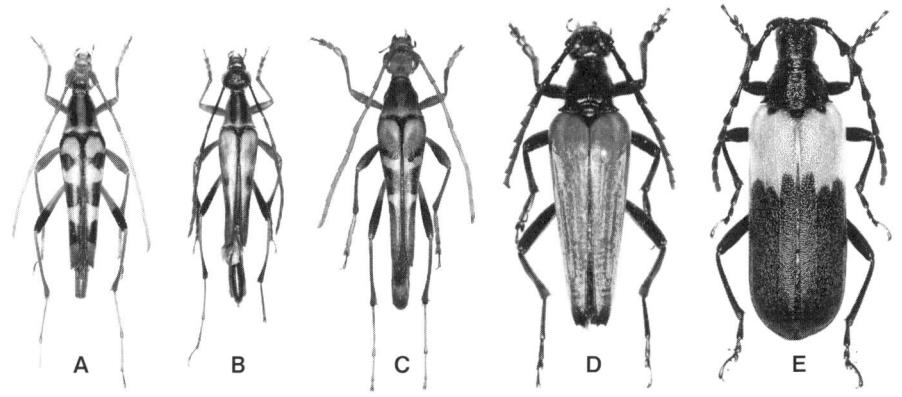

図 1-24　北アメリカのハナカミキリ　(A) *Strangalia luteicornis*. (B) *S. famelica*. (C) *S. virilis*. (D) *Stenelytrana emarginata*. (E) *Desmocerus palliatus*.

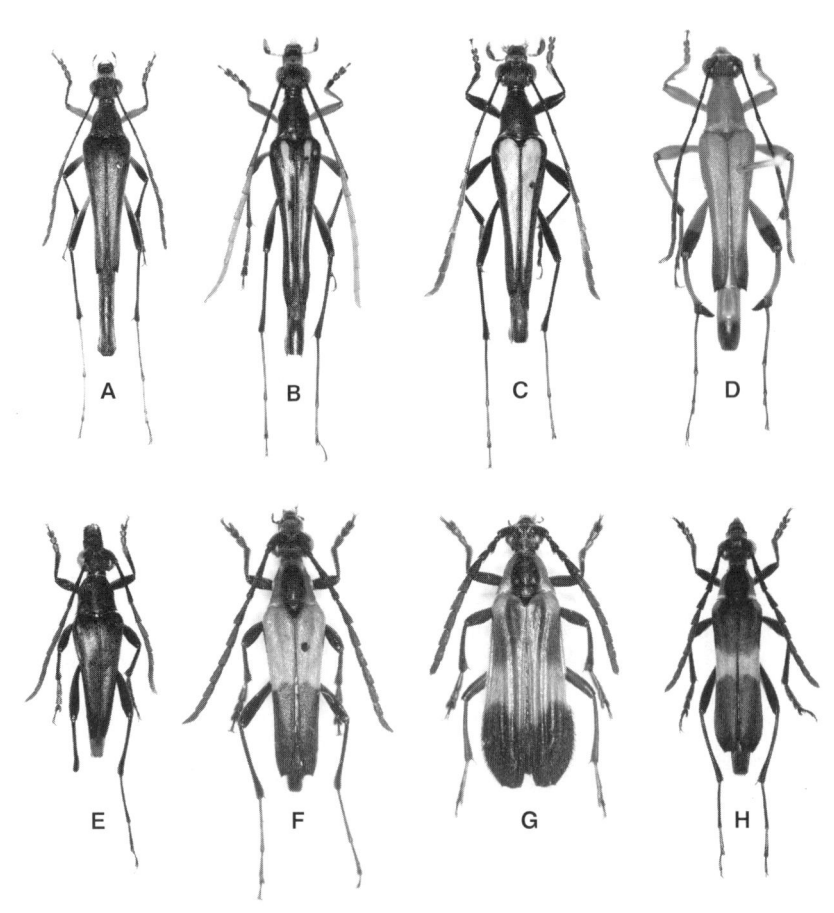

図1-25 中南米のヨスジホソハナカミキリ属とその近縁属 （A）*Strangalia palifrons.* （B）*S. instabilis.* （C）*S. panama.* （D）*S. palaspina.* （E）*Pseudotypocerus proxater.* （F）*Strangalia flavocincta.* （G）*Euryptera unilineatocollis.* （H）*Strangalia melanura.*

げている (図 1-24)．これら中南米のヨスジホソハナカミキリ属に分類されている標本は，これまでなかなか実物を検する機会がなかったが，最近スミソニアン博物館のリンガフェルター博士 (S. Lingafelter) のご好意で数種をお送りいただいた．ヨスジホソハナカミキリ属と同定された種のなかには，明らかに本来のヨスジホソハナカミキリ属とは異なると思われるものも含まれているが，きわめて近縁であることに疑問の余地のない種も含まれており，本属が特異的にアジ

アとアメリカでともに分布を南方に広げていることがわかる．特に，南アメリカのハナカミキリは，新第三紀に南アメリカと北アメリカを隔てるパナマ海峡にたびたび形成された陸橋，または新第三紀鮮新世の，およそ現在より300万年前に形成されたパナマ地峡を伝わって北アメリカから南アメリカに進出し，種分化をしたことが明白である (図 1-25)．

1-9　おわりに

　私は 2009 年に 65 歳で退職し，来春にはもう古希を迎える．あちこちと寄り道はしたが，カミキリムシが大好きで，これからやりたい研究も山ほどある．外国への採集旅行も楽しみだ．しかし残りの人生を考えると，この膨大なグループであるカミキリムシ科の全てを研究対象にしようなどというのは無謀なことと諦めて，もう少しハナカミキリに集中して研究することにしよう．

　なぜハナカミキリかといえば，いささか訳がないわけではない．それは，志半ばにして早世した父の想いを心のどこかに引き継いでいるからかもしれない．先に，小学生の頃から父親に連れられて昆虫採集に出かけた話をしたが，私の父，大林一夫は，カミキリムシの研究者である．父の虫屋としての経歴は，石原保，佐藤正孝，林匡夫ほかの追悼文 (昆虫学評論 20 巻 1/2 号, 1968) に詳細に語られているので深くは触れないが，1915 年生まれで，旧制尾道中学の生徒の頃，松村松年の弟子であった岡本半次郎先生の薫陶を受けて昆虫学を志したという．鳥取農専を中退してからはさまざまな職業を経験し，その後は毎日新聞の記者となったが，その傍らカミキリムシの研究を続け，多くの業績を残している．亡くなったのは 1967 年 4 月 30 日，51 歳と 6 か月の人生であった．病床に父を見舞ったのは，その前日の天皇誕生日で，「もうカエデの季節だな」という父に「明日は州原のカエデの花をすくって，生きたミヤマルリハナカミキリをもってきてやるよ」と約束した．しかし，吸虫管の中で走り回る生きたミヤマルリハナを待っていたのは，息を引き取った後の父であった．そっと父のお棺に吸虫管をそのまま入れた．

　父は，亡くなる数年前から『原色昆虫大図鑑』(北隆館, 1965) の執筆に精力を傾けていた．その完成が近づいた頃にガンが発見された．最後の校正は病院に入退院を繰り返しながらの作業だった．一方で，周囲からの勧めもあって，

日本のハナカミキリを材料にした学位論文の準備を進めていたが，これは完成を見ないままとなってしまった．今も，私の手元には，タイプライターで打ったその頃の下書きがたくさん残っている．父が病床で遺言代わりに書き残していたカミキリに関するたくさんのメモの最後の日付は 1967 年 3 月 23 日，亡くなる 1 か月と少し前である．もう，父の年齢より 18 年近くも長生きをしている私だが，いまだに父を越えることができない．もう少し長生きをして，父のやりたかった仕事を続けていこうと考えている．幸い，私の教え子のなかから，学位を取得した栗原 隆，山迫淳介，韓 昌道の 3 君や，何人かの気鋭の若者がカミキリムシの研究に取り組んでくれている．しばらくは彼らと議論しながらもう少し勉強を続けられるだろう．

2 ムナミゾアメイロカミキリの分類学

(新里達也)

2-1 出会い

満開のカシの花

　満開のカシの巨木が，深い緑の樹海から頭一つ突き出している姿は，遠目にもよくわかる．その濃密なまでに白い花は強い芳香を放ち，その匂いが風に乗り朝もやの残る森の中を漂う．淡い期待に胸は締めつけられ，暑さのせいか軽い目まいを覚える．その満開のカシを目がけて最短距離で藪こぎをする．やがて目標点に到達．額の汗をぬぐい，根元より巨木のそびえる天空を見上げる．

　それにしても見事なまでに花つきのよいカシの木である．放射状に伸びた白い花房が，広くその樹冠を占有している．その狭間には抜けるような群青の空である．その群青色を背景に，コガネムシやコメツキムシなどたくさんの甲虫に混じって，カミキリムシの飛ぶ姿がいくつも見える．ゆっくりと滑空する真

紅の姿はたぶんクスベニカミキリだろう．花の周りをホッピングしているのはホソハナカミキリの仲間だ．一つ二つと黄色いモモブトコバネカミキリがホバリングする．昼飛性のマダラガがひらひらと舞う．エグリコガネが放物線を描き，猛スピードで飛び抜けていく．

　1977年5月の台湾中部．大学2年になったばかりの私は，蓮華池（れんふぁちぃ）という試験林の飯場に寝泊りして，毎日，カミキリの採集に明け暮れていた．

　当時，台湾の調査は，一部のカミキリ屋の間ではちょっとしたブームになっていた．日本のカミキリ相がほぼ解明しつくされ，残された秘境といわれた琉球や小笠原諸島などの調査もひとまず収束していた時代である．新種のカミキリムシが続々と発見された，1960年代から1970年代半ばにかけてのあの黄金時代は，すでに過去の話として語り継がれつつあった．そのような時代のなかで，琉球のすぐ南西に浮かぶ未開拓地の台湾は，魅力的な存在であった．

　台湾は過去の日本時代の遺産として，往年の研究者たちがすでに昆虫相解明の端緒をつけていて，それら業績の多くが日本語で出版されている．国外とはいえ，採集してきた虫の名前を調べるという最も基本的な作業に，外国語のハードルがないというのも取りつきやすい理由の一つであった．

　もっとも私と同年代の友人たちは，国内の離島の調査に依然固執していて，台湾に対する興味は薄いようだった．琉球のすぐ隣とはいえ，外国である台湾はやはり興味の対象外なのである．では誰が注目していたかというと，ちょうど団塊の世代あたりの虫屋たちである．彼らは日本のカミキリ相解明の黄金時代末期を謳歌した人たちでもある．そんな先輩たちに恵まれた当時の私が，彼らの話を聞いてたちまち逐電したのはごく自然のなりゆきであった．国内の採集にも幾ばくの未練はあったものの，私には先人の足跡を追認するだけの努力は徒労としか思えなかった．ひと旗揚げて認められたいという野心もあったのだろう．経験まだ浅い大学生の私は，1977年の春に一人台湾に渡ったのであった．

　そして，想像をはるかに超えた世界がそこには待っていた．台湾の生物多様性は非常に高い．日本の九州ほどの面積の島に，日本全域に分布する750あまりの種数に匹敵するか，それを超える数のカミキリが生息している．実際に採集をしてみればわかることだが，1日に遭遇する虫の顔ぶれの多彩さはそれこそ桁違いである．

　運命に呼び寄せられたかのように，台湾中部の田舎町のとある安宿に荷を降

ろした翌日から，私は日々の採集に没頭した．未熟な採集経験をおよそ半月ほどで質量ともに凌駕する，まさに戦利品と呼ぶにふさわしい採集標本の紙包みを，累々と整理用の木箱にため込んでいった．

オブリィウム

　そのような経緯をもって冒頭のシーンに至る．満開のカシの木の下から見上げたのは，本当によく晴れわたり，どこまでも深く青い空であったと記憶している．虫は湧いてくるほどに多いので，腰に携えたガラス製の殺虫管はみるみるカミキリムシで埋まっていった．

　実はこのとき，つい今しがた採集して殺虫管に放り込んだあるカミキリのことが，私は気になって仕方がなかった．それは，ムナミゾアメイロカミキリの一種のことである．

　オブリィウム (=*Obrium*) とラテン語の属名称で親しく呼ばれるこのカミキリは当時，いずれの種も大変な珍品とされていた．日本産種でもそのほとんどが，むやみやたらと採集できるものではなく，一般のカミキリ愛好家の標本箱の中に収まっているような代物ではない．

　駆け出し虫屋の私はこのオブリィウムを採集してしまい，興奮のあまり気が動転していた．まずオブリィウムの実物を見たのが，そのときが初めてだった．それでも相変わらず花上の虫の採集に手を休めることはしなかったが，心はガラス瓶の中の虫にあった．先ほど採ったのは何かの間違いではなかったのか，あるいはカミキリではないかもしれないという嫌な考えが幾度も頭をよぎった．オブリィウムは体が小さいうえに，見ようによってはややカミキリ離れした風貌をしている．

　しかし次の瞬間，そうした不安は確信に変わった．花を丁寧にすくった後に手繰り寄せた捕虫網の中に，先刻のものと同じカミキリを発見したからである．憧れのオブリィウムが，触角を左右に揺すりながら捕虫網の底を小走りに駆け回っていた．

　実はそれからがすごかった．カシの周辺の枝葉をすくっていくと，次から次へとこのオブリィウムが捕虫網に入ってきた．その数20個体あまり．普段は神など信じぬ私も，このときばかりは，幸運を呼び込んでくれた虫採りの神様に感謝したのである．

2-2 研究事始め

ムナミゾアメイロカミキリの仲間

　ムナミゾアメイロカミキリの仲間は，体長 5 mm 前後で，大きくてもまず 1 cm を超えることはない．琥珀色のモノトーンの体をもつ種がほとんどで，種の特徴も捉えにくい．ほとんどの種は野外で発見されることが少ない，いわゆる珍品のカミキリムシで，そのせいか一部の愛好家にわりと人気が高い．

　見た目が大変似ているうえに標本の収集が困難な本属は，分類学的研究が遅れていたために，ほぼ調べつくされたといってよい日本産カミキリのなかでも，比較的最近までその全貌が明らかにされていなかった．まして，中国や台湾など日本周辺地域にいたっては，わずかの種が知られるだけで，現在でもその解明はひどく遅れている．

　ムナミゾアメイロカミキリ属はムナミゾアメイロカミキリ族 Obriini を構成する一つのグループで，ユーラシアの亜寒帯に広く分布するアカオニアメイロカミキリ *Obrium cantharinum* を基準種として，ドジャンにより創設された (Dejean, 1821)．ヨーロッパ，アジア全域，アフリカ中部，北アメリカおよび中央アメリカの亜寒帯から熱帯にかけて広く分布し，現在までのところ 60 種以上が記録されている．特に中国やインドシナ北部などのアジアの温帯地域から，最近になって多くの新種の発見が相次ぎ，この地域が現在では本属が最も繁栄しているとホットスポットとされる (新里, 2007)．

　学名の *Obrium* は暗い色彩という意味である．確かに属の基準種のアカオニアメイロは暗い赤褐色の色彩をもつ種であるが，属全体の変異としては琥珀色と形容するのが適当な，明るい褐色系の色彩の種が多く知られている．一方，和名の「ムナミゾ」は「胸にある溝」の意味で，成虫の後胸前側板の中央を走る長く深い溝に由来する．このような特異な形質は本属とそのごく近縁のグループに固有に現れるもので，これだけでもムナミゾアメイロカミキリ族の他属と容易に区別することが可能である．

珍品のカミキリムシ

　ムナミゾアメイロカミキリ属の種に野外で出会うことは稀である．日本の本土域に限ってはハリギリの樹幹に集まるナカネアメイロカミキリ *Obrium nakanei* が最も採集しやすい種で，サドチビアメイロカミキリ *O. obscuripenne takakuwai* などトネリコ類を寄主植物とする種ではその葉上から見つかることもある．しかし通常の採集では，クリやツルアジサイなどの花に飛来した個体に遭遇する程度のものであり，効率よく多数の標本が得られることはない．

　しかし，琉球や東南アジアにおける採集では事情が異なり，ムナミゾアメイロの仲間はシイ・カシ類ほかの花に集まり，むしろ積極的に狙いをつけて採集できるカミキリである．このような花上に集まるムナミゾアメイロは，花それ自体よりも周辺の葉上に静止していることが多く，長い振り出し竿の先端につけた捕虫網で花の周りをすくうと，しばしば多数の個体が得られる．採餌が終わると周囲に飛び去ってしまう他のカミキリと異なり，ムナミゾアメイロは訪花した個体がそのまま周辺の葉上などで休息しているらしい．したがってこのカミキリが頻繁に訪花するような木には，多数の個体が群れていることがある．冒頭で書いたように，台湾中部のカシの花で私がムナミゾアメイロをたくさん採集できたのも偶然ではなく，ちょうどそのような条件がそろっていたのである．

　ムナミゾアメイロ属の大部分の種は，複眼を構成する一つひとつの個眼が大きく，この特徴は夜間活動性のカミキリに広く見られる特徴である．しかしそれを裏づけるような行動はあまり観察されていない．交尾や産卵は晴天の日中に行われ，花に飛来するのも気温の高い午前中や夕方であることが多い．ただ，光源をつけた夜間採集の白幕にときどき飛来することもあるので，日中以外にも活動する個体がいることは間違いないようである．

日本における研究史

　日本産ムナミゾアメイロカミキリ属に関する研究は，明治前半期に外国の研究者によって記載された *Obrium longicorne* と *O. japonicum* に端を発するが，それ以降の約半世紀はただの1種類も追加されることはなかった．この両既知種の正体がいま一つ判然としなかったことや，外見が非常に似ていて分類が困難であったことが，研究の遅れた原因であったのだろう．

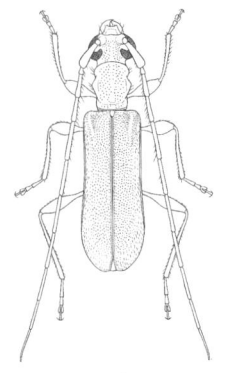

図 2-1 サドチビアメイロカミキリ名義タイプ亜種 (ツシマアメイロカミキリ) (長崎県対馬産)

　日本の研究者による最初の記録は，大林一夫によるナカネアメイロカミキリである (Ohbayashi, 1959)．それ以降，大林一夫・大林延夫による石垣島のハッタアメイロカミキリ *O. hattai* (Ohbayashi & Ohbayashi, 1965)，林匡夫による対馬からのツシマアメイロカミキリ *O. tsushimanum* の記載 (Hayashi, 1974) が相次ぎ，1980 年代はじめには日本産は 5 種を数えるまでになった (図 2-1)．

　日本産本属についての最初の総括的な研究は，『日本産カミキリ大図鑑』(講談社) にある草間慶一・高桑正敏の解説であり，当時において最も適切と思われる分類学的整理が行われている．彼らは従来の図鑑にあったむしろ断片的ともいえる記述を再整理するとともに，新たに 2 新種 1 新亜種ならびに種名未確定の 1 種を日本のカミキリ相に加え，日本産に 8 種を認めている (草間・高桑, 1984)．

　この草間・高桑のパイオニア的研究から四半世紀ほどがたつが，この間に日本産の本属に関わる知見は部分的に変更と新発見があったものの，当時の大筋の体系はほとんど変わることはない．現在，次のような 8 種 1 亜種が知られている．

　ムナミゾアメイロカミキリ属 Genus *Obrium* Dejean, 1821
　ナカネアメイロカミキリ *O. nakanei* Ohbayashi, 1959
　アカオニアメイロカミキリ北海道亜種 *O. cantharinum shimomurai*
　　　Takakuwa, 1984
　エゾアメイロカミキリ *O. brevicorne* Plavilstshikov, 1940

サドチビアメイロカミキリ名義タイプ亜種 (ツシマアメイロカミキリ)
　　O. obscuripenne obscuripenne Pic, 1904
サドチビアメイロカミキリ日本亜種 *O. o. takakuwai* Niisato, 2006
フトヒゲアメイロカミキリ *O. takahashii* Kusama & Takakuwa, 1984
ハッタアメイロカミキリ *O. hattai* Ohbayashi & N. Ohbayashi, 1965
ウスゲアメイロカミキリ *O. kusamai* Takakuwa, 1984
ナガサキアメイロカミキリ九州亜種 *O. semiformosanum abirui* Niisato & Takakuwa, 1996

2-3　風変わりな形態と習性

奇妙な雄交尾器

　ムナミゾアメイロカミキリ属が含まれるムナミゾアメイロカミキリ族の雄交尾器は，カミキリムシとしては特異な形態をしたものが多く知られている．このカミキリの雄交尾器のうち固く節片化した部位として，中央片 (median lobe) とそれを包み込むように背面を覆う包片 (tegmen) がある．中央片は哺乳類のオスでいえばペニスにあたる部位である．包片は該当するものがないので説明は難しいが，主な役割としては中央片を支える機能をもつ．だいぶ昔のこと，とある学会の席で，それならば「人の手」のようなものではないかと乱暴なことを発言した方がいたが，相同器官ではないものの，機能についてはまぁだいたいそのようなものである．包片の前方にある側片 (lateral lobes) は，先端近くに刺毛をもつ場合が多く，雌交尾器との交接に際して，おそらく物理的な感覚機能も併せもつのだろう．また，腹部第8節も固く節片化して独特の形態変異を見せるが，話があまりに複雑になるので説明は省略する．ここではこの中央片と包片の代表的な二つの部位について，ムナミゾアメイロ属ならびにムナミゾアメイロカミキリ族の諸属を例に，特殊化した形態の変異を紹介しておきたい．

　ムナミゾアメイロカミキリ族が含まれるカミキリ亜科 Cerambycinae では，包片の先端部にある側片が普通は二股状に分岐しているが，ムナミゾアメイロカミキリ族の諸属では，その部分が単一の葉片であったり，側片自体が短縮したりするなど，その退化 (特殊化) がいくつかの段階で認められる．

まず最も祖先的な状態をとどめているムナミゾアメイロ属では，この側片は多くの種で二股状に分岐せず単一の葉片になり (稀にわずかに二股状になる)，葉片の先端には，二股状の葉片と同様に刺毛を備える．このような側片は，モモブトコバネカミキリ族 Stenopterini やヒゲナガコバネカミキリ族 Molorchini などでも認められるが，やはり明らかな二股状の側片をもっているカミキリ亜科のなかにあっては，特異な一部のグループだけに現れる形質状態である．

ムナミゾアメイロカミキリ族のなかにはさらに特殊化の傾向が進んだものとして，ヒメアメイロカミキリ属 Longipalpus やツマグロアメイロカミキリ属 Pseudiphra などでは，この側片が短縮して，先端部の刺毛を失う．さらに特殊化が進んだメダカカミキリ属 Stenhomalus では，側片が完全に消失したうえでさらに，包片の後方部分を構成する輪状片 (ring part) の先端半分が失われ，Y字状 (または V 字状) の節片を残すだけとなる．

包片の前方の側片が雌交尾器と交接時の物理的感覚機能を担い，後方部は中央片を支える機能をもっていると先に説明しておいた．包片の特殊化の過程では前者の機能がまず放棄されるが，中央片を支える機能は最後まで残っていて，その支柱としての機能が重要であることが理解できる．一方，側片が退化するグループでは，刺毛がもつと考えられる物理的感覚機能は，この退化と連動して特殊化する第 8 腹節が担うものと考えられる．このようなグループでは第 8 腹節が複雑な形態に変化していることが多い．

特殊化が著しいメダカカミキリ属

一方，側片が著しく特殊化しているメダカカミキリ属は，中央片の形態もすこぶる変わっている．カミキリムシの中央片は必ずといってよいほど背板と腹板の上下二つの節片が重なり，先端部に開口部をもつ．この開口部は普通上下に開き，そこから雌交尾器に直接挿入される膜状の内袋 (endophallus) が繰り出される．この内袋の表面は，カミキリのグループによって鋸歯状やくさび状などさまざまな形態の骨状片により飾られていて，それらは種特異的な形態を示すので分類形質として有効である．実際には，内袋の形態とともにそれらの骨状片は，雌交尾器の膣 (vagina) や交尾嚢 (bursa copulatrix) の形態との間に鍵と錠の関係を結んでいる．つまり，これらの形態差が物理的な生殖隔離機構として働いているわけである．

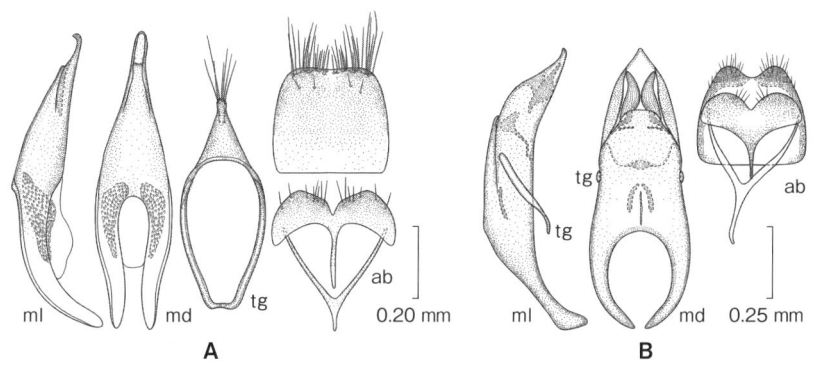

図 2-2　ムナミゾアメイロカミキリ属とメダカカミキリ属の雄交尾器　(A) サドチビアメイロカミキリ．(B) トワダムンモメダカカミキリ．ml：中央片 (側面)，md：中央片 (背面)，tg：包片，ab：腹部 8 節．

　ところがメダカカミキリ属の中央片は開口部が背面に開く構造である (図 2-2 B)．ムナミゾアメイロカミキリ族の他の諸属でも，そのような特異な構造をもつ中央片は知られていない．また，カミキリムシ科を広く探しても，背面に開口部のある中央片をもつのは非常に限られたグループで，メダカカミキリ属以外ではモモブトコバネカミキリ族 Stenopterini とその近縁群だけである．なお，これらのグループに認められる背面開口型の中央片は，まず背板の短縮が起こり，次いで腹板が発達して背面側に迫り出して，中央片の先端部分を覆ったことにより，開口部が背面に開く構造に変化したものと考えられる．
　内袋はこの背面に広く開いた開口部から繰り出されることになるが，それには大きな理由がある．これらの背面開口タイプの内袋はしばしばきわめて巨大な交接片 (copulatory piece) を備えている．この交接片は骨状片から分化したものであろうが，その大きさと形態の変異は多様である．そこで，この複雑で大きな交接片を繰り出して雌交尾器に挿入するには，上下に開く前方開口タイプでは小さすぎるので，このような背面開口型に形を変えた可能性が考えられる．背面開口型の初期段階で起きる背板の短縮も，おそらく大きく発達した内袋と交接片を繰り出すための形態変化であるのだろう．
　なお，カミキリでは珍しいこの背面開口型の中央片は，オサムシ類やコガネムシ類など，また近縁のハムシ類にも認められる構造である．

ロシアの研究者ミロシニコフ (A. I. Miroshnikov) は，この雄交尾器の特異な構造だけをもってメダカカミキリ属単独でメダカカミキリ族 Stenomalini を創設し (Miroshnikov, 1990)，ムナミゾアメイロカミキリ族から分離・独立させた．その後，ロシアの研究者は広くこの扱いを踏襲しているし，その意見が反映されている旧北区の甲虫カタログのなかでも，メダカカミキリ族は依然として独立の一族として扱われている (Löbl & Smetana (eds.), 2010).

高次分類群をどのようなランクに設定するかは研究者により意見が異なることは少なくない．しかしこのような細分をしていくと，ムナミゾアメイロカミキリ族と近縁群は多数の族や亜族に分類する必要が出てくるであろう．それが妥当な分類であるという考えも支持されるかもしれないが，私はメダカカミキリ族を独立させるという意見には反対である．

さて本題のムナミゾアメイロカミキリ属に話を戻そう．カミキリムシの雄交尾器としては，包片先端部の側片が単一葉状になるという特殊化の状態は前述のとおりである．ただし，それ以外の形質は，ムナミゾアメイロカミキリ族の他属ほどに特殊化の傾向は認められない．ムナミゾアメイロ属はむしろカミキリの祖先的な雄交尾器の形態をとどめている種が少なくないのである．とはいえ，中央片の先端部の形状や構造が変化する種も少なからず認められ，このような雄交尾器に現れる特徴は，種を分類していくうえで非常に有効な形質として用いることができる．

さまざまな産卵行動

序章でもすでに述べてきたように，寄主植物との攻防や菌類との共生関係など，カミキリムシはさまざまな生存戦略を駆使しているが，そのなかでも母虫のとる産卵行動は，古くから注目されてきた．

カミキリの最も一般的な産卵行動は，母虫が寄主植物の樹皮の裂け目や隙間に産卵管を挿入して卵を産み込むやり方で，ハナカミキリ亜科やクロカミキリ亜科，カミキリ亜科など多くのカミキリが採用している．この場合，植物は死んでいるか衰弱しているか，いずれにしてもその防御能力が損なわれている必要がある．

一方，原始的なものとしては，ノコギリカミキリ亜科やハナカミキリ亜科の一部に見られる，寄主植物の表面や周辺部の地表などに無造作に卵を産みつ

ける習性がある．

　逆に高度に進化した産卵行動に，フトカミキリ亜科の多くが採用している，植物体に産卵加工を行う習性がある．この加工様式には，植物体の表面に噛み傷をつけて産卵する単純なものから，独特の産卵痕をつけて生きた植物を巧妙に衰弱させたうえで産卵する複雑なものまで，さまざまな段階が知られている．

　言うまでもなくこの習性は，植物の組織を破壊してその攻撃をかわすことが目的である．植物の活性が高いほど，たとえば，生きた植物に産卵する場合，1回の産卵に要する時間は長く，行動様式も複雑となる．ただ，枯死した植物に産卵する場合でも，略式ながら産卵加工する種もいて，こうしたケースでは植物の攻撃をかわす本来の目的が機能しているわけもなく，考えにくいが単に形骸化した行動様式ということなのだろうか．

卵の隠蔽と熊手状器官

　産卵習性の違いは，カミキリムシの雌成虫の体の構造にも変化をもたらしている．そのなかでわかりやすいのは，寄主植物の種類や物理的状態によって変化する産卵管の長さや構造である．たとえば，朽木のような柔らかい植物体の場合，母虫は植物体の深部に産卵することが多いので，おのずと産卵管は長く発達する．反対に植物体の表面近くに産卵する種では，産卵管は相対的に短くなる．

　このような産卵行動のなかで，ムナミゾアメイロカミキリ族などのカミキリ亜科の一部のグループの母虫では，植物体の表面に産卵した後に，卵の表面を隠蔽加工する習性が知られている．こうした卵の隠蔽加工自体はチョウ・ガなどの鱗翅類などでよく知られているが，カミキリを含む甲虫類ではむしろ異例のものである．

　北アメリカの観察では，ムナミゾアメイロカミキリ族とベニカミキリ族 Purpuricenini の母虫の産卵行動にこの卵の隠蔽加工が報告されている (Linsley, 1961)．母虫は，寄主植物の枝や幹などの表面に卵を産みつけると，その後，腹部に備えた特殊な器官を用いて植物体の表面の塵をかき集めて丁寧に卵の表面にこすりつけ，見かけ上，卵を周辺の樹皮などに同化させ隠蔽させてしまうのである．

　こうしたカミキリは植物体の深部に卵を産みつけるわけではないので，特に

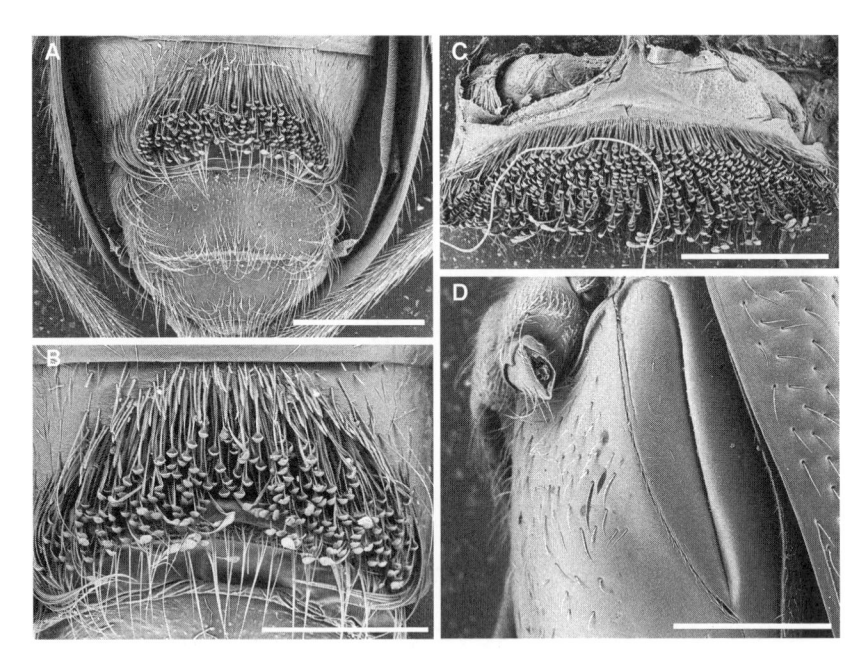

図 2-3　ムナミゾアメイロカミキリ属とベニカミキリ属の胸部・腹部の形態　　(A) サドチビアメイロカミキリの雌腹部．(B) 同種の熊手状器官 (第 4 腹板 (見かけ上の第 2 腹板))．(C) ベニカミキリの熊手状器官 (第 8 腹板)．(D) サドチビアメイロカミキリの胸部側面 (後胸前側板にある縦溝を示す)．スケール：A. 500 μm; B. 300 μm; C. 1 mm; D. 500 μm.

　長い産卵管を必要とせず，一部例外はあるものの一般に著しく短縮した産卵管を備えている．その代わりに，卵の隠蔽する塵をかき集めるための長い刺毛列が腹部にある．私はこの器官を，その機能と形態から連想して，熊手状器官 (rake organ) と呼んでいる (新里, 2012).

　日本で直接そのような行動が観察されているのはベニカミキリ *Purpuricenus temminckii* (Guerin-Méneville) (ベニカミキリ族) が唯一である．この種は寄主植物の新しく枯れたタケ類の節目付近の表面に卵を産みつけ，腹部末端節に備えた熊手器官を駆使して，タケの表面に付着した塵をかき集めて卵にかぶせる (新里, 2007).

　ところで，このような熊手状器官をもつカミキリは二つのグループに大別される．一つは腹部末端節にあたる第 8 腹板にこの器官を備えるベニカミキリ族やクスベニカミキリ族 Pyrestini などのグループ．もう一つは腹部の中間節にあ

たる第4腹板 (見かけ上の第2腹板) に熊手状器官を備えるムナミゾアメイロカミキリ族やモモブトコバネカミキリ族 Stenopterini などのグループである．これらのカミキリは基本的には，本来は長く発達する産卵管が二次的に短縮し，それと連動するように腹部に熊手状器官を備えている (図 2-3)．

産卵行動の進化

そもそも植物体の表面に産卵する習性が，なぜ一部のカミキリムシに発達したのであろうか．植物の外部に産卵するのは，そのぶん付近を徘徊しているアリなどの捕食者の目にとまりやすく，卵を失うリスクは少なくないものと考えられる．しかしあえて危険を冒してまでも，このような産卵行動をとるには何か理由があるに違いない．

まず考えられるのは，これまで説明してきた植物からの攻撃回避である．衰弱木や新鮮な枯れ木を利用する種では，植物体内に産卵した場合は，植物側の攻撃リスクは少なからずある．また，このような植物を利用する種が全て，共生菌の助けを借りているとも思えない．

そこで，新鮮な植物組織を利用するための戦略として進化したのが，植物側の攻撃が及ばない組織表面に産卵するという習性ではないだろうか．さらに捕食圧のリスクを少しでも抑えるために，塵や植物組織の残渣を卵にまとわせて隠蔽し，外敵から守るという習性が発達したのだろう．

カミキリ亜科のなかで熊手状器官による産卵加工を行う種の母虫は，その多大な投資と裏腹に一世代における産卵数が少ない繁殖戦略をもつものと考えられる．一般に産卵数が少ないと考えられるムナミゾアメイロカミキリ族とモモブトコバネカミキリ族では，雌成虫の抱卵数は数十の単位であり，さらに卵のサイズは体長に比較して大きい．成虫の寿命は1か月程度とみると，1個体の産卵数はおそらく50前後ではないかと推定される．これに対して，卵を産みっぱなしにするノコギリカミキリ亜科の種では，比較的小さな卵を大量に腹の中に抱えている．この産卵数は数百の単位に及ぶことは間違いない．

マッカーサーとウィルソン (R. H. MacArthur & E. O. Wilson) による島嶼生物学で提唱され，その後に理論展開された $K\text{-}r$ 選択理論は，これらのカミキリの繁殖戦略をよく説明することができる．K 戦略者のカミキリの母虫は，少数の子供しか産まない代わりに，産卵加工という投資により卵を保護し，次世代

に着実に子孫を残す.一方,r戦略者の母虫は,大量の卵を産むことができる代わりに,卵の保護のために特別の投資をすることはしないのである.

スネケブカヒロコバネカミキリ

スネケブカヒロコバネカミキリ *Merionoeda (Macromolorchus) hirsuta* という,ちょっと変わった名前のカミキリムシがいる.特異で派手な姿かたちをしていることから,カミキリ愛好家にはとても人気の高い種類である.この母虫は,よく発達した熊手状器官をもつ一方で非常に長い産卵管を備える,という相矛盾する形質を併せもっている.

本種が含まれるモモブトコバネカミキリ属 *Merionoeda* のメスは極端に短い産卵管と発達した熊手状器官を備えている.その幼虫は基本的には,新しく枯れた寄主植物の樹皮直下で形成層付近を食べて成長する.ところが同属の(ただし別亜属)のこの幼虫はしばしば,白骨化したネムノキの古い立ち枯れの心材部に深く穿孔している状態で発見される.こうした,他のモモブトコバネとは異なった幼虫の生活史からみて,おそらく本種の母虫は,長い産卵管を材の裂け目から深部に挿入して卵を産みつけているのではないかと推測される.しかしそれでは,発達した熊手状器官は何の役にも立たず,母虫の産卵行動にとって無用の長物ということになってしまう.実はどうもそのようなのである.

本来は短い産卵管をもつモモブトコバネ属のなかで,本種は産卵行動を変え

図2-4 スネケブカヒロコバネカミキリ (♀) (山梨県下部産.武田雅志撮影)

たことで，長い産卵管を備えるようになったとみてまず間違いない．そのような習性の変化に伴い熊手状器官は必要なくなったが，しかしなぜか消失することもなく，依然として腹部の定位置を占めている．

こうしてみると，熊手状器官と短縮した産卵管は相互補完的な機能をもつにもかかわらず，それらの形質の発現は必ずしも連動することがないようである．私たちは，昆虫の体というと精密な機械のように全てが合理的につくられているものと考えてしまうが，現実はそうとは限らない．結構いい加減で無駄なこともやっているというのが，このスネケブカヒロコバネなのかもしれない (図 2-4)．

2-4　熊手状器官をもたない異端児

メダカアメイロカミキリ属の創設

ムナミゾアメイロカミキリ属は 60 種以上の既知種があるが，それら全てを単一の属に含めてもよいかという点については，まだ十分な分類学的検討が行われていない．本属は後胸前側板に深い縦溝をもつことで，ムナミゾアメイロカミキリ族の他属とは容易に識別できる．この縦溝が他のカミキリ亜科の甲虫に現れない固有形質であるから，その単系統性にまず異論はない．ただこの形質のみでくくられるカミキリは，それでも多様なグループを包含していて，そのいくつかは姉妹群として独立した属あるいは亜属のカテゴリーを与えたほうが，この大きなグループを分類学上整理しやすいように思える．

メダカアメイロカミキリ属 *Uenobrium* は比較的最近になって私が創設した，そのような属カテゴリーの例である (Niisato, 2006a)．本属は，インドシナ北部および雲南，海南に分布する属の基準種 *Uenobrium laosicum*，台湾の *U. piceorubrum* と琉球列島のリュウキュウメダカアメイロカミキリ *U. takeshitai* の異所的な 3 種が知られている．ちなみに属名の接頭語 "*Ueno*" は，私にとって昆虫分類学の師で，チビゴミムシの世界的権威である上野俊一さんに献名したものである．

またその和名が示すように，本属の成虫の外観はムナミゾアメイロ属とメダカカミキリ属を足して 2 で割ったような特徴を備えている．とりわけその印象を強く抱かせるのは，大きく発達した複眼，細長い前胸背板とその背面に密生

図 2-5 リュウキュウメダカアメイロカミキリ

するビロード状の長毛である．カミキリムシを熟知している人でも，本属の種を見て直ちにその所属を言い当てることはたぶん難しいものと思われる (図 2-5)．

メダカアメイロ属の既知 3 種はいずれも，原記載当時はムナミゾアメイロ属として記載されている．これら 3 種がムナミゾアメイロ属特有の後胸前側板の縦溝を備えているからである．八重山諸島の西表島で発見されたリュウキュウメダカアメイロの新種記載の折に，私は本種と近縁 2 種がムナミゾアメイロ属の既知の属概念と異なることに気づいていて，その論文のなかで将来新しい属を創設予定であることを示唆しておいた (Niisato & Ohmoto, 1994)．ところがこれは 1994 年の秋のことであるから，予告から発表まで 10 年以上のだいぶ長い時間がかかってしまったことになる．

メダカアメイロ属には，メダカカミキリ的な特徴のほかにもう一つ重要な形質がある．それは雌成虫の腹板に熊手器官をもたない点である．熊手状器官はムナミゾアメイロカミキリ族のメスが基本的に備えている形質であるが，このような例外は実は少数派ながら知られている．一つはインドから中国西南部にかけて分布する *Ibidionidum* 属 (既知種は 2 種 1 亜種)，いま一つは日本に分布するナカネアメイロカミキリ *Obrium nakanei* である．*Ibidionidum* 属は前胸背板が非常に長く発達した特異なアメイロカミキリで，ここで話題にしているメダカアメイロ属とは類縁関係が遠いグループである．むしろ他方のナカネアメイロとの関係は気になるところである．

細川 (1999) はリュウキュウメダカアメイロの生態に関する論文のなかで，本

種の幼虫がモッコクの新しく枯れた枝の樹皮内部に穿孔して成長することを述べている．この幼虫の習性は，やはり幼虫がハリギリの樹皮を食べるナカネアメイロと共通している．ただしそれがメスの産卵習性に関与する熊手状器官の消失といかなる関係があるのか，どうにもわからない．ハリギリとモッコクに共通するのは厚く発達したコルク層とその表面にある凹凸の強い樹皮である．私自身もナカネアメイロの雌成虫の産卵行動は何回か目撃しているが，母虫は比較的長い産卵管を使って生木の樹皮の裂け目に卵を産み込んでいる．もちろん熊手状器官をもたないので，卵の隠蔽保護は行わない．

以前に細川さんにリュウキュウメダカアメイロの産卵行動について何か思い当ることはないかお尋ねしたことがあるが，特に変わったところは見られないというご返事であった．熊手状器官をもたないメダカアメイロのメスは，他の多くのカミキリがするように，単純に産卵管を樹皮に差し込んで卵を産みつけているだけなのだろう．その意味では変わった行動が見られなくて当然なのかもしれない．

風変わりなナカネアメイロカミキリ

ところで同様に熊手状器官をもたないナカネアメイロカミキリとは，分類学的に見てどのようなムナミゾアメイロカミキリなのであろうか．私も研究を始めた当初は本種の処遇が気になっていた．そのままムナミゾアメイロ属に所属させてよいものかどうかと考えたのである．その後いろいろ調べていくうちに，本種がこの熊手状器官の欠落という点を除けば，他のムナミゾアメイロの種と基本的には何も違いのないことがわかってきた．ただし，雌交尾器はやや特異で，典型的なムナミゾアメイロ属に比べるとはるかに長い産卵管を備えている（図 2-6）．

ナカネアメイロはハリギリの樹皮の専門食者である．成虫は 6～7 月に出現して，気温の高い日中に樹幹に現れ，交尾，産卵する．本種に類縁が近いムナミゾアメイロは国内外から他に全く知られていない．

1992 年に北京で開催された国際昆虫学会議の帰途に，中国・四川省の青城山を訪れたときに，ハリギリの大木がたくさん生えている谷筋を歩いた．登山道の路面に，この植物を食べるキバネセセリというチョウが吸水に訪れていたために，ハリギリの存在に気づいたのである．時期頃合いもよいので，私はそ

図 2-6　ハリギリの大木とナカネアメイロカミキリ　（A）ハリギリ (センノキ) の大木 (東京都高尾山).（B）樹幹上のナカネアメイロカミキリ成虫 (東京都高尾山).（C）ナカネアメイロカミキリ♂成虫.

の大木の樹幹をずいぶん探してみたのだが，ついにムナミゾアメイロの姿を見つけることはできなかった．そのとき以来どうしても，中国西部に本種の近似種が分布しているのではないかと思いを巡らすことがあるが，発見の朗報はいまだに聞くことはない．

そういえばナカネアメイロは，自宅からほど近い都下の高尾山にも多産していて，ひと頃は観察によく通ったものである．その有名な発生木はケーブルカー駅に隣接して生えていたため，ある年のこと，木が老朽して倒れると危険だという理由で切られてしまい，現在は存在しない．高尾の近くに住む友人によれば，よいハリギリの木が別にいくつもあるそうだが，なかなか機会がなく私はナカネアメイロに再開する機会をもてないでいる．

2-5　台湾とゆかりのある謎の2種

長崎市愛宕山の謎のオブリィウム

ナガサキアメイロカミキリ *Obrium semiformosanum abirui* は，長崎市愛宕山で1983年に6月に昆虫採集用に設置したライトトラップに飛来した1雄個

体が知られるだけの謎の多い種である．この標本は，採集された同年に種名未確定のまま長崎県の昆虫同好会誌に発表されたものの，その後10年以上の長い間，所属不明のままに放置され，1996年になってようやく台湾に分布する *Obrium semiformosanum* の亜種として正式に記載発表された (Niisato & Takakuwa, 1996)．

私が標本を最初に調べたときは，少なくとも日本産のいかなる種とも異なることだけはわかったのだが，台湾の種に近いことに気づくにはやや時間がかかってしまった．比較検討のために国内外の標本を調べていく過程で，体幹部に比べて明らかに暗色となる触角や肢や体背面の点刻の状態などから，*O. semiformosanum* に非常に近いものであるという結論にようやくたどり着いたのである．

台湾の種との類縁は明らかにされたとはいえ，この長崎産の個体は体長がより大きく，上翅は長くその側面は明らかに弧状にくほむなど，異なる点も少なくなかった．それで台湾産の亜種として記載したわけである．新しい分類単位を創設する際に，種にするか亜種にするかという判断は，当の研究者に委ねられることが多い．たとえばこの九州産を，台湾の種との類縁関係を明示したうえで，姉妹的な関係にある独立種として記載してもよかったのである．ただ当時は，追加個体が得られ，九州産の変異が明らかになった時点でその判断をくだせばよいだろうと考えて，ひとまず亜種という扱いにとどめたのである．

この1996年の論文発表の目的はこのナガサキアメイロの存在を周知させたいという点が大きかった．名前をつけて発表しておけば，九州在住の研究者や愛好者の関心も高まるのではないかと考えたのである．しかしこのもくろみは期待はずれのまま，発見から約30年，記載から15年を経た今日でも，依然として本種は再発見されていない．

ナガサキアメイロの亜種小名にある "*abirui*" は採集者の阿比留巨人さんに献名したものである．論文を発表する少し前に，ご本人に連絡して採集されたときの状況をお聞きした．折り返しすぐに頂戴した丁寧なご返事によると，この個体が採集された当時，長崎市郊外の愛宕山中腹にあるご自宅でライトトラップを行っていたという．その折にたまたま飛来したのがこの個体で，やはりそれもただの一度きりであった．愛宕山は愛宕神社の社寺林を擁し，スダジイを主体とする照葉樹林に覆われている．おそらくそのスダジイの花から本種

は採集できるのではないかと期待しているのだが，どなたかチャレンジしていただけないだろうか．

　長崎は江戸の長い鎖国時代においても海外の交易船に対して港が開かれていたので，多くの外国物資がここを経由して日本国内に持ち込まれている．さまざまな生きた動植物が意図せずに随伴する形で移入されてきたのであろう．実際に長崎を原産地としながらも，その後に日本国内で再発見されていない昆虫も少なくない．このような開港の長い歴史を考えると，ナガサキアメイロがおそらく中国南部などの近隣諸国から移入された個体に由来することもあながち否定することはできない．しかしそれにしても追加個体がなかなか再発見されないという現実は，この亜種を命名記載した本人としては，とても気になるところである．

佐渡のウスゲアメイロカミキリ

　台湾とゆかりのある種にもう一つ，新潟県佐渡の相川を基準産地として記載されたウスゲアメイロカミキリ *Obrium kusamai* がある (Kusama & Takakuwa, 1984)．この記載のもとになった標本につけられたラベルには「佐渡相川/1934年」と明記されているものの，この種もまたその後80年近くたった現在まで，基準産地の佐渡から再発見されていない．本種は，日本産のなかで近いものを求めるならばサドチビアメイロであるが，上翅の粗い大きな点刻と非常にまばらな被毛は特異である．むろん，このようなサドチビアメイロはいないので，これとは別種であることに間違いはない (図2-7)．

　このタイプ標本について，私は時代を違えて2回，調査を行っている．最初は1990年，『日本産カミキリムシ検索図説』(東海大学出版会) のカミキリ亜科の解説を書くためで，この種の独立性に全く疑問を抱かないまま，検索用の図と解説を作成した後に標本を返却した．そのときは日本産のムナミゾアメイロとしては体の大きさと体形が似るサドチビアメイロとは異なる，という点だけを確認したにすぎなかった．そして二度目は，サドチビアメイロの地理的変異を調べている過程で，どうしてもこのウスゲアメイロを再調査する必要が生じたのである．本種が記載された1984年当時の限られた標本情報から考えて，この種はもしかしたらサドチビアメイロの異常個体ではないか，という疑いを改めて抱いたからであった．そこでタイプ標本をもう一度借り出して調べることにした．

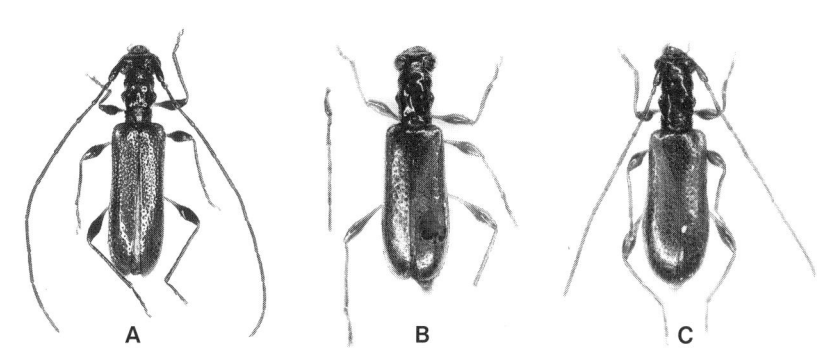

図 2-7 台湾とゆかりのあるムナミゾアメイロカミキリ　(A) ナガサキアメイロカミキリ (九州亜種) (ホロタイプ (正基準標本) ♂. 長崎市産). (B) ウスゲアメイロカミキリ (ホロタイプ (正基準標本) ♀. 佐渡相川産). (C) シリグロアメイロカミキリ (台湾産).

しかしその結果は予想に反し，ウスゲアメイロはどう見てもサドチビアメイロとは似ても似つかない種であった．ましてその異常個体であろうはずもない．しかし，積年の修行でだいぶ目が肥えている私には，タイプ標本を再度見た瞬間，その真の類縁関係に思い当たるものがあった．

ウスゲアメイロカミキリとシリグロアメイロカミキリは同種か

シリグロアメイロカミキリ *Obrium fuscoapicalis* という種が台湾から知られている．台湾全土の山岳地帯で早春のシイの花に集まり，むしろ普通種のカミキリムシである．体はムナミゾアメイロカミキリ属にしても非常に小さく 3〜4 mm 程度で，大きな個体でも 5 mm を超えることはない．体色は明黄褐色で，種名にあるように上翅の先端部が暗色になる．複眼は背面で広く離れ，前胸背板はまばらに点刻され，上翅は先端に向けてやや顕著に広がり，背面には大点刻を備える．実はこのシリグロアメイロが，佐渡のウスゲアメイロカミキリと瓜二つであった．いや厳密にいうとただ 1 点だけは明らかに異なる．それはウスゲアメイロの上翅は一様に明黄褐色で，シリグロアメイロのような暗色の端部をもっていないのである．

このような，台湾と日本海に浮かぶ佐渡という遠く隔てられた地域における類縁関係は説明が難しい．両地域にそれぞれ直系の姉妹種が異所的にいるという分布様式は常識をはるかに超えているからである．台湾と琉球，あるいは最

大限東にふっても対馬あたりが精いっぱいのところである．佐渡はその対馬からさらに北東 900 km 弱の距離にある．そうなると，産地の誤認ということも十分に考慮の余地がある．

佐渡産のラベルをもつウスゲアメイロのタイプ標本の真の産地は，シリグロアメイロかその近縁種が分布する台湾か中国のいずれかの地域であり，佐渡にはこのような種は分布しないのかもしれない．つまり平たくいえば，標本ラベルのつけ間違いである．ウスゲアメイロが採集されたとされる 1934 年当時は，日本の研究者が台湾や大陸に頻繁に出入りしていた時代にあたる．そのようななかに台湾か中国の標本に誤って佐渡相川のラベルをつけてしまった可能性も否定できない．ウスゲアメイロのタイプ標本は故・草間慶一コレクションに所蔵されていたものであるが，草間自身の採集品ではなく，標本の入手経路も詳しいことは何もわかっていない．

さらに悪いことには，ウスゲアメイロのタイプ標本は状態が悪く，腹部の後半が消失しているうえ，触角や肢も破損している．手元にある台湾のシリグロアメイロの標本と比べるにしても，比較形質としての交尾器は使えず，標本から得られる情報に制限がある．さきほど述べたように，他の特徴については限りなく台湾の種に近い．たぶん，ウスゲアメイロの真の産地は台湾あるいは中国のいずれかの地域なのであろう．

都内で発見されたシリグロアメイロカミキリ

さてこれは全くの余談．もうだいぶ昔のことであるが，カミキリムシ研究者の先輩某氏が，都内の自宅で変なムナミゾアメイロカミキリを採集したといって，標本を送ってこられた．その標本を見たところ，真のシリグロアメイロカミキリの雌個体で，こちらは上翅端が明瞭に黒く縁取られていて見誤るようなものではない．採集されたのが自宅の机の上で，すでに死んでいたという．この先輩は当時，台湾にも頻繁に採集に行かれていたので，私は標本が机の上で何かの拍子に産地混同した可能性をお尋ねした．しかし，「そのようなことはない」と断言に近いご返事である．その言葉が正しいとすれば，シリグロアメイロの食害材が人為的に日本国内に移入され，それ由来の個体が都内の住宅地で採集されたと推測するほかはない．

私も似たような経験をもっているが，それは 1980 年代半ばのことである．東

京都八王子市の雑木林で採集した多数のガロアケシカミキリ *Exocentrus galloisi* のなかに見慣れない個体が一つ混じっていた．帰宅してその標本を詳しく調べてみたところ，台湾に分布する種と一致したということがあった．この私の採集例も，移入個体に由来することにたぶん間違いない．

2-6　ヒゲナガアメイロカミキリの住む迷宮

ベーツが記載した謎のオブリィウム

Obrium longicorne Bates は，多くの研究者によって過去に幾度となく扱われながらもその真の正体がわからないまま，実に 130 年余の長い間，厚いベールに包まれていた謎のカミキリムシである．

19 世紀末に，日本のカミキリについて 2 度にわたり総括的な研究を行ったイギリスのベーツ (H. W. Bates) は，その第 1 報のなかで，産地を明示しないままの 1 個体の標本をもとに *O. longicorne* という種を記載した (Bates, 1873)．当時の通例であるが，種の特徴を示すのはわずか 6 行の記載文で，全形図も添えられていない．これからの話の展開のうえで，このベーツの記載文はたびたび登場することになる．まずはその全文をここに示しておこう．

「*O. brunneo* よりも幾分大きくて幅広い．明褐色で黒ずむことはない．細い軟毛と長毛をもつ．複眼は非常に大きい．触角は体長の 2 倍．前胸背板は *O. brunneo* のような (側方) 隆起を備え，その後方は狭まり，背面はまばらに点刻される．上翅背面はほぼ平坦で密に点刻される．体長 5.3 mm．♂」

さらに記載文の最後に次のような注釈がある．

「その巨大な複眼から本種はメダカカミキリ属に近似する」

この当時，ムナミゾアメイロカミキリ属はヨーロッパ産の 2 種だけが知られていたが，記載のなかで比較にあげられている "*O. brunneo* (= *O. brunneum*)" はそのうちの小型の 1 種のほうで，別の 1 種はアカオニアメイロカミキリである．ベーツの記載は短いながらも的確に種の特徴を示していることで知られるが，記載文にある「触角は体長の 2 倍」という点は特に重要で，このような触角の長いムナミゾアメイロの例はあまり知られていない．「巨大な複眼」も大変気になるところで，「メダカカミキリ属に近似」という注釈はかなりの異相のム

ナミゾアメイロを示唆している．さらに体背面の被毛と点刻の状態のうち「細い軟毛と長毛」，前胸背板のまばらな点刻と上翅の密な点刻も，種の特徴としては注目すべき点である．

　この原記載には検視標本の産地が明示されておらず，ただ "One example" とだけ書かれてある．そしてこの産地不詳の記載文は，後の研究者が本種の実態に迫るうえでの一つの障害となってしまうのである．たとえば，産地が「兵庫」とあれば，関西か西日本地方で採集されたムナミゾアメイロの標本を中心に探索を行うという地域的な手掛かりがあるのだが，全くの情報なしではベーツが使用した日本産の標本の全産地を当たらなければならなくなる．もしかすると国外産の標本が混在していた可能性も否定できず，そうなると探索はさらに困難を極める．

　ベーツがこの論文で記載に使用したのは，主としてルイス (G. Lewis) が日本に滞在したときに収集した標本をもとにしているが，その多くは長崎，大阪，兵庫および一本木と産地名が記されている．その他の外国人コレクターの収集品も若干含まれているが，標本の採集地が明らかでないものについては，ベーツは比較的丁寧な検証を行っている．一つの例をあげると，フタコブルリハナカミキリは「日本？（フォーチュン (Fortune)）」と "？" つきで記載しているが，「私が検したところ，フォーチュン氏の採集品は二つの国からのものが混在しているので，中国北部産かもしれない」と丁寧な論考を加えているのである．もちろん，フタコブルリハナは現在の知見では日本固有種であることは間違いないので，この？マークは削除されてよいのであるが，このようにベーツは標本の産地に対してはしばしば慎重な態度を見せている．このほかヒゲナガアメイロのような例はいくつかあって，日本固有種として知られるベニバハナカミキリも詳細な産地名が記されていない．いずれにしても，単に書き忘れなのか，記入できる情報をもっていなかったのか，最終的には当時研究に用いた標本を実際に確認してみるほかはない．

研究者の混迷

　日本の先駆的なカミキリムシ研究者たちが活躍した時代は，交通手段の高度に発達した現在と違い，外遊までしてヨーロッパの博物館を巡ることなど考えにも及ばなかったに違いない．まして，ムナミゾアメイロ属のような外見が似

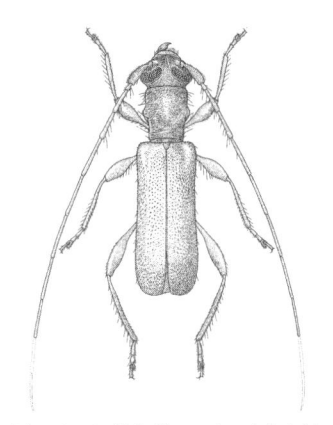

2-6 ヒゲナガアメイロカミキリの住む迷宮　　　　　　　　　　　　　　　　89

図 2-8　ヒゲナガアメイロカミキリ

通ったグループにまで，当時は研究の手が回らなかった事情もあったのだろう．初期の研究者は，種を同定するにあたり原記載と手元の標本を比較することを基本としていたし，実際にそれ以外なすすべはなかった．

　それにしても，触角が体長の2倍というムナミゾアメイロは，日本産種には見いだしえないので，このベーツの記載には誰もが悩まされたことは想像に難くない．当時の少ない比較標本を前にして記載にぴたりと合う種は見いだせないままに，彼らは苦し紛れにどうにか似たようなものをこじつけてしまうことになるのである．それが1世紀以上の長期にわたり，ヒゲナガアメイロを実態から遠ざけることとなった (図 2-8)．

　ベーツの原記載以降に *O. longicorne* の名称を初めて採録したのは松下真幸 (1933) であった．ただこれは名称だけの引用であり，種の実態について言及はされていない．その後も目録として本種の名称が登場することはあっても，再記載や標本の図示を伴う文献記録は，ベーツの発見後1世紀近くは出版されることはなかった．

　Obrium longicorne の名称を用いて最初に標本を図示したのは，大林一夫 (1963) による『原色日本昆虫大図鑑 II 巻 (甲虫篇)』である．ところがこの解説にある「複眼間の距離は複眼の幅とほぼ等しい」という特徴は，ベーツの注釈にある「巨大な複眼から本種はメダカカミキリ属に近似」という点とは全く相いれない．大林の記述はムナミゾアメイロ属における複眼間の距離としては

むしろ平均的な状態を示していて，これはメダカカミキリ属に見られるような複眼が近接した状態とは異なる．現在ではメダカカミキリ属のなかにも複眼間が離れた種も知られているが，知見の乏しいベーツの時代では，複眼間が近接する種だけが知られていた．その後，小島圭三・林匡夫 (1969) は，実態は大林 (1963) と同じ (と思われる) 種に対して，ヒゲナガアメイロとサドチビアメイロの 2 種を区別して図示するとともに，両種の区別点として複眼間の距離をあげている．ここでは大林の解説を踏襲して，複眼間の距離が一つの複眼の幅に等しい種にヒゲナガアメイロを，また一つの複眼の幅より狭い種にピック (M. Pic) が新潟県佐渡から記載したサドチビアメイロを当てている．

ここでヒゲナガとサドチビの二つの名称が出てきて紛らわしいことこのうえないが，初期の研究者はこの 2 種について正確な種の同定ができていないばかりか，それぞれを混同していたことが容易に推測される．大林は手元にある標本をベーツが記載したヒゲナガアメイロと考えており，小島・林は同一種の個体変異に対してサドチビアメイロとヒゲナガアメイロを任意に区別していた．ただしその実態はいずれも現在，私たちがサドチビアメイロカミキリ (名義タイプ亜種) と呼んでいる種のことである．

林 匡夫による再記載

Hayashi (1983) は，長野県扉温泉で採集された 1 雌個体の標本をもとにヒゲナガアメイロを詳細に再記載した．この記載文はこれまであまり注目されてこなかったが，時代を超えて現在の視点から見ると，いくつかの興味深い点が読みとれる．

まず，この検視標本は体長が 8 mm とあるが，これは小型種の多いムナミゾアメイロ属にあっては最大体長の種にほぼ匹敵する大きさである．日本産ではこのくらいの体長の種はナカネアメイロがすぐに思い浮かぶが，林ほどの分類学者がそれと誤認するなどとうてい考えられない．この記載文のなかで種の特徴をよく表している部分は「触角と肢には黄金色の長い毛をいくぶん密に生やす」，「複眼間の距離は複眼の幅よりいくぶん狭い」，「触角は体長よりやや長い (1.03 倍)」，「上翅は基部幅の 2.2 倍で，粗くまばらに点刻され，点刻間の距離は点刻の直径より広い」などの点である．実はこれらの特徴のほとんどはベーツの *O. longicorne* の原記載には全く適合しないのである．それでは，なぜ林は

この扉温泉の標本をそうみなしたのだろうか.

　林は上記の論文の翌年に出版された『原色日本甲虫図鑑 (IV)』(保育社) のなかで, ヒゲナガアメイロを図示している (林, 1984). この画像は左横にあるナカネアメイロと同じような大きさで, 解説の体長は先の再記載と同じく「8 mm」とされている. 鮮明な図版であっても, この個体がサドチビアメイロと同じものではないことだけは間違いない. そうなると, いったい日本産のどのような種に該当するのか. この図示標本が前年発表された論文のある再記載の検視標本そのものと考えるのが自然であるが, そうと断定するには, 記載と図とが微妙に異なる点も認められる. たとえば記載にある体長の 1.03 倍にすぎない触角は, 図示標本ではゆうに 1.3 倍を超えている. そうやって冷静に図版を再度眺めてみると, 何のことはない, この個体は明らかにナカネアメイロの雄個体であることに気づいたのである. 林は『原色日本甲虫図鑑 (IV)』の図版のなかに, 誤ってナカネアメイロの雄個体をヒゲナガアメイロとして図示していたのである.

　しかしそれだからとはいえ, 図版のナカネアメイロがヒゲナガアメイロの再記載に用いた標本と同一であるという確証が得られたわけではない. そのような誤同定はやはり考えにくいし, 林の再記載と図鑑の記載や図示標本を比較すると, 合致しない点がいくつも認められるからである. おそらく林は, 日本からこれまで知られているムナミゾアメイロ属のいかなる種にも該当しないことを主な理由にして, 扉温泉で採れた個体を長年正体不明であったヒゲナガアメイロと暫定的に同定したのではないかと私は考えている. ただし, ベーツの原記載と林の記載も合致しないという点にこだわるならば, 扉温泉の個体もヒゲナガアメイロとはまず別物であるといわざるをえない.

　このような経緯をたどってみると, 1980 年代前半までの時代に, 誰一人としてベーツの記載したヒゲナガアメイロの実態に迫る研究者はいなかったことになる. そもそも色彩や形態の変異が少なく外部形態で分類が難しいムナミゾアメイロ属を, 数行の記載をもとにして正確に同定すること自体が無謀なことなのだ.

分布疑問種の烙印

　そういった混迷の時期に, 最も妥当と思われる見解を述べているのが草間・

高桑 (1984) である．林の保育社の図鑑と競うようにして出版された，『日本産カミキリ大図鑑』(講談社) は，過去のカミキリムシの図説を質量ともに凌駕する大著であるが，その解説のなかで，ヒゲナガアメイロは「正体がはっきりするまでは，その種名は保留しておくべき」として，日本産としては分布疑問種に近い扱いがされている．

1970年以降の日本はアマチュアのカミキリ屋の台頭は目覚ましく，『日本産カミキリ大図鑑』はその長年の成果の集大成ともいうべきものであった．当然のことながら，日本全国から多数のムナミゾアメイロ属の標本が著者のもとに寄せられ，過去に例がないほど豊富な材料をもとに比較研究が行われたのである．そのような恵まれた環境においてさえ「触角が体長の2倍ある」ムナミゾアメイロ属の種を見いだすことはできなかった．原記載以来ただの一度も再発見されていない昆虫は非常に多いものだが，カミキリのような多数のアマチュア研究者とそのネットワークをかかえるグループでは他の昆虫とは事情は異なる．研究材料としての標本の整備環境はかなり恵まれた状態にあると考えてよい．草間・高桑の判断は，もちろんそのような背景に支えられてのものであろう．しかし，昆虫に限らず生物の分布を否定するのはその肯定よりもはるかに困難であることは，私たちは身にしみて感じている．追加情報が得られない現実のなかで，過去の記録された生物種に対して日本に分布するか否かの議論は容易に決着を見ないのである．しかし正解は用意できないものの，従来の見解の誤りを明晰に指摘し改めた点において，草間・高桑の処置を私は高く評価している．

分布疑問種の烙印は，アマチュア研究家のフィールド調査熱を沈静させてしまうことは多いものだ．これ以降しばらくの間，ヒゲナガアメイロに関する私たちの関心は薄れ，その正体に迫ろうとする議論もいったんは中断することになる．

存在の再認識

佐藤正孝さんがロンドン自然史博物館を訪ね，甲虫類の多数のタイプ標本の写真を撮影してきたのは1980年代末のことである．出発前に約束ともいえないような簡単なお願いをしただけにもかかわらず，佐藤さんは同博物館に所蔵されていた *O. longicorne* の標本と，そこに針差しにされていたラベルの写真を撮影してきてくださった．帰国後にその紙焼きをいただいた私はとても興奮

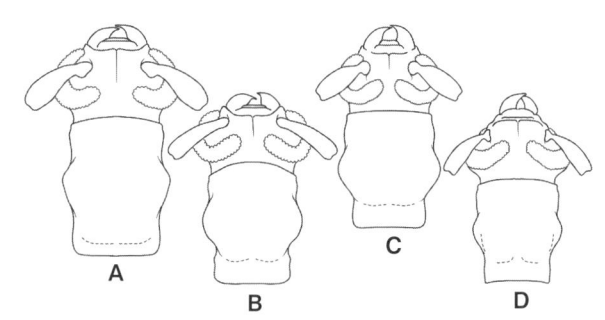

図 2-9　ムナミゾアメイロカミキリ属 2 種 (A, B) とメダカカミキリ属 2 種 (C, D)　体前半部背面，特に複眼間の距離の違いを示す．(A) エゾアメイロカミキリ．(B) ハッタアメイロカミキリ．(C) トワダムモンメダカカミキリ．(D) ヒゲナガアメイロカミキリ．

したことを，今でも思い出す．

　1992 年に出版された『日本産カミキリムシ検索図説』では，私はカミキリ亜科の部分を担当したが，そのなかでヒゲナガアメイロの簡単な記載をこのタイプ標本の写真をもとに行うとともに，その存在の復活を改めて提唱した．さらにラベルが撮影されていたことで，長年の産地不詳の本種は「Nagasaki (長崎)」と基準産地が日本国内であることも特定された．またその形態的特徴は，日本産の既知種のいずれにも該当しないものであった．もちろん，1984 年に林が図示した種を含めて，過去にヒゲナガアメイロとして図示されたいかなる種にも当たらない，全く特異なムナミゾアメイロである．確かにベーツが記載したように，複眼は巨大でメダカカミキリのように背面で近接している (図 2-9)．写真上から計測した触角は 2 倍には達しないものの 1.75 倍前後と推定され，触角の非常に長い種であることには間違いないようであった (新里, 1992)．

ロンドン自然史博物館

　こうなるといよいよ自分の目でタイプ標本を調査したくなったが，ロンドンに実際に行くことができたのは，それからだいぶ後になる 1999 年の 2 月のことであった．それは 10 日間弱の短いながらも非常に有意義な滞在であった．

　ロンドン自然史博物館は大英博物館の自然史部門の分館で，サウスケンジントンにあるクロムウェル通りのかなり広い一画を占めている．ロマネスク様式建築の博物館は正面の一般展示を除けば大部分が研究棟で，そのうち昆虫

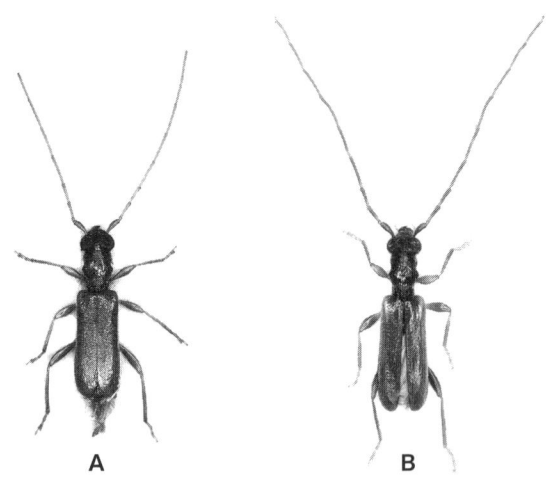

図 2-10　ヒゲナガアメイロカミキリ　(A) ホロタイプ (正基準標本). (B) variety (変種) とされたトワダムモンメダカカミキリ.

　部門はまるごと 1 棟を占めている．カミキリムシが含まれる甲虫類は種数も多く，膨大な収集品のほとんどはその 4 階に保管されている．シャロン・シュート (S. Shute) 女史はカミキリムシと系統的に近いハムシ科甲虫が専門であるが，彼女には滞在期間中は何かとお世話いただいた．

　自然史博物館のコレクションのなかに，ベーツが O. longicorne というラベルをつけた標本は全部で 3 個体あった．そのうち 1 個体は，先に佐藤さんが写真を撮影してこられた個体で，これは一様に黄褐色の色彩を含めて，その特徴が原記載とも非常によく合うものである．あとの 2 個体は，上翅の暗褐色部が大きく広がる個体で，O. longicorne の「variety (変種)」と同定ラベルがつけられている．ただしこの 2 個体はムナミゾアメイロ属ではなくメダカカミキリ属に所属する別の種で，日本に広く分布するトワダムモンメダカカミキリ Stenhomalus japonicus そのものであった (図 2-10)．もっともベーツの記載当時はトワダムモンメダカも未知の種であったので，どちらの種を基準に命名したとしてもその名称が有効であることには変わりはない．ただしこの変種には O. longicorne 以外に名称を特定するラベルはないうえ，ベーツの記載とは完全には合致しない．したがって黄褐色の個体をもとに O. longicorne の記載が行われたと考えるのが順当であろう．

ベーツの時代にはタイプに関する概念が希薄で，ホロタイプという分類群の名称を担う唯一個体の標本というものは存在しなかった．現行の国際動物命名規約では，そうしたタイプ標本群 (もし実在しなければ，後に得られた同一の分類群の標本) から名称の安定のために，ホロタイプと同等の価値を有するレクトタイプを1個体指定することを定めている．タイプ標本群に2種が混在する今回のケースでは，このレクトタイプに指定すべきは，ベーツの記載に適合する黄褐色の個体であり，その後，私はレクトタイプのラベルをこの標本に正しく装備している．

　このとき，ロンドン自然史博物館に滞在した私の仕事はこの *O. longicorne* の調査だけでなく，長年懸案だったその他多数のタイプ標本の調査も並行して行わなければならなかった．そのようないくつかの宿題を持参しての滞在であった．しかし実際に自然史博物館の膨大な標本を目の当たりにしてしまうと，私はあれこれと目移りがしてしまい，当初予定していたような腰を落ちつけた仕事ができなくなっていた．10日間弱の滞在はゆとりをもって設定したつもりであったのだが，2日，3日と研究棟に通うにつれ，多数の標本を前にして作業が遅々として進まず，日に日に焦燥感がつのることになった．最大目的の *O. longicorne* にしても，外部形態の記載と写真撮影という必要最小限の作業をすませるのが精いっぱいで，結局，シュート女史に頼んでこの標本を借り出さざるをえなかった．ホロタイプかそれに準拠する貴重な標本の博物館外部への貸し出しは，破損や紛失などのリスクがつきまとう．そのため貸し出し個体数に制限があるので，私は，*O. longicorne* のタイプ標本群のなかから原記載と一致する黄褐色の標本 (後にレクトタイプに指定する標本) を選び，日本に持ち帰ることにした．

タイプ標本の精査

　借りてきたタイプ標本はロンドンで一通りの観察は終えていたが，雄交尾器を含めてさらに詳細な観察をする必要があった．この機会に *O. longicorne* の完全な再記載をしておこうと考えたのである．帰国すると，直ちにその作業に取りかかることにした．

　作業机の上で標本からラベルを慎重にはずし，四角形の台紙に貼られた標本をぬるま湯に投じて軟化する．台紙は後で標本をリマウント (再貼付) する必要

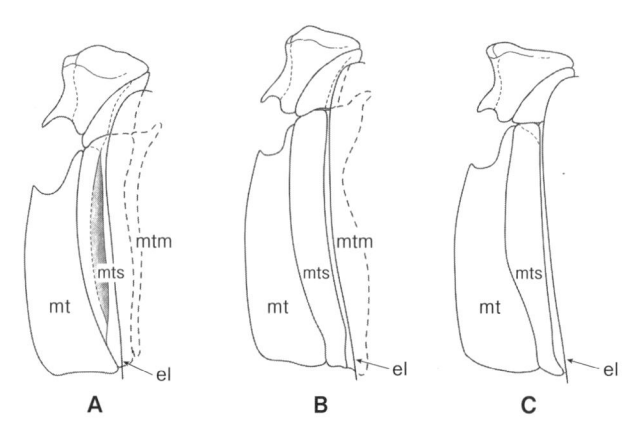

図 2-11　ムナミゾアメイロカミキリ属 (A) とメダカカミキリ属 (B, C) の中・後胸部の側面　(A) アカオニアメイロカミキリ (ムナミゾアメイロカミキリ属の基準種). mts (後胸前側板) に深い縦溝をそなえる. (B) ヨツボシメダカカミキリ *Stenhomalus fenestratus* (メダカカミキリ属の基準種). (C) ヒゲナガアメイロカミキリ. mt：後胸腹板, mts：後胸前側板, mtm：後胸後側板, el：上翅側縁.

があるので，ティッシュペーパーで水気を取り，ラベルと一緒に小型シャーレに保管しておく．触角や肢が自由に動かせるほど標本が軟らかくなると，いよいよ実体顕微鏡下のホールグラスの上で標本の腹面を調べ始めた．そのときである．私が全く想定していなかった事実が判明したのである．それも二つ．

まずこの標本はメスの個体であった．ベーツがなぜ「♂」と記載文に明記したのかは理由がわからないが，やはりその長い触角を見て先入観からくる誤認なのだろうか．ムナミゾアメイロ属の種は基本的にはメスの腹板に熊手状器官を備える．この標本にはその刺毛列があるのだ．もしやと思い腹腔内をのぞくが，そこに見えるのは産卵管先端にある 1 対の尾状体である．やはりメスであることは間違いない．これまで台紙に貼りつけられた状態で背面から観察しただけであったうえ，ただでさえ異常なまでに触角の長いこの個体はどう見てもオスにしか見えなかった．私でさえもすっかりだまされていたわけである (図 2-10)．

そしてさらに何げなく標本の後胸部に目を移したとき，私は改めて自分の目を疑った．胸部側面にある後胸前側板に深い縦溝を備えるのがムナミゾアメイロ属の大きな特徴である．しかしこの標本にはそれがない (図 2-11)．一瞬，頭

の中は「？・？・？」となってしまった．後胸前側板に縦溝がないということは，この個体はムナミゾアメイロ属ではないのである．それではどこに所属するかといえば，これはもうメダカカミキリ属以外には考えられない．まだ私の頭の中は混乱し続けていた．もしかしたらタイプ標本群のうち，"variety" と同定されたトワダムモンメダカのほうを借りてきてしまったのだろうか．いやそんなはずはない．標本をひっくり返してみて，この個体が間違いなく黄褐色で上翅は無紋の個体であることを改めて確認する．そうやって標本を幾度となく検鏡し直し，さらに数分がたち，かろうじて事態が飲み込めてきた．長いことムナミゾアメイロの一員と信じて疑わなかったヒゲナガアメイロは，実はメダカカミキリ属の一種であるということである．くどいようだが，ヒゲナガアメイロはムナミゾアメイロ属ではなくメダカカミキリの仲間であったのだ．

つまり「ヒゲナガ-メダカカミキリ」ということか．自分を納得させるにすぎない無意味と思えるそんな名前の組み合わせを，私は小さくつぶやいてみた．

そういえば，ベーツは原記載の注釈で「その巨大な複眼から本種はメダカカミキリ属に近似する」とはっきりと記しているではないか．なぜそのことにこれまで気づかなかったのだろうか．メダカカミキリ属ということであれば，異なった研究のアプローチもあったかもしれないのである．そう思ったとたん，私は「あっ」と小声で叫んでしまった．そして，ちょっと嫌な予感に背筋が寒くなったのである．

書棚から昨年出版された学会誌を取り出し，中国の研究者と共著で書いた自分の論文を探す．「中国から発見されたムナミゾアメイロカミキリ族の3新種」という新種記載の論文である．ページをめくる手が少しばかりもどかしい．この論文では，広東省中山大学に所蔵されていた標本をもとにムナミゾアメイロ属2新種とメダカカミキリ属1新種を発表したのであるが，そのうち浙江省杭州で得られたメダカカミキリ属に対して *Stenhomalus unicolor* という新名を与えて記載した (Niisato & Hua, 1998)．ちなみに種小名 *unicolor* とは単一の色彩という意味で，この種の上翅は暗褐色で明らかな斑紋をもたない．このような褐色で無紋のメダカカミキリはこれ以外にも数種が知られるが，この *unicolor* は既知種のなかでもトワダムモンメダカに最も類縁が近いものと考えられている．またしてもトワダムモンメダカである．私が恐れたのは，もしかしてこの *unicolor* こそがヒゲナガアメイロではないかという，ちょっと恥ずかしい顛

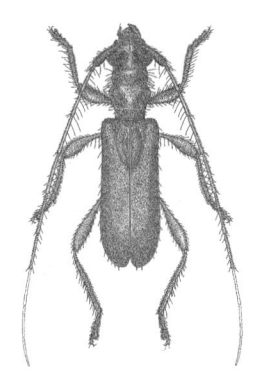

図 2-12 *Stenhomalus unicolor* Niisato & Hua (中国浙江省産)

末であった (図 2-12).

　Stenhomalus unicolor の記載文とヒゲナガアメイロのタイプ標本を比較してみるとかなりよく一致する．ただし異なる点も少なくない．色彩は中国の種は暗赤褐色で上翅基部はやや暗色に対してヒゲナガアメイロは一様に明黄褐色である．体は中国の種はより細身であるのに対してヒゲナガアメイロはむしろ幅広く短く，複眼間はより広く離れる．中国の種はトワダムモンメダカに類縁が近いように明らかにメダカカミキリであるが，ヒゲナガアメイロは少なくとも背面からは，限りなくムナミゾアメイロの種のように見える．異なる種であることは間違いないようだ．一瞬ヒヤッとしたものの既知種に命名するシノニムの汚名だけは避けることができた．しかしこのおかげで，ヒゲナガアメイロの類縁関係が少しは見えてきたような気がする．

期待される再発見

　タイプ標本の精査を終えて，本種の関わる研究は一つのステップを超えることができた．2000 年秋の学会誌に「ヒゲナガアメイロカミキリの分類学的再検討」と題して私は短い論文を書いた (Niisato, 2000)．長い混迷の結末はたかだか 7 ページにすぎない論文として世に残ることとなった．

　本種の実態は明らかになったが，依然として残る問題は国内外を含めて追加個体が得られていないことである．九州には熱心なアマチュア研究家が多く，真に分布しているならば，採集されてもよさそうに思えるのだが，本種に該当

するような個体は得られていない．ただ，ナガサキアメイロカミキリのような，採集状況に疑問をはさむ余地がないにもかかわらず，発見後30年を得てもいまだに再発見されていない例も知られている．

　今後，本種が九州か西南日本のどこかで再発見されることを期待したいが，実際にその夢はかなうのだろうか．それとも杭州から記載された *Stenhomalus unicolor* のように，隣国の中国から案外と簡単に見つかってしまうかもしれない．タイプ標本に該当する追加個体が野外で見つかるそのときまで，このヒゲナガアメイロ問題が真に解決したことにはならないのである．

2-7　サドチビアメイロカミキリの正体

サドチビアメイロカミキリとツシマアメイロカミキリの関係

　比較的珍しいとみなされているムナミゾアメイロカミキリ属のなかで，最も広い分布域をもつのはサドチビアメイロカミキリである．日本産ムナミゾアメイロ属のほとんどの種は日本固有であるが，本種は後述するように日本海を周回する形で朝鮮半島やサハリン，対岸の極東大陸にも広く分布している．ナカネアメイロカミキリも，北海道から九州まで広く分布していて国内の分布では本種と同様であるが，日本列島以外からは知られてない．

　このサドチビアメイロは6月上旬から7月中旬にかけて成虫が出現し，クリやツルアジサイなどの花を訪れる．地域的にやや多産するところもあるが，概して野外で成虫を発見することは稀で，通常は寄主植物であるヤチダモなどトネリコ類の枯れ枝を採取してきて，成虫を羽化させて標本を得ることが多い．

　私がサドチビアメイロに興味をもったのは，長崎県対馬から記載されたツシマアメイロカミキリ *O. tsushimanum* Hayashi との関係であった．この種は黒褐色の特異な色彩をもち，本属の日本産種から一見して区別できる（図2-13）．しかしその一方で，サドチビアメイロと形態的にはあまり変わらないことも指摘されていた（草間・高桑, 1984）．結論をまず先に述べておくが，現在この2種は同一種の亜種関係として整理されていて，この見解に異論をはさむ余地はない．

　ツシマアメイロは原記載当時，対馬固有とされていたが，その後に同種と思

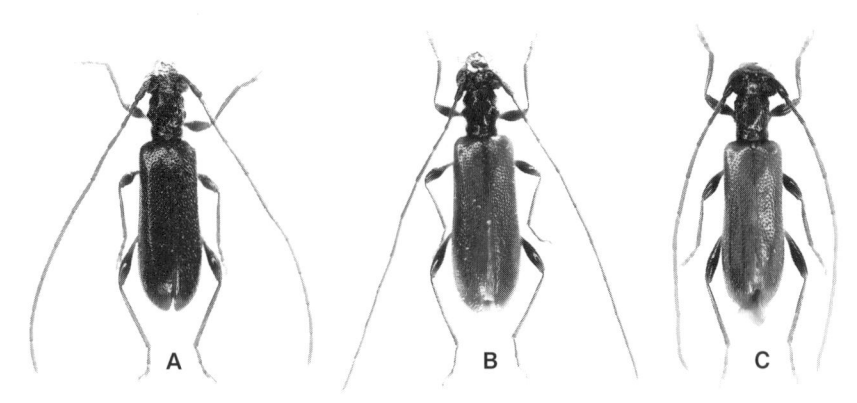

図 2-13 サドチビアメイロカミキリの色彩の地域変異 (A) サドチビアメイロカミキリ名義タイプ亜種 (ツシマアメイロカミキリ) *Obrium obscuripenne obscuripenne* (長崎県対馬産). (B) サドチビアメイロカミキリ日本亜種 *O. o. takakuwai* (長野県菅平産). (C) 同 (三重県平倉産).

われる個体が北海道東部と信州からも次々と発見された．また，対馬と北海道東部のツシマアメイロは，色彩はもとより前胸背板の側縁隆起や上翅の点刻，触角の長さなどに違いが見られることも指摘されていた (草間・高桑, 1984)．確かに，北海道と信州のツシマアメイロの色彩は，同一産地のなかで暗褐色から褐色まで段階的に変化するものの，対馬産ほどに強く黒化することはない．これらの対馬以外の個体も真にツシマアメイロであるのか，サドチビアメイロが黒化したものなのか，サドチビとツシマが地域的に微妙に棲み分けているのか，少なくとも 1980 年代の時点では，その全容は混沌として明らかではなかった．

日本周辺にも分布するツシマアメイロカミキリ

　私の手元には 1980 年末にはすでに，日本各地のサドチビアメイロとツシマアメイロとともに，韓国産とロシア沿海州産のツシマアメイロと思われる比較的多数の標本が収集されていた．このような地域変異もさることながら個体変異の大きな種群を扱う場合には，何よりも十分な標本群を背景にして検討する必要がある．

　その当時から明らかなことが一つだけあった．それは，対馬を基準産地として記載されたツシマアメイロが，大陸産とまず区別がつかない，つまり同種で

あるという事実である．

それに気づいたのは，旧ソビエト連邦の研究者から送られてきた沿海州産の標本であった．その標本には *Obrium gracile* Plavilstshikov, 1933 という同定ラベルがついていたのである．旧ソビエトの研究者は，この黒いムナミゾアメイロを東南シベリアからプラビルスチコフ (N. N. Plavilstshikov) が記載した種と同定していたのである．ちなみに第二次世界大戦前の当時，シベリアという地域概念はバイカル湖より東の旧ソビエト領をやや漠然と定めていたので，この「東南シベリア」はたぶん，日本海に面した現在の沿海州 (ウラジオストック付近) のことではないかと思われる．

ところが，この黒いムナミゾアメイロは，ピックによってさらに前の時代に，アムール地方から *O. obscuripenne* という名称で記載されていた (Pic, 1904a)．アムール地方は沿海州のすぐ東北に位置しており，この地域一帯にこの黒いムナミゾアメイロが広く分布することは，現在ではよく知られている事実である．したがって，この大陸に分布する黒いムナミゾアメイロには，学名の先取権の原則に従い，最も古いピックの名称を用いるのが正しい．なお，李 承模 (1987) が著した『韓半島天牛科甲虫誌』のなかにもこの黒いムナミゾアメイロは図示・記録されているが，そこでは *O. obscuripenne* と正しい名称が用いられている．

日本国内のツシマアメイロカミキリの変異

ここで対馬のツシマアメイロにいったん話を戻そう．林が記載した本種は少なくとも外部形態を見る限り，朝鮮半島を含む大陸側の集団と区別することはできない．ツシマアメイロないしサドチビアメイロは特に雄交尾器の地域変異が大きいが，それは断続的のようでありながら緩やかに連続して変化しているので，分類形質として地域集団を明確に分けることが難しい．そのようなわけで，日本産のツシマアメイロに対しても現在は，ピックが記載した *O. obscuripenne* の名称が用いられている (Niisato, 2005)．

さらに，各地の変異集団を調べるうちに再確認されたことは，日本国内でツシマアメイロ型の黒化した集団が現れるのは，基準産地の対馬の他ではやはり，以前からよく知られている北海道東部と信州の 2 地域に限定されるということであった．それ以外の地域でも，たとえば赤みが強くなる，明るい黄色の

個体が出現するというような色彩変異があっても，ツシマアメイロ型のような暗い色彩は現れない．不思議なことに，北海道東部と信州の集団だけが黒化の傾向が認められる．そして日本列島をひとたび出れば，対馬を含めた極東大陸には色彩変異が全く認められない一様に黒褐色の集団が広大な分布域をもつのである．

黒いムナミゾアメイロカミキリの理由

ところで，ムナミゾアメイロ属の既知種にはツシマアメイロのような一様に黒い色彩をもつ種は他に知られていない．上翅端や上翅中央部などが部分的に黒ずむ種はいるが，大部分の種は一様に赤褐色や黄褐色の琥珀のような単一の色彩をもつ．それではなぜ，ツシマアメイロはあのような黒い色彩をしているのだろうか．

ムナミゾアメイロ属は東アジアの温帯域で最も繁栄しているカミキリであるが，そのなかにあってツシマアメイロは最も北に分布域を広げた種である．温暖で湿潤な地域に生息する脊椎動物や一部の昆虫には，寒冷で乾燥した地域に生息するもので体色が明るくなる現象が認められ，グロージャーの法則と呼ばれている．しかし，ツシマアメイロはこの反対であるから，一般則を持ち出してこのような珍説をたたみかけるわけにもいかない．この黒化した色彩について考えをめぐらしたときに一つだけ思いついたのが，同所的にいる生態的地位の等しい競合者との関係であった．

確かに，黒いツシマアメイロの分布域のうち沿海州や朝鮮半島，北海道東部には，そのような競合者となる可能性が高い種がいる．幼虫がツシマアメイロと同様にトネリコ類を食べ，さらにほぼ同じ時期に成虫が出現するエゾアメイロカミキリ *O. brevicorne* である．

これらの混棲地帯においてツシマアメイロとエゾアメイロの成虫は夏季の一時期にトネリコ類の枯れ枝の上でいやがうえにも遭遇するものと思われる．そうした関係のなかで，生態的に近い両種は異種間交雑につながらないように，なんらかの生殖隔離機構を備える必要があったのではないか．私はそれがツシマアメイロ側に黒い色彩の集団を進化させた原因ではないかと考えてみたのである（とはいえ，黒い色彩を発現させた原因は依然不明であるが）．もっともこの時点では，ツシマアメイロ型が出現する本州中部にエゾアメイロが分布する

ことは知られておらず，全ての分布域で2種が同所的に見られるというわけではなかった (実はその後に，本州中部からもこのエゾアメイロが発見された).

　ツシマアメイロとサドチビアメイロの研究を急いだのは，2007年春に刊行された総説『日本産カミキリムシ』の原稿締め切りが迫っていたからであった．とりあえず図鑑の出版に合わせてサドチビ–ツシマの類縁関係に関する新説を間に合わせなければならなかった．研究と出版は全く別の次元で進行することがしばしば起きるので，これもやむを得ないことである．

　私は，国内外8産地から得られた66個体の標本をもとに，体部位の計測を済ませ，雄交尾器のスケッチを作り，暫定的な仕事であることは承知のうえで，2006年秋の学会誌に論文を掲載することにした．『日本産カミキリムシ』出版のわずか4か月前のことである (Niisato, 2006b).

　この論文で私が示した考えは，日本海周辺に分布するツシマアメイロとサドチビアメイロは同一種であり，形態的・生態的にも区別はできないというものであった．両者は色彩では明確に識別することは可能であるが，外部形態と雄交尾器から見れば，種レベルでほぼ均質な変異集団である．幼虫はトネリコ類の新しく枯れた細枝を食べる習性も共通である．そこで，海峡により分布域が明確に分断されている，朝鮮半島を含む極東アジアと対馬の集団を名義タイプ亜種とみなし，対馬を除く日本列島に分布する集団をその別亜種としたのである．

　一方，北海道東部と信州にやや局所的に分布する，ツシマアメイロと呼ばれていた黒化する集団の起源は，おそらく大陸に求めるものであろうと考えた．これらの局所的な2集団は，東はサハリン経由，西は朝鮮半島経由でそれぞれ現在の分布域に到達したのであろう．しかし，色彩が暗褐色から赤褐色に変化するように，サドチビアメイロとの中間型を示すものも多く出現する．北海道東部と信州では，二つの亜種集団が再び混生して交雑集団を形成したのではないだろうか．

サドチビアメイロカミキリの真の正体

　サドチビアメイロカミキリ *O. japonicum* とツシマアメイロカミキリ *O. obscuripenne* はともにピックにより記載された種である．ピックのコレクションが所蔵されているパリ自然史博物館に2005年秋に訪問した際，これらのタイプ標本の調査を行った．日本の研究者はまだ誰もこの2種のタイプ標本を実

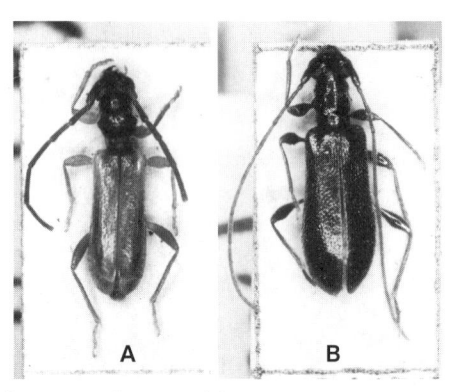

図 2-14 ホロタイプ標本 (正基準標本) （A）*Obrium japonicum* Pic.（B）*O. obscuripenne* Pic.

見していないはずである．そして，そこで判明した事実は分類学上きわめて重要な変更を要するものであった (図 2-14).

　実は，サドチビアメイロのタイプ標本は従来，私たちがトワダムモンメダカカミキリ *Stenhomalus lighti* と呼んでいる種と同じものであった．偶然の一致であるが，ヒゲナガアメイロのときと同じく，ここでもトワダムモンメダカが登場したのである．この事実がどういうことであるか簡潔に説明すると，次のとおりである．

　グレシットが記載した *S. lighti* という種 (Gressitt, 1935) は，ピックが記載した *O. japonicum* (Pic, 1904b) に先取されたシノニムであり，*O. japonicum* が有効名となる．ピックは "*Obrium japonicum*" の記載に際して，所属を誤り，メダカカミキリ属 *Stenhomalus* ではなくムナミゾアメイロ属の一種として発表してしまったのである．確かに，このタイプ標本はトワダムモンメダカに特徴的な上翅の褐色部がほとんど消失していて全体が黄褐色であり，ムナミゾアメイロの種のようにも見えないこともない．このあたりの思い違いは，ベーツのヒゲナガアメイロのタイプ標本群の例と非常に似ている点が，偶然であるにせよ興味深い．したがって，トワダムモンメダカの変更後の学名は "*Stenhomalus japonicus* (Pic, 1904)" となる．なお，このときの種小名の語尾は，属名称の性 (この場合は男性形) を受けてオリジナルの "ca" を "cus" と読み替えて用いることになる．

一方，サドチビアメイロという実体に対して他に命名された学名はないので，全くの名無しとなり，これに新名を与える必要がでた．論文のなかで私は，日本のムナミゾアメイロ属のパイオニア的研究者であるとともに，カミキリの研究では大先輩の高桑正敏さんの姓に因み，新亜種名を *O. obscuripenne takakuwai* と命名することにした．

　この新亜種は北海道から九州に至る日本列島全域の集団に対して命名したものである．先にも述べたようにこの集団は，現状では十分に解明されていない地域変異をもつ多様な小集団を包含すると考えられる．そこで，従来から私たちがサドチビアメイロと認識している変異のうち，最も標準的な集団と考えられる近畿地方の個体群のなかから，三重県平倉の標本をホロタイプ (正基準標本) として指定しておいた．たまたま手元には友人から預かっていた平倉の標本が比較的多数あったことも幸いした．将来，研究が進み形態学的にあるいは分子系統解析を背景に，サドチビアメイロがいくつかの種あるいは亜種集団に再編成されるかもしれない．その際に，後の研究者にできるだけ受け入れやすいよう，標準的な変異集団を担名タイプとして指定することで，無用な混乱を起こさないようにと配慮したつもりである．

　この担名タイプとは文字どおり，その名称 (この場合亜種名) を担うタイプ標本のことである．このタイプ標本とは1個体のホロタイプのことである．地域や個体間で変異幅が大きな種や亜種のような集団に命名を行う場合，研究者の判断において，変異の標準とみなされる集団から1個体を選び，ホロタイプを指定するのが分類学者の決めごとになっている．

佐渡のサドチビアメイロカミキリを求めて

　ところで，この私の論文にある検視標本データに，佐渡産のサドチビアメイロの標本はない．佐渡が基準産地なのでサドチビアメイロという和名がついたのであるが，それは私たちが現在トワダムモンメダカと呼んでいる種であったことはすでに説明したとおりである．佐渡産のサドチビアメイロの存在はこの時点ではいわば白紙となっているのである．それでは佐渡で本種が採集されていないかというとそうではなく，かつて佐渡産の1雌個体を一時借用していたことがある．当時は本種の個体変異がよく把握できず発表のめども立っていなかったことから，標本提供者のせっかくのご好意にも報うこともできず返却し

てしまった.

　ところがこの論文が発表された直後,先輩カミキリ屋の木下富夫さんから佐渡産の本種の標本を託された.「調べるなら俺にも早く声をかけてくれよ」というありがたいお言葉であった. 木下さんは佐渡のドンデン山から採取したヤチダモの枯れ枝から本種10個体ほどを羽化させているという.

　この佐渡のサドチビアメイロは強いて分類すれば,地理的にも近い本州中部の菅平付近の個体群にやや似ているものであった. この標本と併せて佐渡 (基準産地) のトワダムモンメダカカミキリも複数いただくことができた. こちらはピックの原記載以来の発見となると思われるが,トワダムモンメダカのほうは珍しい種ではなく,これまで追加記録がなかったのは,おそらく誰もがあまり真剣に探していなかっただけのことであろう.

　それからしばらくして今度は, 高桑さんが佐渡産の, しかも野外で採集されたサドチビアメイロを3個体もってきてくださった. 新亜種 *takakuwai* 献名の返礼かと思ったが, もちろん偶然のいきさつである. これらは海岸線近くのスダジイの花から, 新潟在住のカミキリ屋さんが2007年の初夏に採集されたものであるという. この方は前年にもやはりスダジイの花で1個体を採集されているらしい.

　佐渡は新潟沖に位置するにもかかわらず日本海を北上する対馬海流に洗われ, 低地には照葉樹林が発達する. そのような島ではサドチビアメイロはシイの花を訪れることがあるのだろうか. 琉球列島を除けば, 九州以北でシイの花からカミキリが採集されることはあまりない. もちろんサドチビアメイロはおろか他のムナミゾアメイロの仲間が採集されたという話も聞いたことはない. 佐渡でシイの花からムナミゾアメイロの仲間が採集されるというのは, 何とも不思議な光景のように思える. しかし実は, そうした思い自体が日本の中だけを見た視野の狭さである. 東アジアの暖温帯林の中では, ムナミゾアメイロの仲間はむしろ普通にシイやカシの花から採集される. 佐渡のサドチビアメイロは, そんな彼らの故郷の習性を垣間見せてくれているだけなのである.

　それにしても自分自身でも佐渡でシイの花をすくう体験をしてみたいものだと思っていたところ, 2010年になって偶然にもその機会が訪れることになった. たまたま, 6月初めに佐渡で講習会の講師を引き受けてくれという話が舞い込んできたのである. 6月初めといえばまさに, サドチビアメイロがシイの花

図 2-15 サドチビアメイロカミキリが採集されたスダジイの花 (佐渡)

で採集されている時期に当たる．善は急げと，いまだ面識のない採集者の方にメールを送り現地情報を入手したうえで，現地に向かった．

　佐渡のカミキリ事情に精通しておられるその方は，新潟県庁に勤務されている須藤弘之さんという．彼の話によれば，サドチビアメイロを採集したことがあるのは，島の南西部の海岸付近に咲くスダジイの花だけであるという．それがいま私の手元にある標本である．本種がいかにも発見されそうな山間部のミズキやイワガラミなどの花からは，これまでに採集したことはないそうである．前述の木下さんが羽化脱出させた個体は，佐渡中部の高峰・ドンデン山であるから，海岸部に固有ということではないであろうが，少なくともシイの花から採集されたという直近の実績は頼もしい．これは私でも行けば採れそうである．

　仕事を終えた 6 月 8 日，情報を頼りにして島の海岸線に車を走らせると，あちらこちらの斜面でスダジイの花が今まさに満開であった．6 月上旬では花の時期は終盤であろうという事前情報であったが，今年は季節がだいぶ遅れているのであろう，スダジイの木はたくさんの花をつけている (図 2-15)．

　そして結論から言うと，佐渡のサドチアメイロは本当にシイの花に集まっていた．ただしどこにでもいるわけではない．私が 3 時間あまり歩き回って本種が採集できたのは，たった 1 本のシイの木だけであった．その木にだけなぜ本種が集まってきているのか理由はよくわからない．あえていえば，風の吹きだまりでさらに陽当りが良いからなのだろうか．私は正午過ぎの 30 分ほどの時間で，いつものオブリィウム採集でやるように，花とその周辺の枝葉を丁寧に

すくって，研究に使うには十分すぎるサドチビアメイロを採集することができた．スケベ心を起して帰宅後，当日の採集個体のなかに，もしかした戦前に佐渡相川でただ1個体が得られたという「幻のウスゲアメイロカミキリ」(2-5節参照) が混じっていないかと顕微鏡の下で精査したけれど，さすがにそれはありえぬことであった．

それにしても印象的だったのは，スダジイの花にきているカミキリの少なさであった．サドチビアメイロ以外では，いかにも普通種のサドチャイロヒメハナカミキリ *Pidonia telephia* とヒメクロトラカミキリ *Raphuma diminuta diminuta* がそれぞれ 2〜3 個体得られただけであった．極東の地の佐渡では，シイの花はやはりカミキリにあまり好まれないようである．

2-8 本州中部から発見されたエゾアメイロカミキリ

日本新記録のムナミゾアメイロカミキリ

本種も多少とも思い入れのあるムナミゾアメイロカミキリである．それというのも，ムナミゾアメイロ属で初めて研究成果らしいものを発表したのが，この種に関する論文であったからだ．本章でたびたび登場する『日本産カミキリ大図鑑』に掲載されている 8 種のムナミゾアメイロ属のなかにただ 1 種だけ，種名が未確定のものがあった．それがこのエゾアメイロカミキリである．このエゾアメイロがロシアから記載された *O. brevicorne* であることを初めて明らかにした短い論文を，1991 年に学会誌に投稿したのである (Niisato, 1991).

話はその大図鑑が刊行される少し前に時代をさかのぼる．北海道中央部を縦断する石北本線の生田原という駅前に，広い集材場があって，1970 年半ば頃からカミキリの有名採集地として知られていた．カラフトヨツスジハナカミキリ *Leptura quadrifasciata* やヤマナラシノモモブトカミキリ *Acanthoderes clavipes* などの珍品のカミキリが得られることで，夏休みに北海道に採集旅行を計画するカミキリ屋にとって外せないポイントの一つであった．その集材場周辺で，1980 年代前半の数年間だけであるが，3 種のムナミゾアメイロ属が多数採集されている．1980 年代後半以降からはぷつりと記録が途絶えてしまったが，集積されていた木材の中に当時，たまたまこれらの寄主植物が含まれて

いたのかもしれない.

　そのうちの1種はナカネアメイロであったが, 残る2種はいずれもそのときまで日本国内から全く知られていない種であった. 『日本産カミキリ大図鑑』ではうち1種を, ヨーロッパから極東まで広く分布するアカオニアメイロカミキリの新亜種として, *O. cantharinum shimomurai* という名称をつけて記載しているが, 3番目の種についてはその時点では種の同定を保留したのである.

　その後, エゾアメイロは生田原だけではなく, 北海道東部を中心に追加記録が知られるようになった. 現地で採取したヤチダモの新しい枯れ枝からも, 暗い体色のサドチビアメイロ (当時はツシマアメイロと呼ばれていた) とともに羽化脱出してくる. チェレパノフ (Tsherepanov, 1981) の極東アジアの観察によれば, 大陸側でも本種はトネリコ類を食べているので, 寄主植物も同じであることが判明した. 最近では, エゾアメイロを狙って採集するカミキリ屋が少ないので, 追加産地の採集例はあまり聞かれることはなくなったが, おそらく石狩低地以東の北海道に広く分布しているのではないかと考えられる.

　なお, 同時に採集されていたアカオニアメイロは, この生田原時代以降に採集されたことはなく, 現在では北海道における自然分布を疑問視する意見も聞かれる (他に1採集例があるといわれているが詳細は不明). 当時の生田原の集材場には, 大陸から輸入された木材が一時的に保管されていたという噂も聞いたが, 真偽のほどはわからない.

エゾアメイロカミキリの繁殖戦略

　サドチビアメイロの体色が暗くなり, いわゆるツシマアメイロ型になるのは, エゾアメイロと同所的に分布する地域に限られる事実について, 前節で多少触れておいた. 実際に北海道東部のエゾアメイロの分布域でも, サドチビアメイロは変異があるものの暗色化の傾向を示す. これは成虫の同種認知を促すための交接前生殖隔離機構と関係があるのではないかというのが私の仮説である. 実はもう一つ, 競合相手であるエゾアメイロ側がもつある戦略を示唆する形態的特徴がある. それはメスの産卵習性に関連が深いものである.

　斉藤 (Saito, 1992) はカミキリムシ雌交尾器の比較形態学的研究のなかで, ムナミゾアメイロ属の雌交尾器を図示しながら, 外部形態がよく似るサドチビアメイロとエゾアメイロの2種間における形態の大きな違いを指摘している.

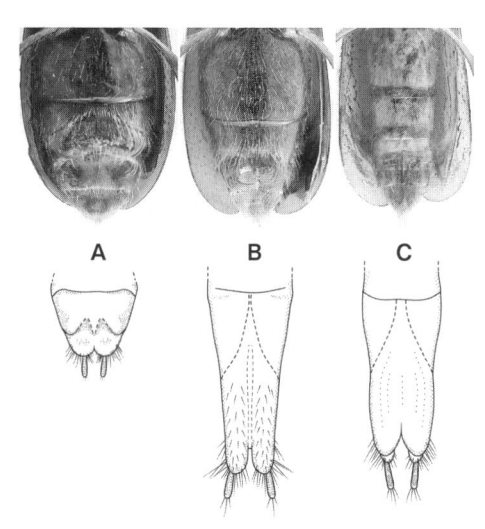

図 2-16 ムナミゾアメイロカミキリ属 3 種の雌腹板 (上) と雌交尾器 (下)　(A) サドチビアメイロカミキリ．(B) エゾアメイロカミキリ．(C) ナカネアメイロカミキリ．

つまり，前者が短縮した典型的なムナミゾアメイロ型の産卵管をもつのに対して，後者は短縮されない長い産卵管をもつのである．私もこの論文を読んだときに，その極端な違いに驚くとともに，構造と機能の関係を理解することができなかった．ところがその後に明らかになった，ムナミゾアメイロのメスの熊手状器官と産卵行動を勘案すると，その説明は難しくない．つまりこういうことである．

エゾアメイロのメスの腹部腹板にも熊手状器官が存在するが，それは第 3 腹板中央付近に局在していて，卵の保護隠蔽のために十分な機能をもたないように見える．一方，サドチビアメイロの熊手状器官は十分によく発達している．熊手状器官の発達と産卵管の長短は機能的な相関関係があるので，サドチビアメイロは短縮した産卵管を，エゾアメイロは長い産卵管をもつことになった (図 2-16)．

サドチビアメイロのメスは短い産卵管しかもたないので，卵をトネリコ類の枝上に産みつけて，熊手状器官で植物体の残渣やほこりを集めて保護隠蔽行動をとるのであろう．長い産卵管をもつエゾアメイロは，枝の裂け目などに差し込んで植物体の深部に卵を産みつけることができる．もちろん保護隠蔽行動

は必要ないので，小さな熊手状器官は見せかけだけのものとなった．また，寄主植物の同じ枝上で産卵行動をとった場合は，深部に産卵できるエゾアメイロのほうがより早く材部に到達することができるに違いないが，それについては植物側の防除と捕食者のリスクから，長所と短所とがあることは前に述べたとおりである．いずれにしても，このようにして生態的地位の近い両種は，寄主植物上で微妙な棲み分けを行っている可能性がある．

群馬県上野村でエゾアメイロカミキリが採れた

　このような仮説を思い描きながら，長年一つだけ気になることがあった．それは黒化するツシマアメイロ型のサドチビアメイロカミキリが出現するにもかかわらず，信州 (本州中部) にエゾアメイロカミキリが分布していないという現実である．

　2006 年の夏のこと．旧友の堀口徹さんから突然，標本写真の添付ファイルつきのメールが届いた．彼はコガネムシの熱心な研究者で，特に専門は動物の糞に集まる糞虫の仲間である．名前は悪いが，この仲間は色彩の美しい種や形態的に変わったものも多く，甲虫のなかでは人気のあるグループとして知られる．堀口さんとは学生時代に東京でともに過ごし虫採りにもよく行ったが，現在は群馬県の渋川在住でやや疎遠となっている．虫の専門が違うとあまり頻繁に連絡は取り合わないものだが，その彼が群馬県上野村で採集したムナミゾアメイロ 2 個体の名前を教えてくれと尋ねてきたのだ．メールの添付ファイルを開くと 2 個体は明らかに異なる種で，一つはナカネアメイロカミキリと一見してわかる個体，ただもう一方の個体は驚いたことに，何とエゾアメイロであった．

　すぐさまメールを返し「ずばりエゾアメイロである」と申し上げる．実物を見なければ断言はできないので標本を送ってもらうように頼むと，数日してこの 2 個体の現物が私のもとに届いた．メールの画像で確認したとおり，やはりエゾアメイロで，雌個体であった．本州にもエゾアメイロがいたのである (図 2-17)．堀口徹は本当にエライ．

　この時点ですでに 8 月も終わりにさしかかり，エゾアメイロの成虫の出現期はすでに終わっているものと思われた．北海道の発生期は 7 月中下旬なので，標高 900 m ほどの上野村では，同じ時期かやや早い 7 月上旬が成虫の最盛期

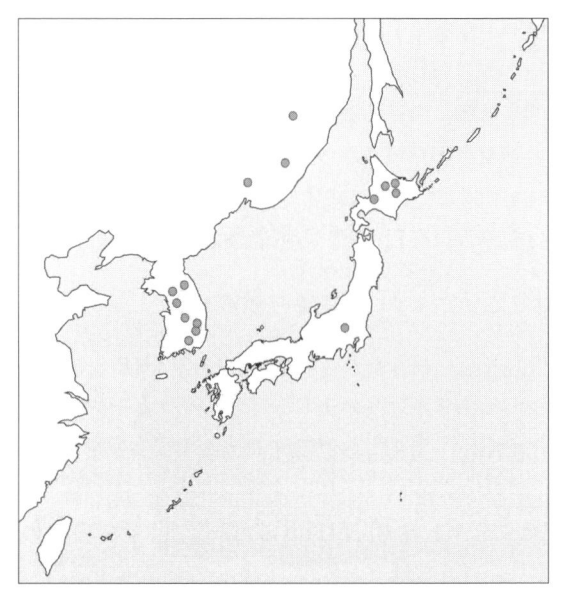

図 2-17　エゾアメイロカミキリの記録地点

であろう．私たちは追加個体を採集する計画を練り，その年の暮れに上野村に行き，寄主植物の中にいる幼虫を探すことにしたのである．

　上野村のエゾアメイロ採集地点は，1986 年に日航機墜落事故のあった御巣鷹山の山麓にある．ここは神流川の源流部にあたり，周辺の山々は非常に急峻な地形を見せている．東京からはカミキリの幼虫採集に強い武田雅志さんと同行し，堀口さんはじめ地元勢を加えた五人で，時折小雪の舞う源流部の森林を終日探索したが，これはという感触は得ることはできなかった．まず，当初から寄主植物と当たりをつけていたヤチダモが発見できないのである．ヤチダモはトネリコの仲間で，北海道では本種の成虫と幼虫がこの植物より採集されていて，本州中部でも決して少なくない植物である．私たちが訪れたこの季節，すでに源流部の谷筋の木々はすっかり落葉していた．このような状態のなかで樹木の識別は案外難しい．葉の付いていない冬芽，樹皮の状態，根際の落葉から，どうにか樹種を同定するのである．また不案内な土地ということもあるのだろう．半日はただ意味もなく谷筋を歩き続けるばかりであった．

　それでもトネリコ類とおぼしき数本の株を見つけ，根際に落ちている枝のな

かで幼虫の食い入っているものを拾っていく．ナイフで表皮を削ってみるが，出てくるものはフトカミキリ亜科の幼虫ばかりで，ムナミゾアメイロはついぞ確認することはできなかった．わずかばかりの食害材を皆で分けて持ち帰ったが，翌春に材から羽化脱出してきたのは全く見当はずれの種類ばかりであった．この日は採集地点からだいぶ車を走らせて，「シオジ原生林」という表示のある一角でも調査を試みた．シオジはヤチダモに最も近縁なトネリコ類である．しかし，ここで採取した材からも目的のカミキリは出てこなかった．ただ，ヤチダモが見られないのであれば，消去法でやっていけば，次点では寄主植物の本命はおそらくこのシオジであることはまず間違いない．

　エゾアメイロの本州新記録は，採集した食害材がどうやら不発であったことを待って，学会誌に短い報告を投稿しておいた (Niisato & Horiguchi, 2007)．寒い暮れの1日の努力は報われなかったけれど，長い間の懸案であったエゾアメイロが本州中部に分布することが判明したことは大きな収穫であった．上野村でサドチビアメイロはまだ採集されていないが，御巣鷹山の尾根に続く三国峠は上州・武州・信州の国境である．すぐ山向こうの信州では，ツシマアメイロ型の黒いサドチビアメイロが分布している．この黒いサドチビアメイロとエゾアメイロは，本州中部でもほぼ同所的に分布していたのである．

扉温泉から記録された謎のムナミゾアメイロカミキリ

　2008年の夏になって，この上野村から堀口さんはエゾアメイロカミキリを再び採集してきた．またしても1個体だけなのだが，今度はオスである．前回のときと同じように，夜間採集の幕に飛来した個体であったという．連絡を受けて私はすぐに現地に飛んだが，腕が悪いのか今回も追加個体を採集することはできなかった．しかし，その採集地点では大きな手応えを感じることができた．彼が夜間採集の設営をした道脇から谷筋を見下ろすと，そこにはシオジの巨木が天空に向けそびえ立っていたのである．

　2008年の梅雨明けはことさら暑かったせいか，二度目のエゾアメイロに振られたショックのためか，自宅でぼんやり過ごしていることが多かった．もっともその思考停止に近い私の頭でも，ちょっとしたアイデアが閃くことがある．

　本州中部にエゾアメイロが分布するなどという事実は，以前には誰も考えに及ばなかったことである．まして1980年はじめ，日本産のムナミゾアメイロ属

の様相が渾沌としていた時代には，本種が北海道にいることさえ知られていなかった．何をここで急に閃いたかというと，前にも触れた Hayashi (1983) による長野県扉温泉の標本をもとに再記載したヒゲナガアメイロカミキリとは，もしかするとエゾアメイロのことではなかったのかという推測である．このとんでもない空想に自分自身でも思わず笑い出しそうになったが，とりあえずは唯一のよりどころとなる当時の記載文を読んでみることにした．すでにヒゲナガアメイロの話のなかに取り上げた記載文の数節である．重複するがここにまた再録してみよう．

「触角と肢には黄金食の長い毛をいくぶん密に生やす」，「複眼間の距離は複眼の幅よりいくぶん狭い」，「触角は体長よりやや長い (1.03 倍)」，「上翅は基部幅の 2.2 倍で，粗くまばらに点刻され，点刻間の距離は点刻の直径より広い」

全ての特徴は，群馬県上野村で採集されたエゾアメイロのメスに驚くほどよく適合するのである．上翅の点刻の状態は大陸や北海道の個体では「点刻間の距離は点刻の直径より"狭い"」のであるが，上野村で得られた個体ではむしろ点刻は小さく，この間隔は「広い」に該当する．もしかしたら林は本州産エゾアメイロをこの時代に実見していたのではないだろうか．

再記載の検視標本は "Tobira Pass, 4. VII. 1976, Y. Ishikawa leg." とある．採集者は長野県在住のカミキリ屋の石川 豊さんと思われる．石川さんとは昔お会いして以来 30 年あまり連絡をとっていなかったが，彼の所属学会の名簿をたよりに事情を書いた手紙をお送りした．また，このときの標本を所持されていれば，その標本調査もお願いした．ほどなくしてご本人からメールで丁寧なご返事をいただくことができた．その内容を要約すると次のようなことになる．

「林先生が再記載に用いた標本はおそらく自分が実際に採ったものだが，標本は現在所持していない．おそらく故・林コレクションにあるのではないか．ただし私は，ムナミゾアメイロ属の種はハリギリからナカネアメイロを採集したことがあるだけで，他の種は採った記憶がない．再記載の標本が私の採集品であるならば，ハリギリで採集していたときに偶然，別の種を採っていたということになる．なお，その標本は扉温泉の早川広文さん経由で林先生に渡ったのではないか．」

机上であれこれと思いあぐねていては何も進展しない．さらなる探索を続ける必要がある．故・林コレクションは長居の大阪市立自然史博物館に現在は

所蔵されている．いずれにしてもこのコレクションの再調査をしなければならない．今度は大阪に問い合わせてみる．

　林コレクションにあるムナミゾアメイロの標本は，実は 2007 年の秋に一度調査済みであった．そのときは Hayashi (1983) によるヒゲナガアメイロの再記載のことなどすっかり失念していて，台湾産の標本ばかりに気を奪われていた．あのときもう少し慎重に調べていれば，問題の標本にも気づいていたかもしれない．大阪自然史博に連絡すると，とりあえず標本の所在だけでも確認するとの快いご返事をいただく．

　1 週間ほどしてメールで回答をもらったところ，あいにく問題の標本は見当たらないという．大変残念なことであるがしかたがない．こういうことはしばしばあることだ．晩年の林さんは体調をくずされがちで，身辺のことに気が回らず，虫に食われたりして傷み消失してしまった重要な標本も数少なくないと伝え聞いたことがある．もしかすると，このエゾアメイロと推定される信州産の標本は，そういった経緯のなかで失われた可能性もあるのだろうか．その後ダメ押しを承知で，私自身も大阪自然史博で再度調査を行ったが，やはり問題の標本を発見することはできなかった．

　さらに石川さんの情報を再考してみる．標本の出所が，当時それを保管していたのは扉温泉の館主でカミキリムシを研究されていた早川広文さんであるならば，その故人のコレクションに残っているという可能性も否定できない．故・早川コレクションは現在，松本市の山と自然博物館に所蔵されているというので，松本出張の機会をやや強引に作って出向いてみた．しかし残念ながらやはり問題の標本を発見することはできなかった．早川さんと生前に親交の厚かった方々にもお尋ねしてみたが，「*Obrium longicorne* Bates」と同定ラベルがついたムナミゾアメイロの標本は，同コレクションのなかで見たことはないという．もうここまでくるとお手上げである．かなり執拗な探索を試みてきたが，本件については万策尽きた感がある．30 年以上前に信州で採集されていたかもしれないエゾアメイロの一件はひとまず迷宮入りとなってしまった．

幼虫の探索

　ところが私たちの執拗な探索はまだ続く．2009 年の 5 月中旬，それでは本命のシオジから幼虫を探し出そうと，神流川源流の谷筋に，発見者の堀口さん

図 2-18 エゾアメイロカミキリの生息地 (群馬県上野村) における幼虫採集時のスナップ
(A) 当日の参加者 (奥から二人目が木下さん). (B) 第一本命の寄主植物とにらんだシオジ.

はじめ 6 名が再び集合したのであった.

　今回は万全を期して, 幼虫採集の名人・木下富夫さんにもご登場をお願いした. 佐渡から採集した本物のサドチビアメイロカミキリの研究を私に託された木下さんのことは前にも短く紹介している. この人はなかなかの怪人物として知られるが, 採集の腕がよいことだけは誰もが認めている. その木下さんは私の隣で, 嬉しそうに小刀でシオジの枯れ枝を削っている.

　「出ねぇなぁ」. この名人にしても, これだと確信できる幼虫の食痕を容易に見つけることができないのである. それとおぼしい幼虫や蛹にいたっては姿かたちも現れない. シオジを求めて谷筋を歩き回り, かれこれ 3 時間あまりたったが, 私たちの誰しもがその核心に近づいたという感触をイメージできないでいた. エゾアメイロカミキリに限らず広くムナミゾアメイロの幼虫は, 体節に歩行隆起という瘤状の突起がよく発達するので, 拡大鏡で見れば, 凸凹したプロポーションからそれとわかるのである. しかしそういった特徴のある幼虫はいっこうにシオジの枯れ枝から見いだせないのである. もっとも 5 月半ばの時期は, 7 月前半と予想される成虫の出現時期から逆算していくと, 本種の蛹の時期にあたる. 樹皮下を食べ進んだ幼虫は, 材の中心部寄りに小部屋を作って, すでに蛹になっているのかもしれない.

　「これはどうかなぁ?」. 木下さんが控えめにつぶやく. 浅く削り込んだ材部にカミキリムシ特有の蛹室が開き, そこからエゾアメイロとほぼ等しい大きさ

の蛹がのぞいている．「そうかもしれない」．いちるの望みを込めて私たちはうなずくものの，どうも何か引っかかる．エゾアメイロであると手放しで信じることはできないのである．

　深く暗い谷底の林床に散らばり，私たちめいめいはシオジの枯れ枝を削り続けた．いつの間にか，誰一人として軽口を発する者もいなくなっていた．木下さんも彼が信じるシオジの根際に腰を下ろして，皆と同じように黙々と枯れ枝を削っていた．今日もまた徒労に終わるのかもしれない，と誰も厭戦気分を抱えていたのだろう．私はエゾアメイロが入っているかもしれない 20 本くらいの枯れ枝を布袋に携えていた．個人差はあるがいくばくかの希望の枝を皆が確保したようだった．この日，雨脚の激しくなった夕暮れを汐に，私たちはすでに見慣れたこの谷を後にした (図 2-18)．

続く成虫の探索

　さらに同年の 6 月下旬のことである．貴重な梅雨の晴れ間の土曜日，前夜の天気予報では関東地方の気温は 30 度を超えると伝えている．おそらくこの時期にはエゾアメイロカミキリの成虫が野外に現れているであろうという確信のもとに，私たちはくだんのシオジの大木の前にいた．

　実はこの日まで，シオジの枯れ枝からは目的の虫は羽化していなかった．冷涼な神流川源流の谷筋とは違い，春以降の東京の気候は暖かい．羽化するものならば，目的の虫はとっくに飼育ケースを這い回っているはずだ．さらに悪いことには，エゾアメイロと信じて取ったシオジの細枝からフタモンアラゲカミキリ *Ropaloscelis maculatus* がいくつも羽化してきた．ムナミゾアメイロの幼虫に特有の食痕と思ったのは，このカミキリのものだったようである．フタモンアラゲはカミキリ屋の誰もが見向きもしない普通種であるが，よもやこんな珍品らしい幼虫の食痕を残すとは思わなかった．しかしその後，極東ロシアでエゾアメイロの食入材にフタモンアラゲも共存していることをチェレパノフ (Tsherepanov, 1981) が詳しく記していることを確認して，私たちは妙に納得したのであった．

　さてこの日，新しい助人である西山 明さんに同行してもらい，もちろん皆勤賞の堀口さんとともに三人で，気合を入れ直しての再挑戦である．今回は 90 cm 口径の捕虫網を持参して，これでシオジの生葉をすくって，エゾアメイロ

を捕ろうというのである.

　未熟な虫採りの腕を大きな口径で補い再挑戦したものの，この日もあえなく敗退．東京に戻る道々，まだ出現時期には早いのではないかと西山さんと話し合ったが，それは採れない言い訳のように車中にむなしく響き，その後は会話も途切れがちとなった．6月下旬はまさにベストシーズンとにらんでいたのだが，本当はまだ早いのか．確かにこれまでに採集されているのは7月12日と20日であり，まだ暦のうえでは半月も先の季節である．

　その後の週末はあいにくの雨雲日和が続き，再戦の機会はなかなか訪れなかったが，ようやく7月17, 18日にライトトラップの装備を積んでの1泊の採集行となった．今度も同行者は西山さんである．17日の夜は，昨年採集されたシオジの大木の眼前で白幕を張り，過去2回の採集例にあやかりエゾアメイロを燈火で誘い出そうと考えた．季節も過去の採集実績からして申し分ない．

　しかしついていないものである．当日の午後は太陽も顔を出していたものの夕方から雨模様となり，それは夜半にかけてしとしと降り続き，ライトトラップにはほとんど虫が集まらなかった．当然のようにこんな悪条件ではエゾアメイロなど飛来するはずもない．

　翌日は天気もかろうじて持ち直して，昼前には雲間にわずかに日も差すようになった．谷筋の森の景観は前回と異なり，明らかに季節が進行しているのがわかる．クリの花はほぼ完全に終わり，リョウブやノリウツギなどの夏の花が咲き始めていた．ヤママタタビは6月末には固い蕾だったものの，今回はおおかた散っていて，咲き残った枝を捕虫網ですくうと，花はつけ根から取れてばらばらと落ちてくる．ヤママタタビは多くのカミキリムシを採集できる花であるが，これではほとんど虫は集まっていないだろう．

　なかなか採集ポイントが定めにくく車を走らせるばかりであったが，午後もだいぶ回ってから，ようやく咲き残りのクマノミズキの花とイワガラミの花を見つけて腰を落ち着けることにする．エゾアメイロが花に集まることは知られていないが，すでに何回と書いてきたようにムナミゾアメイロの多くの種は強い訪花性をもっている．すくってもだめ，ライトもだめであれば，もう花しか頼みの綱はない．特にイワガラミの花は，エゾアメイロに比較的近縁なサドチビアメイロがよく訪花する花で，期待は十分にもてる．

　それでもやはり採れないものは採れない．チャイロヒメコブハナカミキリ

Pseudosieversia japonica やジャコウホソハナカミキリ *Mimostrangalia dulcis*, クロサワヘリグロハナカミキリ *Eustrangalis anticereductus* など普段の採集では満足できる顔ぶれのカミキリがときどき捕虫網に入るものの，目的の虫を見いだすことはできない．ときおり黄色い虫の影に驚かされるが，それはカメムシの仲間であったりする．普段のことであればそのような異物を見誤るようなものではないので，だいぶ余裕を失っている自分にうんざりする．花の状態はほぼ満開で申し分ない．特にイワガラミはかなりよい開花状態である．もしかすると時間帯が悪いのかもしれない．あるいは風が強いせいなのか．採れないとなるといろいろとネガティブな言い訳が頭をもたげてくる．結局この日も釈然としないままに，あえなく時間切れとなってしまった．

執念の成虫採集

　翌日曜日，私は自宅で悶々としていた．昨日までの採集品の整理を早々に済ませると半ば放心状態になってしまい，他に何も仕事が手につかなくなった．疲れた体をソファーに投げ出してあれこれと思いをめぐらすが，考えがまとまらない．

　昨日，後ろ髪をひかれる思いで後にしたあのイワガラミの花を，晴天の午前中，それこそ 11 時くらいのベストタイムにすくえば，エゾアメイロカミキリは採れるかもしれない．そのような思いというより確信にいたったのは，その正午過ぎのことであった．実は昨夜の帰路，堀口さんに結果報告を兼ね電話を入れた折に，私さえその気があるならば，3 連休最後の月曜日にいま一度，現地に同行してもよいという返事はもらっていたのである．しかし私はそのとき即答をためらった．どうせまた採れないだろうという後ろ向きの気持ちを立て直すまでには，まだ時間が少し必要だったのである．しかし明日また再挑戦と決まれば話は早い．幾度となく通い慣れた上野村までの行程は熟知している．さっそく堀口さんにメールを送り，明日の朝に下仁田駅まできてもらうようお願いする．彼は確か今日の午後は伊豆半島に採集に行っていて，深夜に帰宅すると話していたから，私の急の申し出にも気づいてくれるはずだ．

　そのような紆余曲折を得て，前回の採集行から 1 日を隔てた 7 月 20 日の朝，私はあのイワガラミの花の下にいた．道々，頭上の花の周りに乱れ飛ぶカミキリの姿をしっかりとシュミレーションしてきたのであるが，山影にあるイワガラ

ミには10時を過ぎても陽光が届かず，花はしんと静まり返っている．不覚ながらこれは想定外であった．神流川源流部の切れ込むように深い谷間に，日が差し込む時間帯が非常に短いことに，私はこのとき初めて気づいたのである．それでも気持ちを引き締め直して，90 cm口径の捕虫網を使ってイワガラミの花をすくう．網を手繰り寄せて中をのぞき込むが，案の定，たいしたカミキリムシは入っていない．ニンフホソハナカミキリ *Parastrangalis nymphula* とヒメハナカミキリ類 *Pidonia* くらいのものである．ちょっと見慣れないコガネムシが一つ転がっていたが，これはジュウシチホシハナムグリのメスであった．卵を産ませるといって，堀口さんが生かしたまま持ち帰る．日の当たらない花はそれから幾度となくすくうものの，カミキリはほとんど採れることはなかった．

わずかに1日を隔てただけなのに，道脇のリョウブやノリウツギがたくさんの花をつけている．花の周りを飛ぶカミキリの数が前回に比べて格段に増えていることからもそれがわかる．そのリョウブの花には，フタコブルリハナカミキリ *Japanocorus caeruleipennis* がよく飛来してくる．注意深く見ていると，花の周りをゆっくり滑空する姿を確認できる．本種はそれほど珍しいものでもないが，大きく立派な体をもつうえ，上翅と肢の色彩に地域変異があることから人気のあるハナカミキリである．この上野村の個体は肢が黒く上翅も青黒く，あまり美しい個体とはいえないが，次々に飛来する姿を見るとついその採集に気が向いてしまう．もっとも今日はこんなことをして遊んでいる場合ではない．エゾアメイロだけを目的に無理を押してやってきたのだ．

道路脇のガードレールに隣接して咲くリョウブの花があった．木の高さも3 mくらいと低く，たくさんの花をつけている．目線が木の高さに近いので，花上の虫の姿がよく見てとれる．花に集まっているのはほぼ普通種カミキリである．ヨツスジハナカミキリ *Leptura ochraceofasciata ochraceofasciata*，フタスジハナカミキリ *Etorofus (Nakanea) vicarius*，ニンフホソハナカミキリ，ホソトラカミキリ *Rhaphuma xenisca* といった常連が，花や葉上で，あるものは忙しげに歩き回り，またあるものは吸蜜している．ときどきフタコブルリハナが飛来するのは嬉しいが，それ以外には採集意欲の湧くこれといったカミキリもいない花である．ただ水平目線で虫の姿を眺めていられるのは，普通種であっても楽しいものである．その視線が赤黒い小さなカミキリを捉えたのは，おそらく偶然のことであろう．次の瞬間，私は震える声でいった．

「オブリィウム！」

 何とあろうことか，私が立つ真正面の花でエゾアメイロが花に頭を突っ込み，花蜜をむさぼっているのであった．これがただごとでないことはもちろん誰だってわかるが，何とそのとき私は捕虫網をもっていなかったのである．そう丸腰の状態．もちろんこちらもただごとではない．幸い捕虫網を置いた車はすぐ先に止めてあるので，そこへ小走りに急ぐ．90 cm口径は車の中で荷物と絡まり，簡単には取り出せない．イラつくがどうしようもない．

 「落ち着いて！」横から堀口さんにたしなめられたことで，少しは正気を取り戻す．そのとき私の目はすわり，顔上半分が上気していたと，後になって彼は話す．私が見たものがまぎれもなくエゾアメイロであることが，その尋常でない様子から直ちに理解できたそうだ．

 そうやってようやく捕虫網をもって花のところに引き返すと，先刻いた花の房にエゾアメイロの姿がない．ずいぶん手間取ったようでも，その間たぶん30秒．気は動転するが，とにかく落ち着かなければならない．しかしこれがどうして落ち着いていられよう．たぶんあの個体が飛び去ったとは考えにくい．折り重なる枝に咲くひと房の花で無心に蜜を吸っていたのであるから，必ずすぐ近くにいるはずだ．葉陰に移動しただけで，こちらから見えないだけなのだろうか．眼を凝らして枝や葉を凝視する．堀口さんも懸命に探してくれる．しかし見つからない．「どうしよう！」私は半ば悲痛な叫び声をあげる．「すくってしまおうか？」

 こういうときに90 cm口径は頼りになる．エゾアメイロが先刻いた辺りに捕虫網を受けて，上から枝をつかんで慎重に強弱をつけて揺する．この茂みに潜んでいるのであれば，必ず網の中に落ちてくるはずだ．

 しかしエゾアメイロは落ちてこなかった．

 それまで張りつめていた緊張の糸がぷつりと切れ，私はガードレールにもたれかかり，そして路上にへたり込んだ．目の前には不自然に樹形の乱れたリョウブの茂みがある．最初のひとすくいで目的の虫が入らなかったことに逆上した私は，半狂乱になりながらその辺り一帯を網ですくいまくったのであった．その痛ましいリョウブの姿を見るにつけ，とんでもないことをしてしまったという後悔の念に強くさいなまれた．これでは周辺に回避していただけかもしれないエゾアメイロも，どこかに吹き飛んでしまったに違いない．最悪である．し

かし自業自得である．もう全てが終わってしまったような気分になった．

それでもすぐにその場を立ち去ることはできなかった．エゾアメイロが再びそのリョウブに飛来することなど，とても期待できそうにもなかったが，私はすっかり気力が失せてしまい，動くこともできなかったのである．天気は薄曇りで太陽が時折顔を出し，リョウブに強い日を注いでいた．それはすでに夏の太陽であった．そうやって身動きせずにたたずんでいると，じっとりと背中に汗が滲んでくる．やがて，ヨツスジハナやニンフホソハナが私の顔色を伺うようにして，一つ二つと花に舞い戻ってくる．そうしてたぶん20分かそこらの時間が過ぎると，今しがたの惨状などまるでなかったかのように，リョウブの花は再びたくさんの虫たちで活気を取り戻していた．するとそのとき，私はとても信じられない光景を眼にしたのである——．

エゾアメイロが，先刻のあの花房で先刻とほとんど違わぬ姿で花蜜をむさぼっているではないか．いやいや幻覚ではないか？　私はよもや自分の気がふれたのではないかと疑い，しかと両方の眼を見開き，その一点を凝視した．しかしそれはまぎれもなく，あのエゾアメイロであった．天使降臨！

どのようにして無事に採集を果たしたのかについては，あまり覚えていない．次の記憶の1コマは，透明のプラスチックケースの中でうごめくエゾアメイロであった．ケース越しに腹部を見ると未発達の熊手状器官が確認され，正しくエゾアメイロのメスであることがわかる．堀口さんとガッチリ握手 (図 2-19)．

生きたメスの個体が手に入った意義は非常に大きい．シオジが本種の真の寄主植物であるのか，あるいは他のトネリコ類がそうであるのか，これで飼育実験が可能になった．エゾアメイロが採集された谷筋にはシオジはたくさん生育しているが，同じトネリコ属のアオダモも決して少なくない．アオダモはコバノトネリコとも呼ばれ，野球のバットの原材料として知られるように，硬くよくしなる材質をもつ．この点では水分が多くむしろ軟材のシオジとは大きく異なっている．日本産トネリコ属 (モクセイ科) は大きく二つの系統群に分類される．シオジはヤチダモとともに「シオジ節」を構成し，「アオダモ節」に含まれる他のトネリコ類とは区別される．エゾアメイロは北海道やロシア極東地域ではヤチダモを好んで寄主植物としているので，このヤチダモが分布していない地域では近縁のシオジに依存していると考えるのが自然である．私たちの探索もその点に注意を払い実施してきたのであるが，そのシオジからは本種を羽化

図 2-19　群馬県上野村のエゾアメイロカミキリ

させることはできなかった．そこで，もしかしたらアオダモの可能性もあるかもしれないと考えたのである．

　飼育実験用にシオジとアオダモの二年枝を現地調達する．二年枝はトネリコ類では 3 cm 程度の太さとなるが，これがムナミゾアメイロの産卵には頃合いなのである．

　産卵行動はまだ直接見ることはできていないが，上野村から連れてきたエゾアメイロの母虫は，シオジの枝に好んで止まっていることが多いようである．飼育ケースの中には，シオジとアオダモの各 3 本の枝に，名前を書いた白色ビニールテープに巻きつけ，後の誤認がないよう識別して安置してある．はたして母虫は首尾よく産卵してくれるであろうか．

　現在までわずか 3 個体しか実見できていない本州のエゾアメイロであるが，北海道やロシア極東地域などの個体群とは，上翅の点刻および雄交尾器の形態から明らかに区別することができる．亜種レベルで分類整理すべき集団と考えている．その記載に際して，発見の最大の功労者である堀口徹さんの名前を新亜種名に献名しないわけにはいかないだろう．

2-9　オブリィウム研究はまだ続く

　四半世紀あまり続いた私のオブリィウム研究を回顧してきた本章も，ここでひとまず終わりとしたい．語りたい逸話はまだあるが，辛抱強い読者諸兄の忍

耐もこのくらいが限界と危惧するからである．

　日本のオブリィウムもまだ多くの課題を残していて，研究の余地は残されているが，今の私はその気力をやや失いかけている．あまりに長い時間，一つのテーマを追い続けてきたことで，熱意の炎が燃え尽きてしまったのかもしれない．だから，私の仕事もこのあたりでいったん終止符を打っておくのも悪くない．ところで——．

　本章を書き上げた 2011 年 5 月の連休，私は台湾南部の大漢山の稜線に登り，友人らと一緒に捕虫網を振っていた．もちろんカミキリムシの採集が目的である．

　現在の台湾には昆虫の研究や趣味を志向する人たちが多くいる．その数は虫屋人口が減り続けている日本のそれをすでに超えているという．特にカミキリ屋人口が多く，カミキリブームといってもおかしくはない．こうした台湾の虫友との親交が進むうちに，学生時代のようにまた私の台湾通いが始まり，それがもうかれこれ 7〜8 年も続いている．

　台湾の潜在的なカミキリ種数は，日本列島に匹敵するかそれ以上であるといわれている．日本の総種数を仮に約 750 とするならば，約 620 種しか記録のない台湾のカミキリ相の解明度はまだ 80% 程度にしかすぎない (周, 2008)．新種や未記録種は山ほどある．たとえば私の知る限りで，そうした未解決種は少なく見積もっても 150 は下らない．平たくいえば，とりあえず 150 ほどの新種の記載を済まさなければならないのである．私の興味はいまそこに向いている．

　この台湾からはオブリィウムは 4 種が記録されている．しかしその分類はかなり混乱しているうえ，記載しなければならない新種もある．現在まで私が把握しているところによれば，台湾産は 7 種を数え，その内訳は既知 4 種に加え，2 新種と，日本の南琉球と共通の 1 種が追加されることになる．研究は現在楽しく進行中である．

3 熱帯降雨林のカミキリムシ

(槇原　寛)

3-1　カミキリムシとの出会い

　私は生き物が好きである．物心がついた頃から，虫採りやトカゲ採りをしていた．ただ，当時住んでいた北九州市 (当時は門司市) の家の周りには，小さな子供が一人で虫採りをするような場所がほとんどなかった．それでも雑草の生い茂った墓場 (この地方では墓原と呼ぶ) が近くにあり，そこが遊び場所であった．天気が良いといつも一人で，オカダンゴムシ，クロヤマアリやカナヘビなどを捕まえていた．飼育箱が一つしかなかったので，オカダンゴムシを飼うのに飽きれば次の生き物，というふうにしていた．

　5歳になると一人前に保育園に入ったが，3か月もたず中退になった．というのも朝，保育園に行って桜のハンコをついて，形のうえでは出席となる．雨が降っていないとそのまま一人で山に行き，虫採りをする．お昼に保育園に戻り食事をして，また山で虫採りをして，夕方になると皆と一緒に帰る．なぜか

というと，家の近くで遊べるのは墓原くらいだったから，山の近くの保育園は天国だったのである．当然のように親が保育園に呼びつけられ，こんな子供さんは預かることができないといわれ，そのまま中退させられた．このような子供時代を過ごした私は，その後もよく似たような生活を送り，かろうじて鹿児島大学に入った．なぜ鹿児島かというと，小学生のときに見ていた昆虫図鑑に載っている原色のきれいな昆虫標本の多くが，鹿児島県佐多岬産だったので，子供の頃から憧れていたのである．そして，さらに南の琉球の島々にも強くひかれていた．

大学にも慣れた4月下旬に鹿児島市天文館で焼酎を飲んだ後，酔い覚ましに城山に登った．このとき城山展望台の水銀灯の下には，キマダラミヤマカミキリとキイロミヤマカミキリが来ていた．北九州ではキイロミヤマは採ることができなかったし，生きている実物を見るのは初めてのことで，ひどく感激した．もともと甲虫類が好きだったが，これがカミキリムシを集めるようになったきっかけである．

それから暇さえあれば，城山に行ってカミキリを中心に甲虫採集をした．また，あこがれの佐多岬では寝袋なしで野宿をしながらカミキリを採った．当時は寝袋を買う金もなかったのである．バス代と1日100円もあれば虫採りに行った．霧島山の高千穂峰は吹き上げに乗って飛来する虫が多く，有名な採集地だった．晴天の朝，鹿児島市内から高千穂峰が見えると，バス代さえあればその山頂に登り，吹き上がってくる昆虫を集めていた．これが大学最初の1年間であった．

時代は学生運動まっさかりで，おかげで授業に出なくても何とかなった．それを良いことに暇さえあれば，港の荷揚げや建設現場作業，夜警などのアルバイトをして，体を鍛えるかたわら，金をためて採集旅行に行った．このような生活をして，卒業するまでに台湾に2か月，沖縄に延べ1年半の遠征を繰り返し，鹿児島時代の大半はカミキリ採集に明け暮れた．当然4年では卒業できず，最後の単位は5年目の後期にお情けでもらった．

その後は九州大学に10年いて，この間，英彦山に丸1年こもり，毎日中腹の九州大学英彦山生物学実験所 (670 m) から頂上 (1,200 m) までの石段を，鉄下駄やはだし，わらじ履きで登っていた．多いときには1日3往復，1年間で延べ500回ほど登った．とにかくこの頃は，採集は体力だと思い込んでいた．

体力バカである．そのせいか常に要領の悪い採集をしていた．そして，体力を使ってネパールヒマラヤ，台湾，南西諸島などでもカミキリを採集した．それでもけっこう採れるので，この頃，自分は虫採りがうまいのだと疑うこともなかった．

やがて，林業試験場 (現 森林総合研究所) に選考採用で入り (私は勉強嫌いなので，試験を受ければまず不採用)，カミキリ好きの特性を生かして，マツクイムシ，スギ・ヒノキ穿孔性害虫，特にカミキリを中心に仕事をすることになった．おかげで日本全県の山を歩き，木を切り，カミキリの生態を調べ，この分野ではある程度は名前が知られるようになった．海外調査としては JICA (国際協力事業団．現 国際協力機構) の短期専門家として南スマトラ森林造成技術協力計画に一度，その後のアフターケアに二度，パプアニューギニアでのカメレレ *Eucalyptus deglupta* の虫害調査，ボルネオ島のインドネシア・東カリマンタン州での熱帯降雨林研究計画，中国での寧夏森林保護研究計画に各1回ずつ参画した．自分の能力を生かせたとは思うが，しかし私個人としてはまだ全開ではなく，欲求不満の残る昆虫調査であった．ただし，調査のために誘引剤を使ったトラップの開発や，マレーズトラップを使用した調査を行い，多少は頭を使って採集もできるようにはなっていた．

3-2　1998 年ブキットスハルト ─ 全ての始まり ─

1997 年 8 月，JICA より，インドネシア・東カリマンタン州サマリンダ周辺地域で行われていた「熱帯降雨林研究計画」に長期専門家として参加しないかという話が舞い込んできた．私としては願ったりかなったりであった．なぜかというと，子供の頃から，南方で昆虫採集をすることが夢であったし，ボルネオという言葉の響きに昔から憧れていた．まして一度は行った所でもあるし，やり残しと未練が多い場所でもあったからである．

1997 年の暮れも押し迫った 12 月 21 日，新リーダーの森 徳典氏とともにインドネシアのジャカルタ入りをした．日本大使館や JICA インドネシア事務所，教育文化省，林業省などに表敬訪問，事務手続きを終え，12 月 27 日に空路，ボルネオ (カリマンタン) に入った．

東カリマンタンの表玄関ともいえるバリクパパンに着くと，JICA「熱帯降雨

林研究計画」の小久保醇前リーダーが出迎えに来ていた．東カリマンタン州の州都サマリンダまで約 120 km．途中，調査地となるムラワルマン大学ブキットスハルト演習林に立ち寄り，3 時間かけて目的地サマリンダ市のムラワルマン大学に着いた．12 月 28 日はムラワルマン大学学長，副学長，林学部長に挨拶，そして熱帯降雨林研究センター (PUSREHUT) においてスタッフと打ち合わせを行った．

　最初に，ムラワルマン大学ブキットスハルト演習林 (以後ブキットスハルト) の概要について話しておこう．この演習林は東カリマンタンの州都であるサマリンダ市の南西約 60 km に位置し，国際空港のあるバリクパパンからも約 60 km 離れている．赤道直下の南緯 0°41′〜1°05′，東経 116°50′〜117°10′，海抜 20〜120 m の起伏の激しい丘陵地で，海岸から内陸に向けて約 20 km の距離にある (図 3-1)．インドネシア語でブキット Bukit は丘を意味しており，地名にブキットがついている所はカリマンタンには多い．すなわち，ブキットスハルトとは，インドネシア二代目の大統領であったスハルトの名前を記念して名づけられ，「スハルトの丘」を意味する．面積約 5,000 ha のうち林道が整備されて調査可能な森林は約 1,000 ha である (図 3-2)．植生はフタバガキ科を中心とした熱帯降雨林であるが，1983 年の森林火災の影響で，約半分はマカランガやアカメガシワなどの早生樹の多い林となっている．また一部はアカシア・マンギウム *Acacia mangium* やスンカイ *Peronema canescens* などの人工林である．植物

図 3-1　ブキットスハルト演習林の位置

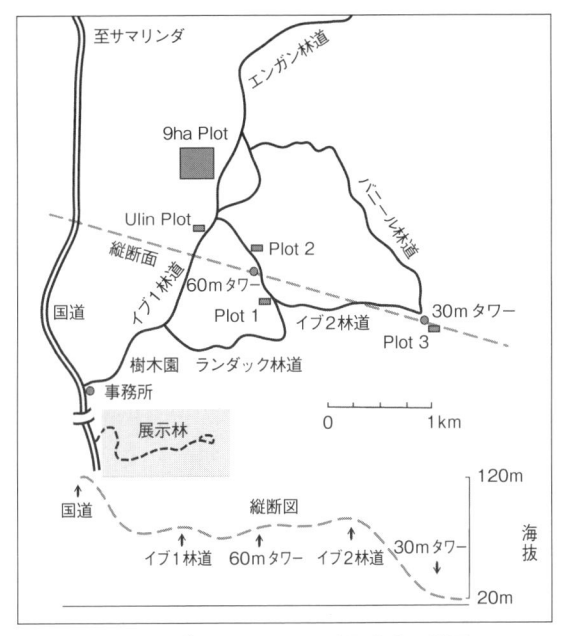

3-2 1998年ブキットスハルト ―全ての始まり―

図 3-2 ブキットスハルト演習林内の概要

は採集された標本が97科343属587種 (Takahata, 1996)，調査された木本植物は46科136属331種 (Matius & Toma, 2000) である．このうちフタバガキ科は38種とさすがに多い．

哺乳動物は22科48属66種 (Yasuma, 1994) が確認されている．クワガタムシ32種 (Soeyamto et al., 2000)，チョウ類は159種 (Hirowatari et al., 2007)，私の専門であるカミキリムシは2009年時点で約750種にも及ぶ．

1980年代から1990年代にかけての年間平均降雨量は約2,000 mmで，雨期・乾期のあまり差のない熱帯降雨林である．しかし，雨量2,000 mmというと日本と大差がないが，雨は東カリマンタン低地の広域では毎日どこかで降っており，1日の移動距離が大きいと感覚的には4,000 mmくらい降っているような印象を受ける．実際にバリクパパン近くのスンガイワイン保護林では4,000 mmは降る．

演習林として誇れるのは気象観測用60 mタワー (図3-3 A, B) が，最も森林植生の状態の良いフタバガキ科高木林内に，さらに1983年の森林火災でマカ

ランガを主とした早生樹種二次林に置き換わった低木林内に 30 m タワー (図 3-3 C, D) があることである．この他に誇れることは何もないが，見学に来た人には 1983 年の森林火災のときに現れた大きな石炭火が口を開けているので，これを見せている．

図 3-3　ブキットスハルト演習林内のタワー　　(A) 60 m タワー，森林火災前．(B) 森林火災後．(C) 30 m タワー，森林火災前．(D) 森林火災後．

エルニーニョ南方振動現象による極度の乾燥

　東カリマンタンに現地入りした時点では，まだ雨は降っていた．しかし，マレーズトラップを設置した 1997 年 12 月 30 日から雨が降らなくなった．これ以前の 3 か月はよく雨が降っていたので，雨の降らないことに最初の頃は全く気づかなかった．1 月も半ばを過ぎると，さすがにどうしてこうも雨が降らないのか，と考えるようになってきた．マレーズトラップではカミキリムシも最初は多く採れたが，ここまで乾燥が進むと少しずつ採れる種類数も減ってきた．2 月になるとさすがに乾燥による森林火災が心配になってきた．最終的には 4 月 16 日までの 117 日間連続して無降雨であった (図 3-4)．これはエルニーニョ南方振動現象の影響により異常乾燥が起こった結果であることが，後になってわかった (藤間, 1999)．

　エルニーニョ南方振動 (El Nino-Southern Oscillation; ENSO) とはインドネシア付近と南太平洋東部で，海面の気圧がシーソーのように連動して変化する現象の総称である．片方の気圧が平年より高いと，もう片方が低くなる傾向にある．

　一般にいわれているエルニーニョ現象とは東太平洋の赤道付近で海水の温度が上昇することにより起こる．太平洋では通常貿易風 (東風) が吹いており，これにより赤道上で暖められた海水が太平洋西部 (インドネシア付近) に寄せられ，代わって東側には冷たい海水が湧き上がっている．これを湧昇流という．エルニーニョが発生すると貿易風が弱まるため，暖められた海水が太平洋中央部や太平洋東部に滞留し，太平洋東部を中心に海水の温度が上がる．このと

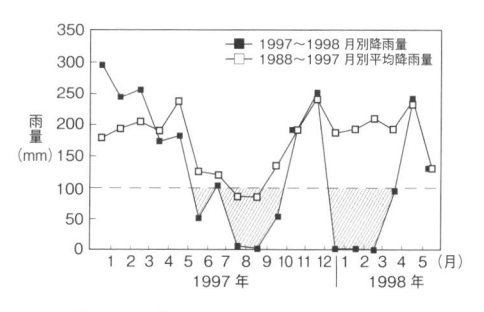

図 3-4　ブキットスハルト演習林の雨量

き相対的に太平洋西部の海水温は下がる．すると，ウオーカー循環(Walker circulation) と呼ばれる赤道付近の大気の循環が変化して，気圧の変動が起こる．この気圧の変動はテレコネクション (teleconnection) と呼ばれるメカニズムによって世界中に波及する．気圧の変化は，「湿」，「乾」，「暖」，「寒」さまざまな性質をもった各地の大気の流れを変化させ，通常とは異なる大気の流れによって異常気象を起こす．具体的には湿った空気が流れ込みにくくなることで雨が減り干ばつが起こり，暖かい空気が流れ込みやすくなることで異常高温となり，猛暑や暖冬となったりするほか，熱帯低気圧や温帯低気圧の進路が変わったりする (Wikipedia, 2008).

トラップの設置

調査地であるブキットスハルト入りしたのは，1997 年 12 月 29 日である．まず，トラップのうち設置場所の選定が難しいマレーズトラップから始めた．地上部は原生的森林植生が残されているフタバガキ林に，400 m 間隔で 4 カ所に設置した (後に増やしていった)．さらに，60 m タワーの地上部と地上高 20 m, 40 m 部にマレーズトラップを吊り上げ設置した (図 3-5). 1983 年の森林火災により早生樹種二次林 (マカランガ林) に置き換わった低木林内に 30 m タワーが立っており，このタワーの地上部と地上高 20 m 部にもトラップを設置した．

60 m タワーは周囲のフタバガキ科樹種林が樹高約 50 m, 一方の 30 m タワーではマカランガ林が樹高約 20 m に生育している．これらのタワーは，それ

図 3-5　60 m タワーの 20 m 部に設置したマレーズトラップ　(A) 上方から見下ろしたところ．(B) 斜め下から見上げたところ．

ぞれの森林上部の気象状況を観測するために建設されたものである．

　これらのマレーズトラップ設置地点のすぐ横に，吊り下げ式トラップを地上高 2 m に設置した．誘引剤はエタノール 50％液 20 ml とホドロン (保土谷化学社製のマツクイムシ誘引剤) 10 ml の混合液 30 ml を用いた．30 m と 60 m タワーには地上部と地上高 10, 20, 30, 40, 50, 60 m にタワーから木の棒を外側に突き出して吊り下げた．

　マレーズトラップはスウェーデンの昆虫学者マレーズ (R. Malaise) により考案された昆虫採集用のトラップである．同氏が長期の昆虫採集旅行中にテントの中によく虫が入ってくることにヒントを得て，1934 年のビルマ採集旅行時に考案作製したのが最初である．現在では用途に応じていろいろなタイプが作られている．このとき使用したマレーズトラップはアメリカ製のタウンズスタイルで，長さ 1.8 m，幅 1.5 m，高さは捕虫側が高く 1.8 m，反対側は低く 1.2 m でテント型をしている．

　吊り下げ式トラップはサンケイ化学社製で，黒色はマツノマダラカミキリのモニタリング用，白色と黄色はスギノアカネトラカミキリの捕獲用に開発された．今回はこれら 3 色のトラップに同じ誘引剤を装着して，穿孔性甲虫類を誘引する準備をした．

　マレーズトラップを地上部に設置するのは難しくはないが，高い場所ではそれなりに工夫がいる．マレーズトラップに合わせた木枠をまず作り，それにトラップ本体を取りつけ，ロープで木枠を吊るし，タワーに吊り上げるのである (槇原ほか, 2004)．一人ないし二人が上から引っ張り，もう一人がタワーの階段を昇りながらタワーの角やアルミパイプに引っ掛からないように調整していく．簡単そうな作業だが，けっこう力と技がいる．これらのトラップの成果については後に詳しく述べる．

文献が届かない

　設置したトラップで虫が採れ，その整理がまだ追いつかない状態であったが，1 月中旬頃から虫の名前を調べるつもりであった．しかし，文献が届かないので仕事を始めようがなかった．東カリマンタンで採集したカミキリムシの名前を調べるために，日本から文献類を大量に送ったのである．マレー諸島のカミキリのバイブルともいえるパスコ (F. P. Pascoe) の "Longicornia Malayana" を

はじめ，ホワイト (A. White) の "Catalogue of Longicorn Coleoptera"，アウリビリウス (C. Aurivillius) の "Neue Oder Wenig Bekante Coleoptera Longicornia" シリーズ，ブロイニング (S. Breuning) の "Novae Species Cerambycidarum" や "Novitates Entomologicae" 各シリーズに書かれた大量の論文と，グレシット (J. L. Gressitt) やホルツシュゥ (C. Holzschuh)，ヒュデポォル (K. E. Hüdepohl)，シュワルツァー (B. Schwarzer)，ビリア (A. Villiers) たちの多数の記載論文を送った．それ以外に日本の昆虫の主要な図鑑類，東洋熱帯のタマムシやクワガタムシ，美麗昆虫が絵でわかる文献，熱帯の主要害虫に関する文献，昆虫のテキストブック，英語，フランス語，ドイツ語，ラテン語，オランダ語，スペイン語の辞書なども取りそろえた．これらを全て合わせると段ボール箱で 15 箱になった．送ったのは出発直前の 1997 年 12 月中旬であった．

　文献が届かず，こちらで早く虫を調べたいと思っているうちに，やがて税務署から 180 万ルピア (当時 1 万円が 60 万ルピア，大学の先生の月給が 100 万ルピア) を払えといってきた．この文献に対して税金を掛けてきたのである．JICA を通じて，この文献は日本・インドネシア 2 国間の仕事で必要欠くべからざるものだと文書を出してもらったが，頑として応じようとしない．よほどお金が欲しかったようである．仕方がないので，郵便局の知り合いに頼んで，15 箱の段ボールをこっそり持ってきてもらった．それでも毎週，税金の催促があったが，3 月になるとさすがそれもなくなった．このようなことがあったが，何とか虫の名前を調べることができるという状況になった．もっとも，こうしたアクシデントは軽いもので，これ以降の苦労に比べればたいしたことではなかったのである．

　日本では現在，図鑑や解説書の類が多数出版されているし，必要な文献を探すにも，図書館のシステムがよく整備されている．虫に限らず，何を調べるにしてもたいした苦労はない．しかし，東カリマンタン，たぶん東南アジアはどこでも同じだと思われるが，ここでは日本とは全く異なり，多大な苦労を余儀なくされる．

　ところで，採れるカミキリがだんだんと増えてくると，日本語と英語の文献だけでは種名を決定することが難しくなってきた．1800 年代はまず西洋諸国のうちイギリスが世界各地に進出して生物を国内に持ち帰り，多くの新種が英語で記載されていった．昆虫に限っていうならば，大きく，形がよく，美しいも

のから真っ先に記載されていったので、特に珍しいものは別にして、その後に小型で地味な種が多数残された。このような種は1900年代に入り、イギリス以外のヨーロッパ人により研究されたため、当然のことながら英語以外の言語で新種記載される量が増えていったのである。このような事情のため、採集個体数の多い小型で目立たないカミキリは、フランス語、ドイツ語、ラテン語で記載されている場合が多い。それらの文献を読みこなすには、不得手なこれらの言語の辞書を引く必要があり、理解したうえで、種名同定を行わなければならないのである。

　実際に種名同定の過程でそれらしい種にたどり着いたとしても、本当にその種かどうかはなかなか確定に至らない。特に困ったのはシラホシカミキリ属 *Glenea* である。この属のほとんどは美麗種である。そのせいか約1,000種が世界中から記載されているし、いまだに新種が多数発見される。同属の再検討に関する論文はブロイニングにより1960年代に出版されているが、これはドイツ語で書かれたものでもあるし、属が30以上の亜属に分けられており、そのうち *Glenea* 亜属だけでも960以上に及ぶ種類の検索表を引かなければならない。たとえ、検索表を引いて行き着いたとしても、それだけでは確実に同定されたという保証はないし、間違っているかもしれない。それでもわからないものは仕方がないから、藁にもすがる思いで何度も調べていくのであるが、そうやって丸3日もかけて苦労したあげくに間違いにたどり着く、という作業は寂しいものである。日本にいれば海外の博物館や研究機関に依頼するなどすれば、タイプ標本を比較的簡単に調査することができるが、昔の人はこのようにして、文献だけを頼りに調べていたわけである。東カリマンタンで、日本の先人の苦労が身に染みてわかったような気がした。

山火事

　1998年2月10日を過ぎると、演習林から10 kmほど離れた道路沿いの草地に野火が立ち始めた。2月18日になり、ついにブキットスハルト演習林の北側に火が入った。火は南東方向に進んだが、21日には南側からも侵入してきた。このような野火の動きを見ると、小さな川に架かる倒木に引火して対岸に伝わり、風があれば簡単に川越えをする。火は演習林内を緩やかに進んできたが、2月27日になり風も強くなると勢いを増し、28日には一気に全域を駆けめぐり、

3月3日まで燃え盛った．フタバガキ科のように樹高の高い森林では地上を火が走り (図 3-6 A)，消火のため，職員がジェットシューターを背負い，現場に行く (図 3-6 B)．樹高の低い二次林では火勢は強く (図 3-6 C)，1983 年の森林火災のときに焼け残った大木が再び燃焼し倒れ (図 3-6 D)，イヌビワの一種 *Ficus* sp. である絞め殺しの木が燃え落ちる場面にも遭遇した (図 3-6 E, F)．

図 3-6 演習林内の森林火災　(A) 60 m タワーから見た初期の頃の火災．(B) ジェットシューターを背負って消火に行く職員．(C) 1983 年火災時に被災したフタバガキ科 *Dipterocarpus cornutus* が二度目の火災で燃え倒れたもの．(D) 燃える二次林．(E) 燃え落ちた絞め殺しの木 (上部が燃え落ちている)．(F) 燃え落ちた大きな枝．

火災が発生した当時は，マレーズトラップと吊り下げ式トラップの数を増やしていた時期と不幸にも重なってしまい，地上部に設置した一部のトラップを残し，これらはすっかり燃え尽きてしまった．燃えずに残った地上部のトラップは，火が地上を走り近づくと回収し，そのトラップをすでに鎮火した場所に移動し，火が通り過ぎるとまた元の位置に戻すという作業を繰り返し行った．

森林火災の原因

いくらエルニーニョの影響が強く乾燥していても，森林が自然に燃え出すことはまずあり得ない．カリマンタンの森林火災の原因にはいくつかある．一番多いのは焼き畑，産業造林および大規模農園開発のための火入れ地拵えである．東カリマンタンは20世紀以降，何度か激しい乾燥に襲われているにもかかわらず，100万haを超えるような大火災は1982～1983年と1998年の2回しか起きていない．1970年代には東カリマンタンにおける森林コンセッション(森林経営許可をもらっている産業造林企業など)は13しかなく，面積も200万haに満たないほどであった．しかし，1980年代にはその数は100まで増え，面積も1,000万haになった．その後も今日までその数は変わらず維持されてきている．また，インドネシア政府の東カリマンタン移民政策もほぼ同時期に始まり，移住地域の面積は年々広がっている．このような背景があるため，火元となる人の居住範囲が広がったのが，大火災の起こる大きな原因の一つと考えられる．

次に多いのが違法伐採である．無許可で木を切るため，搬出用の急ごしらえの新たな道路を作るのである．このやり方は木を切り，火を点けるという乱暴なものである．乾燥が進んだ時期であれば木が燃えやすいので，あえて森林火災が起こりやすい時期に火を放つ．違法伐採というと海外への持ち出しのイメージが強いが，インドネシア国内における木材消費も大きい．カリマンタンでは，走っているトラックの荷台の大半に木材が使われている．使用される樹種は地元でバンキライ(Bangkirai)といわれるフタバガキ科の *Shorea laevis* で，この材は重く硬い．以前は，重いため川を利用しても運ぶことができず，硬いためチェーンソーで切ることも困難であった．しかし，最近はチェーンソーの機能も格段に向上したので簡単に切ることができ，ルートさえ確保すれば搬出可能となった．値段も良いので，違法伐採の対象となっている．

それから，見過ごせないのがタバコの投げ捨てである．もしかすると火災の火元数では一番多いかもしれない．インドネシアの田舎では，子供のときからタバコを吸う人が多く (これはかっこいいと思っているから)，火のついたままのタバコを車から投げ捨てるのは日常茶飯事である．雨の多い時期ではあまり問題にならないが，乾期にはたちまち枯れ葉，枯れ枝に引火して火災になる．

さらに東カリマンタンで特徴的なのは石炭火からの延焼である．東カリマンタン州 Kutai 県の海岸丘陵地帯の約 50 km 幅には，石炭が豊富に埋蔵されている．特に地表近くにある薄い石炭層 (厚さ 2〜3 m 以内) は非常に広範囲に分布している．森林火災が起こると，川底などに露出していた石炭層に着火することがある．1982〜1983 年にかけて起こった大規模な森林火災のときにできた石炭火は，ブキットスハルト演習林内に 1998 年火災が起こる前の 2 月上旬に約 10 カ所確認されていた．石炭層に火が入ると，地面の下の石炭の燃焼は酸素欠乏状態でも徐々に進んでいく．この石炭火は乾燥が進むと地面にひび割れができ，その裂け目から酸素が供給されるため，一気に火力が増し，地面から火を噴く．このとき周りに草木があれば火災が起こる．ブキットスハルト演習林内で 1998 年 2 月 13 日の最初の森林火災は石炭火が原因であった．この火災は私と作業員により，一日で消火された．

燃え残った木で虫採り

4 月 17 日に雨が降り出し，演習林のあちらこちらでくすぶっていた煙もなくなってきた．この時期には火災は沈静したものの演習林内は焦げた立木や倒木だらけで，トラップで採れる虫も少なく，どのようにして効率的に虫を集めたものか，だいぶ知恵を絞らなければならなかった．そこで考えついたのが，燃えた木の内部に残っている虫の調査である．

調査は 4 月 9 日から 5 月 9 日まで 1 か月間実行した．調査樹種はフタバガキ科の *Dipterocarpus cornutus* や *Shorea laevis* など 10 樹種である．調査方法は，焼け焦げていても樹皮が剥げるものは剥いで，樹皮下の幼虫，蛹，成虫の生死を調べた．そして，可能な限り科，属，種の同定を行った．また，大きな古い倒木は大型の杭を作って三人がかりで起こし，その下にいる甲虫を調べた．これらの調査の結果，タマムシ科 (主にムツボシタマムシ属の *Chrysobothris militaris*) では，生存 221 個体，死亡 132 個体，生存率 62.6%，カミキリムシ科は生存

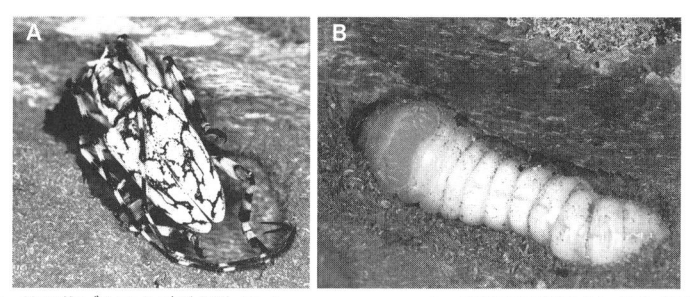

図 3-7 焼け焦げたフタバガキ科 *Dipterocarpus cornutus* の樹皮下にいたヒゲナガゴマフカミキリの一種 *Palimna annulata* の生存個体　　(A) 成虫. (B) 幼虫.

27 個体 (図 3-7), 死亡 214 個体, 生存率 11.5%, クワガタムシ科およびクロツヤムシ科を合わせて生存 23 個体, 死亡 33 個体, 生存率 41.1% であり, カミキリの生存率は低かった.

ヘビが出る

　このようにして森林火災跡を歩いていると, たまに自転車のゴムチューブのような物が落ちている. よく見ると焼けたコブラである. それまでコブラには遭遇していなかったので, ヘビ好きの私は, やっぱりいたのかと嬉しくなった. 次に JICA 短期専門家が「つちのこ」が死んでいると言ってきたので, それを持ってきてもらった. 長さは 1 m, 体の中央は直径 30 cm くらいあり, いかにも「つちのこ」の体型であったが, 焼け焦げていたので縮んでいたようだった. アルコールに浸けると斑紋が出てきた. アミメニシキヘビである. このヘビが何かの哺乳動物を飲み込んだところに火がきて, 燃えてしまったらしい. 珍しいので液浸標本にした.

　それから次から次にヘビである. どうも火災で住みかを失って逃げだしてきたようである. 私が朝にキングコブラの子供を 2 匹捕まえた日に, 昼の食事に行ったワルン (インドネシアの食堂) の裏にアミメニシキヘビが出た. 住人がそれを捕まえたので, それを安く買い取って家に持ち帰った. さっそく大学の運転手で元船大工に小屋を作ってもらい, 家で飼うことにした. これはまだ小さく 2 m くらいであった. また, コブラはムラワルマン大学で理学部の工事が始まると, どんどん出てきた. そして, 私がヘビ好きなのを聞きつけて, 生きた

コブラを持ってくるのである．

　可哀想と思い安く買い叩いた．さっそくコブラの皮をむき，蒲焼き風に焼こうとした．普通のヘビは頭を切ると皮がスルリとむける．ところがコブラは頭を切ってもなかなか皮がむけない．そこでわかったのは，コブラが肋骨を広げる部分は背面の皮が薄く，皮が背骨に張りついているので皮を剥ぎにくいということである．また骨が非常に硬いので，蒲焼きには向いていない．それでも，金槌で背骨を潰し，15 cm の長さに切り，ニンニク醤油に浸けて，ニクロム線を使った電気コンロで焼いた．ところがなぜか手がピリピリする．全く気がつかなかったが，そばで見ていた JICA 専門家の藤間氏が，それはピンセットを使っているからだという．いわれてみればもっともなことで，800 W の電流が流れているニクロム線から，電流が鉄のピンセットを伝わって手に流れていたのだった．納得してすぐに手にタオルを巻いてコブラ蒲焼きを作り，皆で食べた．しかし，非常に硬く，評判はいま一つであった．

　すぐに次のコブラが手に入ったので，今度はお吸い物にした．これもあまり評判は良くなかった．食べた森リーダーは胃がムカムカして夜眠れなかったとのことである．次に運ばれてきたコブラは，非常にまずい日本酒があったので，輪切りにして 3 日間ほど酒に漬け，それから野菜類をたくさん入れ，さらに 3 日間煮込んだ．ここまでやると，さすがのコブラでも骨まで溶けて，コブラと知らない人は美味しいといってくれた．

　しかし，これもやはりあまりに手間が掛かりすぎるので，最終的にはコブラウイスキーにたどり着いた．コブラを肋骨の広げる部分の少し下から切り，皮をむき，それをウイスキーの瓶の中に入れる．肋骨より上部は，コブラの口を開けて舌を引っぱり出した状態にして瓶の口に差し込む．こうするとウイスキーを注ぐときに舌先からウイスキーが出てくるのである．

　アミメニシキヘビも，その後もどんどん持ち込まれた．2 m の次は 2.5 m，その次は 3.5 m，最後は 4 m もあった (図 3-8)．結局，家でアミメニシキヘビを 4 匹飼うことになった．そうなると餌が大変である．最初は演習林でネズミを捕まえてヘビ檻に入れたが，網の隙間から逃げてしまった．このネズミは執念で捕まえ，今度は逃げださないように檻を補修して戻した．朝になるとネズミはいなかったので，たぶん食べられたのだろう．このときはまだヘビは 1 匹であった．4 匹ともなるとネズミを捕まえるだけでは間に合わない．そこで家の庭

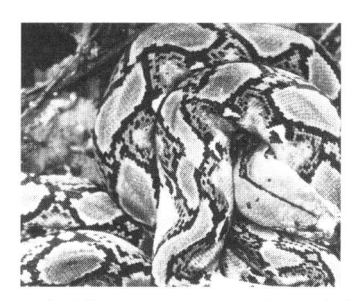

図3-8 家で飼っていた4mのアミメニシキヘビ

でニワトリを飼うことにした．ヘビ1匹に，2週間に1回の割合でニワトリを与えるようにした．そうすると，1週間にニワトリ2羽である．この頃，陸ガメ2匹とオオトカゲ2匹も庭で飼っていた．ニワトリがカメを突き殺し，オオトカゲが逃げだす．さらに逃げたオオトカゲは，家の前のどぶ川を生活場所として住みつくようになり，家の庭は荒れた動物園状態となった．また，大学ではシロガシラトビ，サソリ2種と大型のトリクイグモなども飼っていて，餌は全てヤモリであった．しかし，私が餌にするために大学構内のヤモリを捕り過ぎたために，今度は蚊が増えてしまったので，一番大食いなシロガシラトビだけには海魚を買ってきて与えた．虫採り，餌やりと実に忙しい毎日であった．

暴　動

1998年3月にスハルトが無投票で大統領7選を果たしたインドネシアでは，5月4日に燃料など公共料金の大幅値上げをきっかけにして，5月5日の北スマトラ州メダンをはじめ，各地で暴動が発生した．5月12日にジャカルタのデモで鎮圧部隊が実弾射撃を行い，学生が7名死亡した．これが引き金となり，スハルト退陣を要求し，5月14日にジャカルタで大規模な暴動が始まった．この影響で，同日海外危険情報が危険度2，「観光旅行延期勧告」が出され，JICAインドネシア事務所は専門家に自宅待機を指示した．翌5月15日には危険度3，「渡航延期勧告」が出された．5月16日には随伴家族の公費一時避難が認められるとの連絡が入り，希望調査が行われた．

ところで5月10日，ブキットスハルトでは日本のテレビ局のスタッフが番組録画の取材にきていたので，演習林内の焼け跡を案内した．その折に，番組音

楽担当の姫神のシンセサイザーである星さんと一緒にビールを飲んだが，その星さんが私の知り合いである岩手大学昆虫学研究室の教授と同級生だったという話を聞き，世の中は狭いものだと思った．テレビ関係者は5月12日からマーカム川をさかのぼる予定だと話していた．この時点では暴動による待避勧告は出ていなかったが，後になって思うと，彼らの行くマーカム川上流に待避勧告は届いたのだろうか，と心配になった．

　5月13日はブキットスハルト演習林にインドネシア環境大臣が視察に訪れた．このようにジャカルタの暴動騒ぎをよそに東カリマンタンは実にのんびりとしていた．しかし，前述のような状況で調査にも行けず，自宅待機状態でいた5月17日にJICAインドネシア事務所から連絡が入り，海外危険情報が危険度4に引き上げられたために専門家は国外避難をせよとの指示があった．やむを得ず，長期専門家，短期専門家，調整員全員が森リーダーの家に集まり，国外脱出計画を相談することにした．

　東カリマンタンはこの時点でもかなり平穏であった．ムラワルマン大学でも学生デモがあり，学生の指導者格の一人が死亡した．デモ隊の後方にいた学生が投げた石が，前方にいた学生の頭に当たったのであった．ムラワルマン大学の関係者は皆，「日本に帰るより，ブキットスハルト演習林にいたほうが安全なのに」と話していて，私たちもそう思ったが，避難指示が出ている以上はそれに従わざるを得なかった．

　5月18日深夜0時過ぎになって，翌19日0時30分ジャカルタ発成田行き臨時便が確保できたとの連絡が入った．18日は普通どおり，熱帯降雨林研究センターに朝8時に出勤して当日の行動を協議し，バリクパパン発ジャカルタ行き17時30分の航空便が取れたとのことなので，帰国を決意した．

　そのときふいに，日本に帰ればいつこの地に戻れるかわからないという思いが，私の頭をよぎった．そこで，まだまだ標本量としては不十分ながらも，帰国後にブキットスハルト演習林のカミキリ図鑑を作ろうと思い立ち，出発間際の慌ただしいなか，そのときまでに採集したカミキリムシ全種の標本写真の撮影を始めた．そのような経緯で，14時に出発の予定であったが写真撮影に手間取り，予定より30分遅れの14時30分にサマリンダを出発した．出発が遅れた割にはバリクパパンに予定の16時30分に到着した．そして，バリクパパンを予定より45分遅れの18時15分にジャカルタに向かった．

19時30分，ジャカルタ空港でJICA職員と落ち合い，22時にチケットを受け取った．予定より1時間遅れの19日1時30分に成田に向けて離陸した．チャーター便に乗り込むまでは6時間ほど空港にいたが，避難するのは一般観光客でなく，現地駐在者が多かったせいか落ち着いており，なかには麻雀をしながら待っている団体までいた．機内はさすがに満席であったが，サービスは良かった．なぜかというと，持ち込んだウイスキーを飲んでいると，すぐに氷を入れたグラスとコップをスチュワーデスが運んできてくれたし，酒のつまみまで，こんな状況にもかかわらず持ってきてくれた．もっとも機内で酒を飲んでいたのは，私たち以外にはあまりいなかった．

つくばの森林総合研究所に帰還待機した約2週間はちょうど，マツノマダラカミキリのボーベリアバッシアーナ菌による天敵防除試験を，千葉の富津市で行っている最中であった．この試験は私が中心となり3年間継続してきたもので，4年目に入ったところであった．その手伝いに富津に行った．しかし，ついていないときにはついていないもので，マツの枝を鉈で切り落とすときに，その枝のすぐ下にあった細く非常に硬い枝に，右手人差し指の付け根をぶつけて筋を切ってしまった．そのときはかなりの衝撃を指に受けていたはずなのだが，この重傷を自覚したのはインドネシアに戻ってからのことであった．食事のときに箸がうまく握れなくなったことから気づいたのである．その後10年以上たった今も箸がうまく握れない．

石炭火消火

ブキットスハルト演習林に戻り調査を再開したが，火災の後遺症ともいえる石炭火が至るところで煙を上げていた．6月になり，トラップ類にやっとカミキリムシが再び入るようになってきた．

この当時，演習林の職員の間でトラブルがもち上がっていた．演習林の警備員が林内で大型のシカを，罠を仕掛けて捕らえ，売ったのである．どのくらいの金で売ったのかは定かでないが，足元を見られかなり安く叩かれたとのことである．若い夫婦で子供も小さく，警備員の給料では食っていくのもままならなかったのである．このことが原因で，職員の間にギクシャクした雰囲気があった．いつも演習林に入って職員と親しくなっている私に，このプロジェクトの調整員から，シカを捕らえて売った彼の処遇について尋ねられた．彼は仕

事をさせれば優秀であることを知っていたので，クビにすることはない，と助言をした．その彼は再び仕事を続けることになったが，職員間のわだかまりは続いていた．

そこで私は，石炭火の消火を思い立った．石炭火が原因で演習林が再び燃えると調査ができなくなるし，職員どうしのコミュニケーション回復にもちょうど良い機会だと思ったのである．演習林の職員全員で (もっともわずか 7 名であるが) 作業を始めることにした．

このときまで石炭火は，水だけでは消せない，水を使えば水蒸気爆発を起こすなどという理由から消火活動は行われなかった．しかし，雨が降るようになってわかったことだが，小さな石炭火では石炭層上部の燃えている部分に大量の水が入れば自然に消火される．現地でこうした場面をいくつか観察していたので，私には石炭火を消す自信があった．

まず皮切りに，演習林の事務所から 200 m 離れたところにある，河床から火が入った石炭火を消す作業を始めた．石炭火消火のコツは，燃えている石炭火の先端部を見つけておいて，そこを覆っている粘土性のある赤土を取り除き，水を注入することである．少しでも赤土が石炭の上にあると水は浸透していかない．最初にある程度斜面の土を取り除き，後はポンプの水圧で土を切っていく．この感覚はやったことのある人間しかわからない．水を出した状態で，ポンプのノズルを土の中に突っ込むのである．しばらくすると土が浮いてきて，傾斜のあるところでは土が崩れ落ちていくし，ノズルの先端を少しずつ動かすと土が切れて崩れていく．この方法で石炭火の上にある赤土を取り除いていった．

しかし，このときに作業をした石炭層の上はアカシア・マンギウムの植林地であったので，倒せる木は全て倒し，石炭火の横に池を作った．石炭火全体に水が浸透するように三つの小さな池を上から順に作り (図 3-9 A)，燃えている石炭層の横に穴を空けた．作った池には下の川からポンプで水をくみ上げた状態にしておいた．やがて下の川がお湯に変わっていったので，燃えている石炭層の中を水が通っていったことがわかった．この作業には 2 日を要した．終わった翌日，現場に行ったが，地面から水蒸気は上がっていなかった．もし水蒸気が上がっていれば，石炭火が消えていない証拠なのである．このようなことを毎日，皆で繰り返すうちに，職員の間には何のわだかまりもなくなっていった．

図 3-9　石炭火の消火活動　(A) 燃えている石炭層の先端部の横に穴を掘り，川から水をくみ上げ小さな池を作る．(B) ウリンを使い，川をせき止めて小さなダムを作っている．

　こうして 31 カ所の石炭火消火に成功した．消火法は地形によってさまざまであるが，基本はポンプで水を吸い上げるための水たまりを作ることである．川を比重が 1.1 以上のウリン (ボルネオ鉄木) でせき止め (図 3-9 B)，雨水をためてダムを作り，そのダムからポンプで水をくみ上げることが多かった．ポンプでくみ上げた水を大量に流すので，土砂がダムにたまり，ポンプが詰まる．土砂を除去する作業に人手がいるため，作業員の数が足りなくなってきた．そこで，近くの部落の住人を雇うことにした．

　現在，石炭火消火を請け負う会社が東カリマンタンにできて，高い請負額で消火活動を行っている．これは当時の石炭火消火の細かいノウハウを地元住民が引き継いだのである．私がインドネシアに行って，地元のために行った最大の貢献だと思っている．この東カリマンタンにおける石炭火消火のさまざまな実例については，その後，国際フォーラムでも講演をしている (Makihara & Ghozali, 1998)．

サマリンダ大洪水

　とにかく，いろいろな事件が起こる年であった．私は健康管理休暇をとり，1998 年 7 月 8 日から 8 月 4 日まで日本にいたが，インドネシアの藤間専門家から 7 月下旬に，サマリンダが洪水で，約 1/3 の地域が床上浸水をしたという知らせが入った．私の借家も床上浸水 50 cm になり，近くの子供は家の前の

道路で泳いでいたらしい．川沿いの家では住人が屋根に避難をしている間に，船でやってきた泥棒が住人を尻目に家財道具を盗んでいったとか，流された人が流れてきたコブラに咬まれて死んだとかいう話を聞いた．

このようなニュースを聞くにつけ，よほどの雨が降ったに違いないと思っていた．ところが，実はサマリンダ市の水瓶である大きな貯水池の決壊がその原因であったとのこと．貯水池の周りに勝手に住みついた住民が住み場所を追われるので，その腹いせに堤防の一部を壊したのである．インドネシアに戻ってすぐに現場を見に行ったが，わずか20 m くらいの決壊幅であった．ところが，今度は上流からホテイアオイが大量に流されてきて，補修工事の妨げになり，現場を見に行ったときには，ホテイアオイの除去作業をやっていた．いったい，この国の人たちは何をやっているのだろうか．

花に集まるカミキリムシ

(a) ミカニア・ミクランタ

石炭火消火が軌道にのり，職員たちに任せられるようになった8月には，かつて地上火が走った林内の明るい空間に花が咲きだした．この花は焼き畑施業後によく生えてくるミカニア・ミクランタ *Mikania micrantha* という外来のキク科植物である．蔓性なので地表を這うように延びていくため，歩いて花を観察することができた．花が咲きだした最初の頃は，こんな花にカミキリムシなんかくるものかと思っていた．実際それまで，東カリマンタンでミカニア・ミクランタの花でカミキリを見たことがなかったのである．ところが8月下旬，林道沿いに咲いている花を見るとクロトラカミキリ属の美麗種 *Chlorophorus dimidiatus* が止まっている．この種は頭部と前胸背が赤い色をしているのでよく目立つ．それから，熱心に花を見て回ると，実に多数のカミキリが集まってきていることに気がついた．

ハナカミキリ亜科では赤道直下の低地林であるため，このような地上部の花にきている種は少なく，*Asilaris hayashii* しか見ることはできなかった（もっとも，その後の演習林内のマレーズトラップで10種以上のハナカミキリ類が捕獲された）．カミキリ亜科はさすがに多く，モモブトコバネカミキリ属 *Merionoeda* 5種以上，*Microdebilissa collare*，ヒゲナガコバネカミキリ族のヒメコバネカミキリ属 *Epania* とヒゲナガコバネカミキリ属 *Glaphyra*，ホタルカミキリ族ではモモ

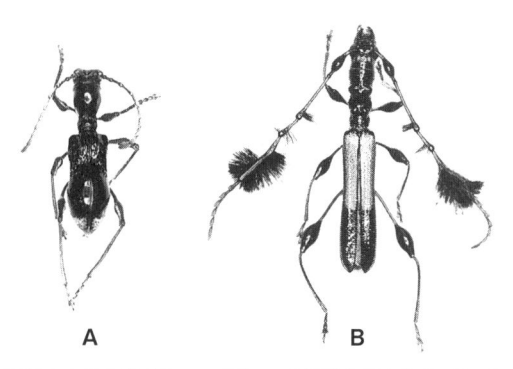

図 3-10 特異な形態のカミキリムシ　(A) アリ擬態と思われる *Clytellus kiyoyamai*. (B) ブラシ状の触角をもつ *Camerocerambyx vittatus*.

ブトホソカミキリ属 *Cleomenes*，ケナガカミキリ属 *Artimpaza*，クビアカモモブトホソカミキリ属 *Kurarua*，*Nidella* 属などの数種のほか，カリバチ擬態の *Eodalis dentellus*，Tillomorphini 族ではアリ擬態と思われる *Clytellus westwoodii* と *C. kiyoyamai* (図 3-10 A)，Rhopalophorini 族では触角に房のついた特異な *Camerocerambyx vittatus* (図 3-10 B)，クスベニカミキリ族，アオカミキリ族約 20 種，*Euryarthrum* 属の数種，Glaucytini 族の *Polyphida argenteofasciata* と *P. modesta*，トラカミキリ族約 70 種等々，合わせて 110 種以上のカミキリをこの花から得ることができた．

9〜10月はほぼ毎日 60〜70 種のカミキリムシがミカニア・ミクランタから採集された．しかし，11月も過ぎこの花が林内の至る所に咲くようになると，カミキリは分散してしまったせいか，あまり採れなくなった．花が地上部にあったため，たくさんの写真を撮影し，生態を観察ができたのは大きな収穫であった．

(b) 花での観察

日本の特に南西諸島では，ヒメカミキリ属 *Ceresium* の種は昼夜間わず多くの花に集まるが，東カリマンタン低地林ではこれだけ多くのカミキリムシが花に集まってきているにもかかわらず，この仲間を 1 個体も見ることがなかった．もともと夜行性の仲間なので日没後に花に来ているのではと思い夜間見て回ったが，やはり訪花していない．この疑問がきっかけとなって，どの時間帯にカミキリが花に集まるのかを見ようと思い，朝 6 時から夕方 6 時まで 12 時間連続して，よくカミキリが訪花する花の前に座り，観察を行った．天気がほとん

ど毎日違うので，約10日間観察をしてみた．その結果から次のようなことを感覚的に知ることができた．

　どの日も午前8時まではカミキリを見ることができなかった．これは地上部の花なので，日の当たるのが高木の花(当時は咲いていない)よりも時刻が遅れることが原因ではないかと考えられた．そして，日差しがきつい日は午前11時から午後3時頃までは訪花して来るカミキリは非常に少なく，すでに来ていた個体は葉裏や茎に移動して静止している．この時間帯は他の昆虫も少なくなる．ところが，日差しがきつく，特に暑くなる午後2時過ぎに訪花して来るカミキリがいた．それは触角に房状の毛の束をもつ *Camerocerambyx vittatus* である(図3-10 B)．このカミキリは非常に珍しい種であるが，見かけるのは決まってこのくそ暑い時間帯だけである．そして，ときどき触角を真横に伸ばし，

図3-11　ヒメコバネカミキリ属 (A, B) とハリナシバチ類 (C, D)

房のついた部分をくるくる回すのである．暑い時間帯に訪花するのは天敵昆虫の少ないときに行動するのだろうと想像されたが，触角を回す意味は他の昆虫に対しての威嚇なのだろうか．

(c) 擬態するカミキリムシ

花で採集をしていると，ハチやアリに擬態しているカミキリムシがよく目につく．ヒメコバネカミキリ属 *Epania* (図 3-11 A, B) は，ハリナシバチ類 Stingless honeybees (*Trigona* 属の数種．図 3-11 C, D) にそっくりで，しかも同じ花に同時に止まることも多い．どう見ても擬態をしているとしか思えない．ただ，刺すことができないハリナシバチに擬態して何の利益があるかという疑問が残る．考えられることは，ハリナシバチが刺す行動をとる小型のハナバチ類に擬態したか，ハリナシバチ自体が他の昆虫がいやがる化学物質か何かをもっていて，大型のハチ，ムシヒキアブやトンボなどに襲われることがないか，である．ハリナシバチの巣の前に立ち，巣の近くを叩くと集団で目にぶつかってくる．ただ，これでは擬態という行動とは結びつかない．

東南アジアで最強のスズメバチはツマグロスズメバチ (図 3-12 E) である．日本でも先島諸島には分布しているが，分布域の北端に位置しているせいか，熱帯地域のものとは比べ物にならないくらい小さい．当地のツマグロスズメバチは日本のオオスズメバチに匹敵するくらい大きく，攻撃性も強い．そのためか，このハチに擬態していると思われる昆虫は多い．最もよく似ている昆虫はハチモドキハナアブの一種である (図 3-12 D)．カミキリでもアオカミキリ族の

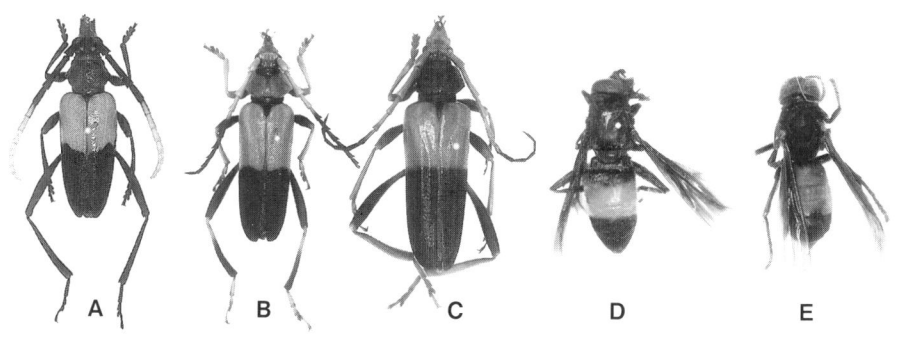

図 3-12 ツマグロスズメバチとその擬態種 (A) *Pachyteria lambi*. (B) *Schmidtiana apicalis*. (C) *S. borneensis*. (D) ハチモドキハナアブの一種. (E) ツマグロスズメバチ.

Pachyteria lambi (図 3-12 A), *Schmidtiana apicalis* (図 3-12 B), *S. borneensis* (図 3-12 C) などは色調がよく似ており，このスズメバチの擬態種ではないかと思われる．このほかカリバチやアリなどに擬態をしていると思われる種も非常に多い．

ライトトラップ

ライトトラップは，1996 年 10 月に JICA 短期専門家としてブキットスハルトに来たときからやっていた．この採集方法は，夜間に発電機を使い，白色蛍光灯と黒色蛍光灯を白布の前に吊るし，光に集まってくる虫を捕まえる．多くの昆虫が採集できるのでそれなりに楽しいのであるが，ことカミキリムシにいたっては意外に採れない．東カリマンタンでも一晩にカミキリが 10 種採れればよいほうである．日本でも，長い採集経験を通じて一晩に 23 種 70 個体が最高であった．ところが，森林火災でその状況が大きく変わった．

演習林の事務所の周りまで火が来たので，電気をつけて事務所をライトトラップとした．周りが燃えているので虫はあまり採れなかったが，日本のニジモンサビカミキリそっくりの *Pterolophia lunigera* が飛んできた．このカミキリは後にも先にもこの 1 個体のみであった．ジャワ島西部のグヌンハリムーン国立公園ではかなり普通にいる種であるが，東カリマンタンでは珍しいものだと思われる．火に追われて，逃げ出したものが偶然捕まったのだろう．何でもやってみるものである．

森林火災後，60 m タワーの近くの地上部でライトトラップをやっていたが，あまり芳しくなかった．そこでタワーの上にライトトラップを仕掛けようと思い，バッテリーを備えた蛍光灯をサマリンダの町で探した．日本円で約 5,000 円もしたが，かなり良いものを見つけることができた．パナソニック製で「充電式非常用蛍光灯 (以下，充電式蛍光灯)」という名で連続 8 時間点灯するとある．連続 10 時間点灯するという中国製のものも買ってみたが，最初の 1 回だけは 5 時間保ったが，2 回目からは 1 時間も保たなかった．充電式蛍光灯のほうは充電して何度使っても 6 時間以上点灯した．このライトは便利なので帰国したときに使おうと思い日本で探したが，同じ製品を探し出すことはできなかった．どうも停電の多い海外用に開発された製品のようである．

この充電式蛍光灯を数個買い，地上高 20 m 以上の高さでライトトラップを

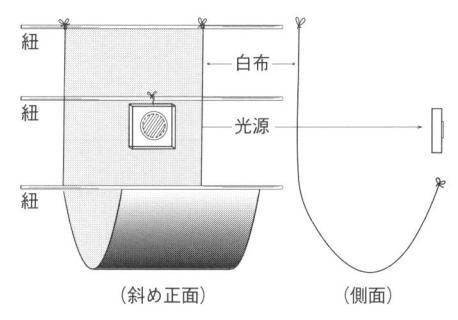

3-2 1998年ブキットスハルト—全ての始まり— 151

図 3-13 タワーに設置したライトトラップの模式図 (槇原, 2000 を改変)

行う準備をした．問題は白布をどのようにして張るかであったが，ふんどしスタイル (図 3-13) で張り，どんな方向の風が吹いても大丈夫なように紐で補強し，飛んできた虫が白布の下にたまるような工夫をした (槇原, 2000)．このようなライトトラップ法で，火災 4 か月後の 8 月より高さを変えて，この充電式蛍光灯へ飛来するカミキリを調べてみた．そうすると地上高 40 m を超えると，カミキリ相ががらりと変わることがわかった．それで，9 月よりタワーの 20, 45 m の位置に充電式蛍光灯を設置して採集を行った．このタワーにはすでに地上から 10 m おきに吊り下げ式トラップが，20, 40 m にマレーズトラップが設置してあった．充電式蛍光灯は原則として毎週火曜日に設置して調査した．時間帯は午後 7 時から 12 時までの 5 時間である．ライトは 20, 45 m としたが，正確にはマレーズトラップと吊り下げ式トラップとは少し高さと位置をずらして設置した．ライトをつけた影響が他のトラップに出るかと心配したが，数か月間の観察では全く影響がなかった．

　60 m タワーの地上部では発電機を用いてライトトラップを設置した．実は地上部で充電式蛍光灯を使ってみたが，光量が少ないため光が届かず，あまり虫が飛んでこなかったので，従来どおり，発電機を使用することにした．しかし，光量の少ない充電式蛍光灯でも，タワーの 20 m 以上に設置するとカミキリをはじめ，ヒゲナガゾウムシやゴミムシダマシなどの甲虫が非常によく集まってくるのである．ガの類は小型種が多く，甲虫採集の邪魔になる大型のガは地上部ばかりに飛来してきたので，これは大変ありがたかった．ただ，クワガタムシは 20 m ではノコギリクワガタ類が多かったが，45 m になると飛んではくる

が非常に少なく，クワガタムシは地上部の虫だと実感した．

このようなことで，60 m タワーでは地上部，高さ 20, 45 m でライトトラップを 1998 年 9 月より設置して，行った．調査は毎週火曜日午後 7 時より 12 時までとした．地上部はアシスタント三人に任せ，20, 45 m に関しては私一人で 30 分おきに昇ったり降りたりして虫を集めた．タワーの 40 m から上は風が吹き抜ける感じで，ときに強風が吹き，横に生えているフタバガキ科の *Dipterocarpus cornutus* の太い枝が揺れてタワーに当たることもあった．こういうときはタワーの 40 m 付近の階段がずれて登れなくなる．仕方がないので足元の暗いなか，階段をガタガタやってずらし元どおりにした．

45 m でのライトトラップでは，カミキリモドキ擬態と思われるホソカミキリムシ科の *Melegena diversa* (図 3-14 A)，夜行性のハナカミキリ *Capnolymma borneana* (図 3-14 B)，カミキリ亜科ではウォーレスクシヒゲミヤマカミキリ *Cyriopalus wallacei* (図 3-14 C)，触角下面に毛が密生している *Dialeges pauperoides*，前胸背に人面模様のある *Sebasmia* 属の種，その他のミヤマカミキリ類，フトカミキリ亜科ではゴマフカミキリの仲間，サビカミキリ族の仲間，モモブトカミキリ族の *Paraegocidnus feai*，未記載種を多く含むアラゲケシカミキリ属 *Exocentrus* の数種，新種と思われるシラホシカミキリ属の *Glenea* (*Poeciloglenea*) sp. (図 3-14 D) などが採集された．

45 m 部で採集された種は最近記載された種が多い．パスコの "Longicornia Malayana" にあるカミキリはウォーレスの採集品に基づいたものである．地上部でカミキリを採っても採っても，すでに彼の採集したものばかりでとてもかなわないと感じていたが，タワーで採集するようになって，やっと私はウォーレスを越えたと思った．

その結果，上記の *Sebasmia* 属のミヤマカミキリ類は夜 12 時から 1 時に樹冠部に設置したライトによく飛んでくることがわかった．1 時以降は飛来してくるカミキリは少なかったものの，日本のクワカミキリに似ている大型美麗種 *Celosterna pollinosa* (図 3-14 E, F) が採れたのには感激した．しかし深夜の採集は雨風が強くなったりして，寒くて大変なことが多いのである．

地上部ではとにかくライトに集まってくる昆虫は大変な数である．甲虫類も非常に多い．しかしカミキリはごくわずかである．また，東カリマンタン低地にはファイアーアントによく似た，刺されるとスズメバチ並に痛いハシリハリ

アリ類が異常に多く，気がついたときには白布がアリだらけになることがある (図 3-15 A)．それで，夕方に白布を張りライトを設置すると，ライトトラップ全体を取り囲むようにしてスプレー式殺虫剤をまき，結界を張る．このように

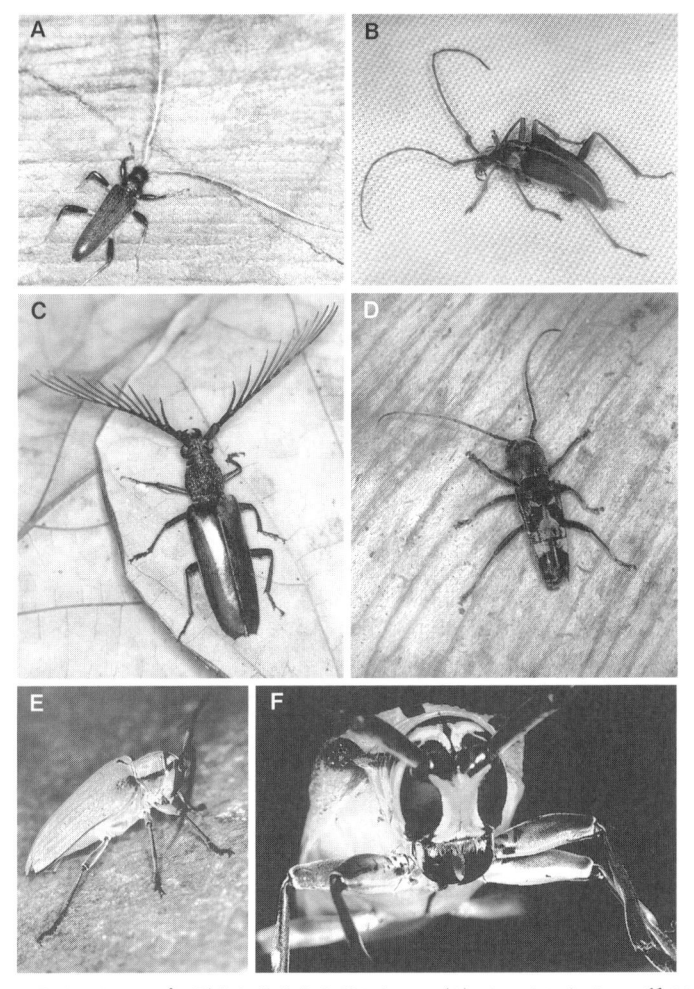

図 3-14 ライトトラップに飛来したカミキリムシ　　（A）ホソカミキリの一種 *Melegena diversa*．（B）夜行性のハナカミキリの一種 *Capnolymma borneana*．（C）ウォーレスクシヒゲミヤマカミキリ．（D）シラホシカミキリ属の一種 *Glenea* (*Poeciloglenea*) sp．（E）*Celosterna pollinosa*, 側面．（F）*C. pollinosa*, 顔面．

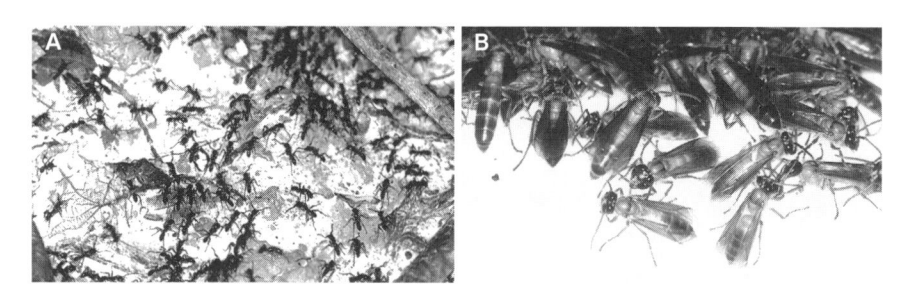

図3-15　夜間ライトに大量に集まる（A）刺されるとスズメバチ並に痛いハシリハリアリ類．（B）ヤミスズメバチ．

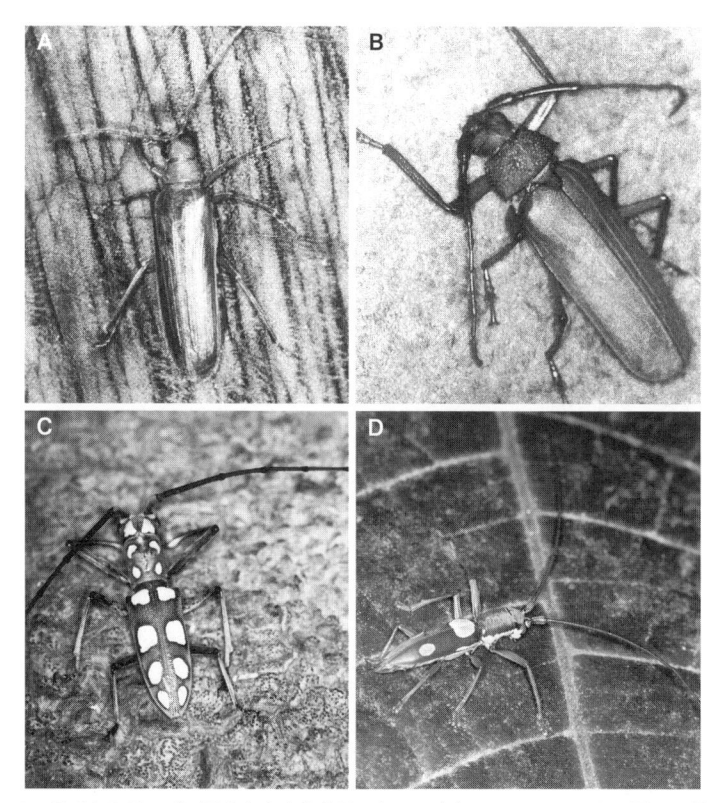

図3-16　ライトトラップに飛来したカミキリムシ　（A）カンショカミキリ属の一種 *Philus ophthalmics*．（B）トゲフチオオウスバカミキリ属の一種 *Bandar pascoei*．（C）シロスジカミキリ属の一種 *Olenecamptus affinis*．（D）*O. borneensis*．

しておくと安心である．しかし，この付近には夜行性のスズメバチであるヤミスズメバチ *Provespa nocturia* が多く，地上部のライトには大量に集まってくる (図 3-15 B). 一つの白布に数 100 個体集まることはざらである．これには対処の仕様がない．さらにハアリ類が多い．ライトトラップでの採集を終え，白布を畳むときが大変である．気をつけないとヤミスズメバチに刺されるし (実際数多く刺された)，白布にハアリがたくさん付いたままでは，帰りの車中でハアリに噛みつかれるのである．その点，地上高 45 m のライトトラップではこのような厄介なことはない．

　地上部のライトトラップで採集されたカミキリはニセカミキリムシ科カンショカミキリ属の一種 *Philus ophthalmics* (図 3-16 A), トゲフチオオウスバカミキリ属の一種 *Bandar pascoei* (図 3-16 B), ミヤマカミキリ族では大型種の *Neocerambyx* 属など，クシヒゲミヤマカミキリ属 *Cyriopalus* の種，*Dialeges* 属では触角下面の毛がまばらな *D. pauper* と触角下面に毛がない *D. scabricornis*, ヒゲナガゾウムシ擬態と思われる *Xoanodera angustula*, アオスジカミキリ族の種，ヒメカミキリ族の *Salpinia diluta* など，メダカカミキリ属 *Stenhomalus* の種，フトカミキリ亜科ではゴマフカミキリ族の仲間，シラホシサビカミキリ族では触角第 2 節が長く先端に棘のある *Eunidia* 属の数種，ヒゲナガカミキリ族の仲間，シロスジカミキリ族の仲間，コブヒゲカミキリ族の *Epicasta turbida*, シロカミキリ族の仲間 (図 3-16 C, D) などである．

マレーズトラップ

　とにかくいろいろな昆虫がよく採れるトラップである．ウォーレスの時代には発案されていなかったので，彼が採れなかった珍しい種が多数採れたのである．全てのトラップのうちで最も多くのカミキリムシが採集された．

　60 m タワーには前述のように地上高 20, 40 m の位置に設置した．採れるカミキリの個体数は少ないが珍しい種が採れた．主な種を列挙すると次のとおりである．

　ホソカミキリムシ科では上翅の青い *Noemia* 属の数種，ノコギリカミキリ亜科の数種，ハナカミキリ亜科の数種 (図 3-17), カミキリ亜科ではアオスジカミキリ族のアオスジカミキリ属の *Xystrocera alcyonea*, ヨツメカミキリ属の *Tetraommatus testaceus* など約 10 種，ヒメカミキリ族の *Falsoibidion* 属の一種

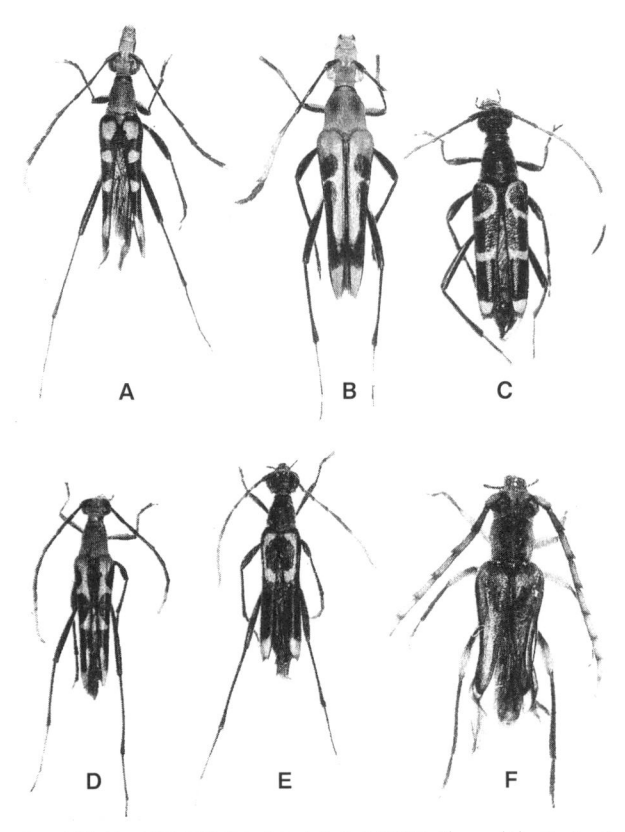

図 3-17 マレーズトラップで採集されたハナカミキリ類など　　(A) *Ocalemia borneensis*. (B) *Asilaris hayashii*. (C) *Elacomia borneensis*. (D) *Strangalia* sp. (E) *Stenoleptura producticollis*. (F) *Trypogeus barclayi*.

や *Cristaphanes cristulatus* など，ムナミゾアメイロカミキリ族，モモブトコバネカミキリ族，ヒゲナガコバネカミキリ族の *Paramimistena immaculicollis* と *P. brevis* (本属はボルネオ新記録で，両種とも本調査による標本をもとに新種記載された．図 3-18)，ホタルカミキリ族，クスベニカミキリ族，アオカミキリ族は約 10 種，Glaucytini 族の *Polyphida clytoides* など，トラカミキリ族の *Sclethrus borneensis* ほか多数の種，トガリバアカネトラカミキリ族エゾトラカミキリ属の *Oligoenoplus variicornis*，フトカミキリ亜科ではゴマフカミキリ族の種，ウスアヤカミキリ族の *Trachelophora maculosa*，シラホシサビカミキリ族の *Epilysta*

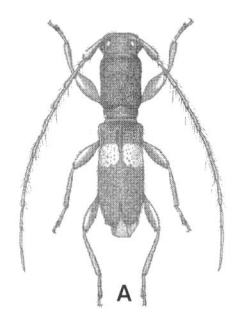

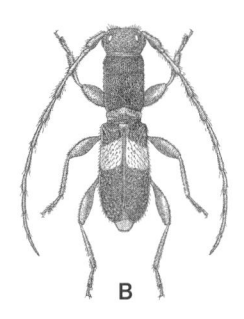

図 3-18 *Paramimistena* 属 (ヒゲナガコバネカミキリ族) の 2 種 (Niisato & Makihara, 1999) 本属はボルネオ新記録で，両種とも本調査による標本をもとに新種記載された．(A) *P. immaculicollis*. (B) *P. brevis*.

mucida，ドウボソカミキリ族の *Aliboron antennatum*，サビカミキリ族のニイジマチビカミキリ属の種，毛むくじゃらな *Similosodus fuscosignatus*，サビカミキリ属の多数の種，触角節の膨らんだ *Cenodoxus granulosus*，*Pseudeuclea cribrosa*，上翅側面に白紋をもつ *Desisa lunulata*，ハイイロヤハズカミキリ属の *Niphona borneensis*，ヒゲナガカミキリ族ではコブヤハズカミキリのような *Trachystola scabripennis*，ドウボソカミキリのような *Amechana nobilis*，ビロウドカミキリ属の *Acalolepta opposita* など，触角節の膨らんだ *Omocyrius jansoni*，*Achthophora sandakana* など，クビナガカミキリ族の *Gnoma longicollis*，*G. vittaticollis*，シロカミキリ族では *Cylindrepomus peregrinus*，アラゲカミキリ族ではオキナワサビカミキリ属の *Zotalemimon borneotica*，トホシカミキリ族の *Cyaneophytoecia sospita*，イトヒゲカミキリ属の *Serixia aurulenta* と *S. prolata*，キモンカミキリ属の *Menesia fasciolata*，シラホシカミキリ属の *Glenea (Tanylecta) aegoprepiformis* など多数の種，リンゴカミキリ属の *Oberea rubetra*，オオムラサキカミキリ属に近縁のハムシ擬態の *Tropimetopa* 属や *Entelopes* 属の一種などである．

吊り下げ式トラップ

このトラップは，森林害虫のマツノマダラカミキリ (黒色型トラップ) とスギノアカネトラカミキリ (白色型・黄色型トラップ) のコントロールのために日本で開発されたもので，最近では森林害虫のモニタリングばかりでなく，広く森

林環境調査に用いられることも多い．日本で開発されたためか，熱帯降雨林ではあまり効果はなかったが，それでも珍しい種が採れることもあった．タワーの地上部から10 m ごとに黒色と黄色のトラップを，枯れ枝を用いてタワーの外側に吊り下げた．

　吊り下げ式トラップは頑丈な作りをしているので壊れたりすることもなく，また演習林内では人が黙って持ち去ることがないので，当初は管理の心配はないと思っていた．しかし，木から木に紐を渡して地上高2～3 m に設置した吊り下げ式トラップのバケツ部分だけがなくなるのである．紐は外された形跡はなく，人間の手ではとても手が届かないような所のものまで盗まれていた．どうもこの仕業は *Macaca* 属のカニクイザルかブタオザルのようであった．このバケツは探しても見つからない場合が多く，サルがいったい何に使っているのか，むしろそちらのほうに興味があった．もっとも吊り下げ式トラップはだいぶ予備があったので，サルが盗んでもすぐに補充することはできた．さらに，タワーの高所に設置したトラップを吊るすために用いた太い枯れ枝がときどき折れる．調べてみると，ナガシンクイムシが食入した痕跡があり，脆くなっていた．材質がかなり硬い枝を使っていたのだが，ナガシンクイムシ類にとっては，風が当たるため適度に乾いていたこともあり格好の餌だったようである．

　吊り下げトラップは地上部においてもカミキリが採れる．たとえば，ホソカミキリムシ科の *Distenia pryeri*，カミキリ亜科イエカミキリ族フタツメイエカミキリ属の *Gnatholea eburifera*，フトカミキリ亜科サビカミキリ族の *Similosodus flavicornis*，ヒゲナガカミキリ族の *Pharsalia duplicata*，トホシカミキリ族キモンカミキリ属の *Menesia bimaculata*，シラホシカミキリ属の大型種 *Glenea (Macroglenea) elegans*，*G. (M.) juno*，*G. (Glenea) ochraceovittata*，リンゴカミキリ属の *Oberea nigrescens*，ルリカミキリ属の *Bacchisa curticornis* などが捕獲された．また，地上高40 m 以上でフトカミキリ亜科ではサビカミキリ族サビカミキリ属の *Pterolophia banksi*，トホシカミキリ族のシラホシカミキリ属の *Glenea (Poeciloglenea)* sp. が多く捕獲された．

自然物を利用しての採集法

　いわゆる工作物的なトラップを使っての採集法については，これまで詳しく述べてきた．東カリマンタンでは通常とは異なるカミキリムシ採集をしようと

図 3-19 調査風景 (A) スンカイの下に落ちてきた虫を採取する寒冷遮を張っているところ (インドネシア, 南スマトラ). (B) カメレレ伐倒木の下に防虫網を張ったところ (パプアニューギニア).

考えていた．それは自然物を用いたトラップである．1983年のインドネシア・南スマトラでは生立木にスミチオン希釈液を散布して，その木の下に寒冷紗を使った受け布を張り，木に集まってきた昆虫を捕獲した (図 3-19 A)．1986年のパプアニューギニアではカメレレの若い木を切りそれを横にして，切り株を使い地面から浮かせ，その木にスミチオン希釈液を散布し，その下に防虫網を地面から浮かせるようにして張った (図 3-19 B)．これはカメレレナガタマムシ *Agrilus opulentus* を捕獲するためであった．これらは害虫調査のために行った．なお，スミチオンを使ったのは，昆虫の忌避作用が少ないためである．このことはすでに日本の枯れマツに集まる昆虫の調査で実証済みであった．

ここで，東カリマンタンで試みた自然物を使った採集方法をいくつか紹介しよう．調査地が大学の演習林なので，演習林長ダダンに頼み，比較的小さな樹木の伐倒の許可をもらった．樹種はアカシア・マンギウム (マメ科), *Artocarpus anisophyllus* (フタバガキ科), *Dipterocarpus tempephes* (フタバガキ科), *Endospernum diadenum* (オオバギ科), *Macaranga gigantea* (オオバギ科), *M. triloba* (オオバギ科), *Shorea laevis* (フタバガキ科), *S. smithiana* (フタバガキ科), *Trema tomentosa* (ニレ科), *Vernonia arborea* (キク科) である．このように樹種名がわかるところが演習林の強みである．この伐倒した木を虫が見やすいように切り株を利用して，少し地面から浮かせる状態か，木が小さければ隣の木に立て掛けるようにした．こうして，夜は木の見回り，昼は見回りと叩き網で採集をした．多数のカミキリムシを採集したが，残念ながら特に珍しい種

図3-20 光を嫌うミヤマカミキリの一種 *Zegriades magister*

は捕獲されなかった．しかし，カミキリが好む樹種や食樹を知ることができた．

(a) フタバガキ科の伐倒木

演習林では，試験用にフタバガキ科の樹種，*Shorea leprosula* と *S. laevis*, *S. smithiana* を約30本，1997年10月に伐倒し，林内に貯木していた．いずれも胸高直径60〜100 cmの大径木である．樹種が事前に判明しているので，昼夜を通じてその貯木場でカミキリムシの採集と観察を行った．採集された主な種はミヤマカミキリ族とゴマフカミキリ族であるが，特筆できるのは *Shorea laevis* と *S. leprosula* で捕獲されたミヤマカミキリの仲間の *Zegriades magister* (図3-20) である．

この種は夜行性で光を非常に嫌う．本種を採集するときには10 m以上離れたところから光を当て，虫の位置を確認して暗い中を歩き，お目当てのフタバガキ類の幹までたどり着いて，そこで懐中電灯をつけて飛び立つ前に捕まえる．このような敏捷な習性のためかほとんどの人は採れないようで，日本では本種の標本はこのときの採集品以外見たことがない．

(b) バナナトラップ

私はカミキリムシも好きであるがクワガタムシも好きなので，バナナトラップを仕掛け，クワガタムシを捕まえようとした．プラスチック製の買物カゴにバナナを入れ，それを高い木の枝から中途に吊るすのである．最初は日本でやるように袋に入れ，木にしばりつけたが，1時間もしないうちにサルに食べら

れてしまった．木から吊るす方法も1週間くらいまでは良かったが，そのうちサルは枝から引っ張り上げて，カゴに手を入れて取るようになった．それでは簡単に取られないように，ロタンの棘だらけの蔓を紐に巻き付けた．これも1週間くらいは効果があった．敵もサルもの，今度は上の枝から紐を揺らし，横の枝にカゴを引っ掛け，その中のバナナを食べるようになってしまった．しかも，私が歩くと，カニクイザルの子供を含む群が少し離れてついてくる始末である．

　トラップに使うバナナはサマリンダからブキットスハルト演習林に向かう途中の道端で売っているものを買う．私が買うようになってから，誰も見向きもしない腐れバナナ(甲虫はバナナの腐敗臭を好む)をおばさんが取りおいてくれるようになった．このようなバナナをいつも大きな袋一杯買うので，このおばさんにはすっかり頼りにされるようになっていた．おばさんには小さな子供もいる．たとえサルに馬鹿にされたとしてもこの一家の生活の助けになると思い，毎週バナナを買い続けた．もっともサルに食べ散らかされた籠の中にはバナナが多少は残っているので，クワガタムシはあまり採れなかったが，ミヤマカミキリ類が少しはやってきた．

(c) ジャックフルーツに集まるカミキリムシ

　アルトカルプスの実であるジャックフルーツには，袋をかぶせてあることが多い．そこで演習林内のジャックフルーツを夜，どんな虫が食べているのか調べに行った．予想に違わず，ジャックフルーツに近づいて見ると，果実の外皮に多数のカミキリムシが集まり，かじっていた．かじり跡は大きく，直径2cm深さ1cmで果肉まで達していた．このカミキリはフトカミキリ亜科Gnomini族の *Imantocera plumosa* であった．さらにこのかじられた実を3週間後に割ったところ，カミキリの幼虫3個体と成虫1個体が出てきた．成虫は明らかに新成虫である．このカミキリ成虫はフトカミキリ亜科サビカミキリ属の *Pterolophia melanura* であった．幼虫ははじめ *Imantocera plumosa* のものかと思われたが，その形態的特徴から *Imantocera* ではなく，サビカミキリ属 *Pterolophia* であったため，この幼虫は *P. melanura* と判定した (槇原, 2004)．*Pterolophia melanura* は針葉樹を含む多くの木本樹種を加害することが知られ，さらに根に毒をもつデリス根，ココアの鞘さえも食害する．このような多食性であることから，ジャックフルーツも食べることができるのであろう．

(d) アルトカルプスの枝

カミキリムシ採集をしたことのある人は葉の付いた枯れ枝を叩くと，効率的に採れることを経験的に知っている．ただし，こうやって採れるのはほとんどがフトカミキリ亜科の種である．これはフトカミキリ亜科の種は羽化脱出後，成虫が餌をとらないと (後食という)，性成熟できないからである．そのためにフトカミキリ類にとって，幼虫の餌である樹種以外でも，美味しそうな木の葉や若い枝，特に枯れて間もない枯葉，枯れ枝が最高のご馳走なのであろう．

熱帯降雨林の高木林には叩き網採集に向いた条件の良い枯れ枝は少ない．実際に一日中叩き網をしても，採れたカミキリはわずか数種で個体数も実に少なく，疲れるだけである．そこでいろいろな樹種の生枝を切って木に縛り付けて，それを叩き網で叩き，カミキリ採集を行った．

フタバガキ科 *Shorea laevis*，*S. smithiana*，*Dipterocarpus cornutus*，マメ科のアカシア・マンギウム，モルッカネム *Paraserianthes falcataria*，オオバギ科 *Macaranga gigantea*，クワ科のアルトカルプス *Artocarpus* sp.などの生枝を切り，林内各所の木に縛り付けた．その結果，最も効率良くカミキリが採れるのはアルトカルプスであることがわかった．フタバガキ科の葉は硬すぎて，ほとんど集まってこない．演習林で1か月間，アルトカルプスと *S. smithiana* との比較を行ったが，個体数で100倍近く，種類数で約2倍，アルトカルプストラップのほうが多く採集できた．

オオバギ科では逆に葉が軟らかすぎて，すぐに萎れてしまうので，カミキリは集まるものの，採集できる期間が短い．マメ科の2樹種はカミキリを採るには，それほど悪くはない．しかし，この2樹種はいずれも外来種である．特にアカシア・マンギウムは種子が小さく，さらに生命力の強い樹木なので，天然林の中には持って入るのがためらわれた．アルトカルプスだと，多数のカミキリが後食のために集まり，生枝を切って木に縛り付けておくと，日を追って集まる種類が異なってくる．葉がまだ青い (図3-21 A)，青いが少し茶色になる，完全に茶色 (図3-21 B)，葉が落ち枯れ枝のようになっていく (図3-21 C) と，重なって採れる種もあるがそれぞれ優占種は異なる．この演習林周辺では10日から2週間連続して採集可能である．

アルトカルプスは林内にも少しはあるが，インドネシアの田舎ではほとんどの民家に植えてあり，どこでも手に入る．また，マレーズトラップや吊り下げ

図 3-21 アルトカルプストラップとフタホシサビカミキリ属の優占種　(A) 設置直後.
(B) 設置後 1 週間. (C) 設置後 2 週間. (D) 1,000 個体以上採集された *Ropica marmorata*
と (E) *R. piperata*.

式トラップと違って，盗まれることやサルにいたずらされることもない．ただし，生枝を縛り吊るす紐は，あまり立派なものを使うと現地人がこの紐だけを盗んでいくので，安物を使う必要がある．また，アルトカルプスの枝はすぐに腐朽して分解されるので，天然林でも人工林内でも持ち込んでも問題はない．

　私はアルトカルプスを吊るしたトラップをアルトカルプストラップと呼んでいる．アルトカルプストラップで採集される種がトラップ設置後，どのような経過をたどるのか具体例で示しておこう (図 3-22 A, B).

1998 年 8 月 31 日
　アルトカルプスの生枝 (切り口径 3 cm，長さ 1.5 m) 3 本ずつを束ねて紐でく

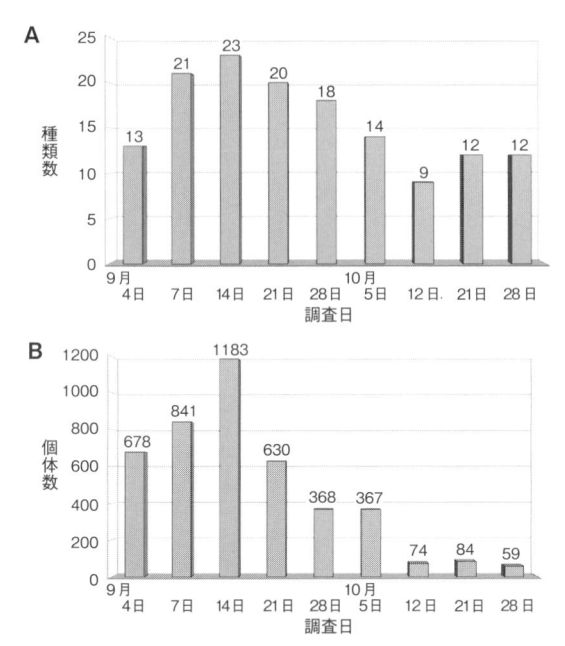

図 3-22　アルトカルプストラップで捕獲されたカミキリムシ　　(A) 調査日ごとの種類数. (B) 調査日ごとの個体数.

くり，7本作る．これを 60 m タワーの地上部 (1.5 m), 10 m, 20 m, 30 m, 40 m, 50 m, 60 m に吊るした．この日の夜，カミキリは全くこなかった．

1998年9月1日

昼のみ観察．1.5 m, 10 m, 20 m でトラカミキリ類の *Perissus aemulus* が数個体ずつ確認できた．

1998年9月4, 7, 14, 21, 28日; 10月5, 12, 21, 28日

この間，9月7日に1回だけアルトカルプスの枝を追加した．叩き網による採集は，叩く回数が多いとその振動で虫の食べる葉が落ちてなくなるので，後々の調査を考えて，一つのアルトカルプストラップを10回棒で叩き，落ちてきた虫を集めた．とにかくカミキリが多い．これまでの長い採集経験を通して，こんなに忙しい叩き網採集をやったことがなかった．60 m タワーに登り，叩き網だけで多い日には約 1,000 個体のカミキリが採れるのである．一人では無理なので，受け布をもって叩く係が一人，二人が落ちてきた虫集めをした．

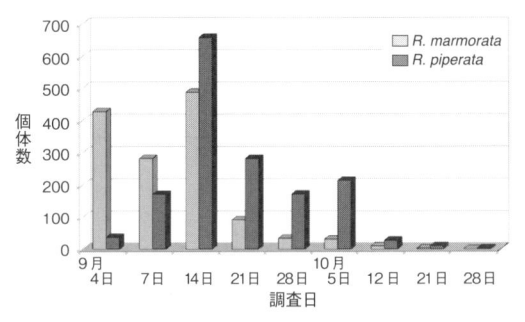

3-2 1998年ブキットスハルト―全ての始まり―　　　　　　　　　　　　　　　　　　　165

図 3-23　アルトカルプストラップで捕獲された *Ropica* 属優占 2 種の捕獲消長

普通の毒瓶では間に合わないので広口プラスチック瓶を使った．タワーに登るのも気を配った．歩く振動で虫が落ちて逃げるのである．

　アルトカルプスに葉が付いていて茶色い枯葉となった状態にある，設置 1〜2 週間後はカミキリが多く集まった．9 月 14 日は 8 月 31 日に設置した枝に葉がほとんどない状態になり，9 月 7 日に設置した枝が茶色くなった葉の付いた枯れ枝になったのである．これは枯葉の付いた枝と枯枝に集まるカミキリが同時に捕獲されたため，カミキリの種類数も個体数も多かったと推定された．10 月 5 日以降は枯枝ばかりになったので少なくなったが，10 月中旬よりも下旬に種類数が多いのは，カミキリの構成種が入れ替わったためであろう．1,000 個体以上捕獲されたフタホシサビカミキリ属の *Ropica marmorata* (図 3-21 D) と *R. piperata* (図 3-21 E) を比べてみると，前者は葉が付いていればよく集まるようである (図 3-23)．9 月 4 日以降に多数捕獲されたのに対して，後者は葉が枯れた 9 月 14 日に最も多く捕獲され，以降，10 月上旬までは延べ 100 個体以上が捕獲できた．この *R. piperata* と比較的似た傾向を示すのが，サビカミキリ属の *Pterolophia melanura*, *Imantocera plumosa* である．枝に葉が付いていたほうが良いが，付いていなくてもある程度は集まってくる種はフタホシサビカミキリ属の *R. nigrovittata* (図 3-24 A) である．また，葉が落ちてから集まってくる種はニイジマチビカミキリ属の *Egesina fusca* で (図 3-24 B)，完全に枯枝になってから集まってくる種はアラゲケシカミキリ属の *Exocentrus rufohumeralis* (図 3-24 C) である．

　高さごとのカミキリの捕獲数をみると，地上部から 40 m までは種類数，個

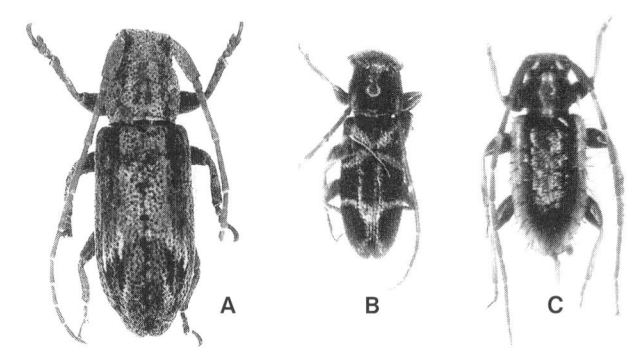

図 3-24 アルトカルプストラップに集まるカミキリムシ　(A) *Ropica nigrovittata*. (B) *Egesina fusca*. (C) *Exocentrus rufohumeralis*.

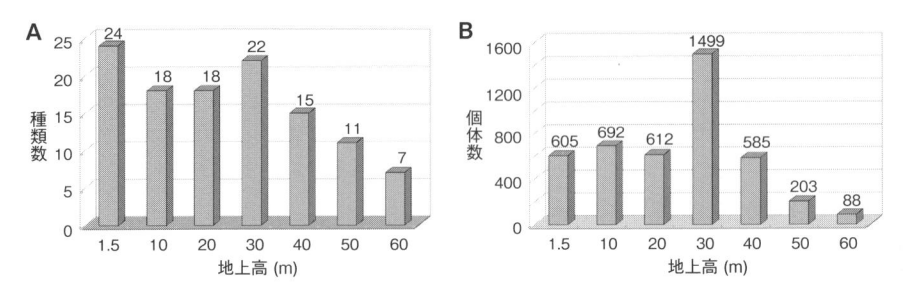

図 3-25 60 m タワーに設置したアルトカルプストラップで捕獲されたカミキリムシ　(A) 種類数. (B) 個体数.

体数ともに多い．特に 30 m では個体数が異常なまでに多い．50, 60 m では少なくなってはくるが，50 m で 11 種 203 個体，60 m でも 7 種 88 個体と捕獲されている (図 3-25 A, B)．これは森林火災の影響でフタバガキ科の高木上部が衰弱し枯れ枝が増え，多くのカミキリが森林上部に集まっていることを示した結果だろうと推定された．優占 2 種の *Ropica marmorata* と *R. piperata* では前者のほうがより低い所に多く，後者は地上部 1.5 m よりも 60 m のほうが多いように，より高所で優占していた．*R. nigrovittata* は 30 m で最も多く，上下に向かうに従い少なくなっている．ところが，*Xenolea tomentosa* は地上部に近い高

さほど多くなっている．この種に比較的似た傾向にある種は *Pterolophia melanura* と *Egesina fusca* である．*Imantocera plumosa* は低いほうが多いようだが，30 m 部でも異常に多くなっている．

このようにアルトカルプストラップを使った調査で，個々のカミキリの餌に対する嗜好性や垂直分布についても傾向がある程度はわかる．

激動の 1 年のまとめ

1998 年は激動の年であった．強いエルニーニョの影響で東カリマンタン低地のほぼ全域を焼き尽くした森林火災，森林火災の消火活動，暴動，スハルト大統領の退陣，日本へ一時待避，ヘビの大量出現，石炭火消火，サマリンダ大洪水や虫の大発生などがあった．このようなことを経験し，一生のうちでこれだけ充実した生活を送ったことはないと感じ，私は研究者というより自然愛好的冒険者に近いとしみじみ知った．そして，日本においては絶対にやれない採集を，考えついたあらゆる採集を実践した．アルトカルプストラップの開発はそのなかでも画期的なものである．これらに基づいた採集で，1998 年の単年度，約 1,000 ha の地域から 500 種以上のカミキリムシを採集した．

この 1998 年 1 年間の経験が私にとってのカミキリ学を目覚めさせたといっても過言ではない．

3-3　ブキットバンキライ天然林

東カリマンタンに来て丸 1 年が経過した 1999 年，火災の影響を受けていない天然林が近くにあるという話を聞いた．樹高 65〜70 m の *Shorea laevis* (バンキライ Bangkirai) もあるらしい．その話を聞いて私は居ても立ってもいられない気持ちになった．そこはブキットスハルト演習林から，それほど遠くないという．そこでアシスタントを連れて出かけてみた．そこはブキットバンキライ (バンキライの丘の意) という地名で，インドネシアの林業公社 (Inhutani-I) が管理している林であった．天然林 (図 3-26 A) は 300 ha，海抜高は 60〜150 m の低地林である．高さ 30 m のキャノピーブリッジ (図 3-26 B) があり，樹冠近くを歩くことができる．さっそく，ここでの調査許可を申請し，4 月より調査を始めた．低地の天然林を調査する機会はまずないので，火災の影響を受けたブキッ

図 3-26　ブキットバンキライ　（A）ブキットバンキライの天然林．（B）天然林に架けられた高さ 30 m のキャノピーブリッジ．

トスハルトとカミキリムシ相がどのように違うのか，心がうずく思いであった．

ブキットバンキライの概要

　ブキットバンキライはブキットスハルトの南西約 20 km にあたる．面積は約 1,500 ha で，中心に天然林 300 ha がある．周辺部は二次林とゴム林が主体で，そのほかアカシア・マンギウム，モルッカネムの造林地と *Shorea leprosula* の苗畑などがある．
　天然林以外は大なり小なり森林火災の影響があり，この線まで燃えたと明らかにわかる場所もあった．天然林の残っている丘の周りは小川が取り囲むようにしてあり，林業公社の人の努力もあったとは思うが，これだけの面積が焼けずに残ったのは，地形的な影響が大きいように感じられた．

ブキットバンキライの調査

　ブキットスハルトと比較するため，ほぼ同時に同じ方法を用いて調査を行った．ブキットスハルトを火曜日，ブキットバンキライを水曜日に調査した．調査はマレーズトラップ，吊り下げ式トラップ，ライトトラップとアルトカルプストラップを使用した．マレーズトラップは丘の一番上から下の川まで 12 カ所に設置し，吊り下げ式トラップ，アルトカルプストラップもその近くに設置した．ブキットスハルトも同じく地上部 12 カ所とした．ライトトラップはブキットスハルトではこれまでどおりタワーを利用した．ブキットバンキライでは丘の

頂上部と，キャノピーブリッジの地上高 30 m の 2 カ所，合わせて 3 カ所で行った．なお，JICA プロジェクトが 1999 年 12 月に終了するので，JICA に提出する報告書 (Makihara, 1999) には 1999 年 4 月 13 日から 11 月 1 日までの結果を示した．実際の調査は 2001 年 4 月まで継続して行った．

(a) マレーズトラップ

カミキリムシ類は，ブキットバンキライでは 197 種 1,170 個体，ブキットスハルトでは 142 種 2,599 個体であった．すなわち，火災を受けなかった林では種類数が多く，火災を受けた林では個体数が多かったのである．

ホソカミキリムシ科，カミキリムシ科のノコギリカミキリ亜科およびハナカミキリ亜科の種は，土壌中の埋もれ木や腐朽の進んだ湿った木などを幼虫が食べ，特に湿潤な環境で生活している．これらについて，2 地域の比較を行った．その結果，ホソカミキリムシ科では，火災を受けた森林であるブキットスハルトが 1 種 6 個体に対して，火災を受けなかった森林では 5 種 36 個体，ノコギリカミキリ亜科では前者が 3 種 3 個体に対して後者は 4 種 40 個体，ハナカミキリ亜科では前者が 1 種 1 個体，後者は 6 種 21 個体であった．これらのカミキリはいずれもボルネオ島ではもともと種類数の少ないグループなので捕獲種類数では大きな差は認められないが，個体数には違いが現れている．このように湿った環境で生活している昆虫は，火災を受けなかった森林に圧倒的に多いことがわかる．

ブキットバンキライではフトカミキリ亜科シラホシカミキリ属 *Glenea* の種が非常に多かった．火災を受けたブキットスハルトでは 7 種 18 個体であるのに対して，火災を受けなかったブキットバンキライでは 22 種 106 個体と，種類数で 3 倍，個体数で 5 倍以上の違いが認められた．この属の種の成虫はいずれも生葉の葉脈に沿ってかじる習性がある．比較的軟らかい葉を好んで食べるために，そのような条件の葉が豊富な薄暗い森林に多く生息している．これも天然林には多くの種がいることを示した結果である．

ブキットスハルトで最も多く採れたカミキリムシはトラカミキリ族の *Perissus aemulus* で 486 個体であった．この種はマメ科のアカシア・マンギウム，*Paraserianthes falcataria*，*Millettia sericea* によく集まり，明るい環境を好む．ところがブキットバンキライではわずか 1 個体であった．これもブキットバンキライが火災の影響を受けておらず，暗く湿潤な原生林的な環境であることを示して

いる結果であろう．

(b) ライトトラップ

ブキットバンキライではカミキリムシは 125 種 991 個体であったが，ブキットスハルトでは 115 種 5,587 個体であった．マレーズトラップの結果と同様，火災を受けなかった林では種類数が多く，火災を受けた林では圧倒的に個体数が多かったのである．

ブキットバンキライ，ブキットスハルトともに最優占種であったヒメカミキリ族の *Gelonaetha hirta* の捕獲個体数は，ブキットバンキライでは 236 個体，ブキットスハルトでは 4,302 個体であった．*Gelonaetha hirta* は枯木食いの種であることから，これはいかに火災を受けた林に枯れ枝が多いかを示した結果であるといえよう．

クワガタムシは湿度の高い腐朽木を食する森林昆虫である．カミキリではないが，よく目につくし採り漏らしのない昆虫なので，ライトトラップで捕獲された種類数，個体数を 2 地域間で比較した．その結果，ブキットバンキライでは 14 種 225 個体，ブキットスハルトでは 8 種 35 個体と，圧倒的にブキットバンキライが多かった．ブキットスハルトは森林火災を受けたので枯木が多いはずであるが，ブキットバンキライの天然林にクワガタムシが多いということは，後者の森林がクワガタムシの好む湿った腐朽木を多数保持していることを示した結果だと思われる．

(c) アルトカルプストラップの結果

ブキットバンキライではカミキリムシは 63 種 1,526 個体，ブキットスハルトでは 50 種 1,891 個体であった．マレーズトラップやライトトラップの結果と同様，火災を受けなかった林では種類数が多く，火災を受けた林では個体数が多かったが，その差は小さかった．

ブキットバンキライではヒゲナガカミキリ族は 16 種 579 個体，ブキットスハルトでは 7 種 62 個体であり，前者のほうが種類数で 2 倍以上，個体数で 10 倍近く多かった．

ヒゲナガカミキリ族は大型種が多く，成虫の産卵対象木は生木や枯れて間もない大木やその切り株などであり，その生存には発達した森林の存在が不可欠である．そのようにして比較した結果，ヒゲナガカミキリ族のカミキリは，火災を受けたブキットスハルトでは 5 種 6 個体であったのに対して，火災を受け

なかったブキットバンキライでは14種320個体と，非常に大きな違いが認められた (二次林にも数多く生息する同族の *Epepeotes* 属はこの比較から除いた). さらに, ブキットバンキライで10個体以上記録されたが, ブキットスハルトで1個体か全く記録されなかったのは, *Paraleprodera epicedoides*, *Parepicedia* sp., *Epicedia trimaculata*, ビロウドカミキリ属の *Acalolepta tarsalis* と *A. dispar*, *Amechana nobilis* の6種であった. これらは良好な森林の指標種と考えられるが, この点については後から述べる理由からも裏づけられる.

(d) 吊り下げ式トラップ

ブキットスハルトおよびブキットバンキライともにカミキリムシはあまり採れなかったが, 後者では唯一ミヤマカミキリ類の *Elydnus amictus* が多く採れた. さらに, シラホシカミキリ属 *Glenea* の大型種がブキットバンキライのトラップでは6種も採れた.

このようにブキットバンキライの天然林を調べることで, ブキットスハルトの森林の状態がまだ回復していないことがよくわかった.

ブキットスハルトのカミキリムシ目録

ブキットスハルトで1998年に採集したカミキリムシ500種以上を整理して, カラー図版を付けた目録を作成した (Makihara, 1999). わずか1年という期間, しかも調査地が約1,000 ha というそれほど広くない面積, さらに標高が100 m以下ということから考えると, この種類数は驚異的な数字といわざるをえない. ただ私の未熟さゆえに, カミキリの種名同定に関してはお粗末のひと言に尽きる. 属や種の誤同定など多数の間違いが散見される目録である. しかしあえて全種カラー写真を付けたのは, どのような種がブキットスハルト演習林に生息しているかを多くの人に周知し, 恥を覚悟で同定間違いが直ちに指摘してもらえるようにするためであった. そして, 次の1年間でさらに目録の掲載種類数を増やし, 2年間にわたる調査により約700種を記録するまでに至った.

カミキリの地域別の記録種類数としては, たとえば, 約2,200万 km^2 の北アメリカ大陸が950種, 37.82万 km^2 の日本全土が760種, 旧ソビエト連邦が382種である. 調査を続けているブキットスハルト演習林の記録種類数が現在も増え続けていることや, さらに森林火災による生物相に及ぶダメージなどを考え合せるとこの種類数は驚異的であり, 熱帯降雨林の生物多様性の高さを

物語るものである (槇原, 2007). この目録が完成したのはプロジェクト終了直前の 1999 年 12 月 20 日過ぎであった. 何とか間に合い, インドネシア政府教育文化省の副長官に手渡すことができた.

火災後に異常な個体数増減を示すカミキリムシ

1999 年はブキットスハルトでも調査を継続していた. その結果, 火災後に異常に個体数が増加したものの, その後, 再び減少したカミキリムシが 3 種いることがわかった.

サビカミキリ属の *Pterolophia banksi* は, 地上部に設置したトラップではほとんど捕獲されないが, 60 m タワーに設置した各種トラップ, 特にマレーズトラップの地上高 20, 40 m でよく捕獲され, 樹上生活者と考えられる. その後, タワーに枯木を吊るして生態観察を行った結果, 直径 3〜5 cm の枯れ枝によく集まることがわかった.

本種は森林火災後の 1998 年 6〜7 月に発生が認められ, その後一時的に減少したが, 同年 11 月前後に発生の大きなピークが認められた. しかし 1999 年に入ると減少傾向が強まり, 1999 年 5 月以降ほとんど捕獲されなくなった. この種は直径 3〜5 cm のやや細い枯れ枝によく集まることから, 同様の枝が豊富な樹冠部に集まり産卵を行うと思われる. そのため, 火災後に高木林に衰弱木や枯損木が増え, 産卵に適した場所が多数でき, 一時的に個体数が増加したのではないだろうか. しかしその後, 産卵対象となるべき木が減ったためほとんど捕獲されなくなったと推定される. なお, 火災後の増加の傾向と本属他種の生態から判断して, この種は一世代に数か月しか要しないと思われる.

ところで本種はフタバガキ高木林では見つかるが, ブキットスハルト演習林の二次林では見たことがない. さらにブキットバンキライ天然林でも, 地上高 30 m にライトトラップを設置して 1 年間連続して調査を行ってきたが, 1 個体も捕獲されていない. おそらく天然林でも枯れ枝の少ないような場所では密度が非常に低い虫ではないかと考えている. 本種はまたボルネオ特産種でもある. これらのことから *P. banksi* は火災後のフタバガキ林の指標種ともいえるであろう.

サビカミキリ属の *Pterolophia melanura* も, ブキットスハルト演習林の 60 m

3-3 ブキットバンキライ天然林

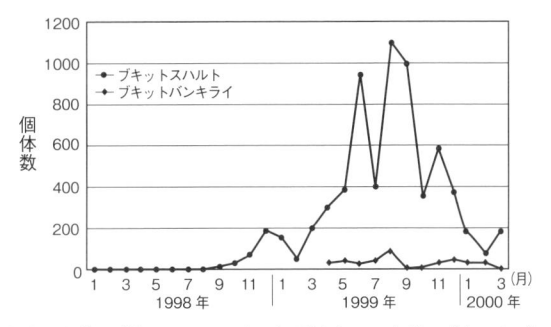

図 3-27 火災を受けた林 (ブキットスハルト) と受けなかった林 (ブキットバンキライ) のライトトラップで捕獲された *Gelonaetha hirta* の個体数変動

タワーに設置したマレーズトラップによる捕獲個体数は，前種と似たような増減傾向を示した．しかし前種が 1999 年 5 月以降全く捕獲されなかったのに対して，本種の捕獲個体数は一時期に比べ減少はしたものの，火災前と同様に捕獲されている．本種は寄主植物が，有毒の草本から木本，ジャックフルーツまで多岐にわたり，その分布もボルネオ島のみでなくジャワ島からインドシナにかけてと非常に広い．このように分布域と環境選択性の広い本種は，火災後に生活場所を求めて樹冠部に一時避難していて，そこで世代をつないでいたのではないかと推定される．なお，この種はブキットバンキライの天然林では捕獲個体数が非常に少なかった (Makihara et al., 2002)．

ヒメカミキリ族の *Gelonaetha hirta* は，夜行性で主にライトトラップで捕獲される．成虫は高木の直径 10 cm 程度の衰弱した枝や枯れ枝を歩いているところがよく観察された．ブキットスハルト演習林の 60 m タワーに設置したライトトラップでは火災前はほとんど捕獲されなかったが，火災後 5 か月くらいたってから捕獲個体数が急激に増加し始め，その半年後に一時減少したものの，1999 年 3 月より再び増加して現在に至るまで多くの個体が捕獲されている．この種は前述のジャックフルーツから幼虫，成虫が見つかったことから，幼虫の成長は早く，年二化性以上だと推定される．火災後に発生した世代では樹冠部に産卵に適した枯れ枝が豊富にあったため，その子孫にあたる次世代で爆発的な発生が認められたものと思われる．その際に地上高 45 m に設置したライトトラップで数多く捕獲されたのであろう．この調査と同時期に行ったブ

キットバンキライの天然林 (ここでは森林火災は起きていない) では, ブキットスハルトのような異常な発生は認められなかった (図 3-27).

海に出る

　ボルネオ島最大の川であるマーカム川は, 本調査の拠点であるサマリンダからも, その河口まで 100 km 以上の距離がある. テングザルを観察する目的でスピードボートを使い, 川下りをしたことがある. その際に, せっかく来たのだから河口から少し海まで出てみることにした. 驚いたことにこの川の河口付近は流れが全くなく, 実におだやかであった. はるかマカッサル海峡を眺めても海面に潮目を確認することはできなかった. 海流の流れがほとんどないのである. 2 時間ほど河口に留まっていたが, この状況は変わらなかった.

　カミキリムシなどの木材穿孔性の昆虫の分布拡大には, 河川や海流が大きく関与している (野淵・槇原, 1997). これは河川や海流により木材穿孔性の昆虫が入った流木が運ばれ, 新たに大陸や島嶼に移住することができるからである. 日本や周辺地域で動物地理学を論じるときには, 多くの漂流物を運んでいる黒潮や対馬海流などが, 木材穿孔性昆虫の分布拡大に大きな影響を与えていることは, 分布拡散のメカニズムのうえで半ば常識となっている.

　このとき, 私はウォーレス線が頭に浮かんだ. はっきりいって目から鱗であった. それまではスンダランドと周辺域では, 氷河期に起きた海進・海退による影響が, カミキリをはじめとする多くの昆虫にとって主要な分布拡大 (制限) 要因であるものと信じてきたし, 多くの教科書にもそのようなことが書かれている. しかし海退による大陸の出現や海進による島嶼分断化だけではなく, 海流の流れる方向やその強さによっても, カミキリのような木材穿孔性昆虫の多くは, 移動の制約を受けてきたのではないだろうか. 世界の海流図では, 常にボルネオ島とスラウェシ島の間のスラウェシ海とマカッサル海峡は, 一番外れに図示されている. たまに中央部に書かれている地図を見ると, 海流はボルネオ島東岸沿いに細い線で描かれており, 海流の流れる方向を示す矢印のないことに気づく (図 3-28). これではマーカム川の流木もマカッサル海峡を渡ることはできない. このことに気づくきっかけになったマーカム川の川下りは, 私にとっては素晴らしいものだった.

　ところで当初の目的のテングザルであるが, 一応は見ることができた. ただ

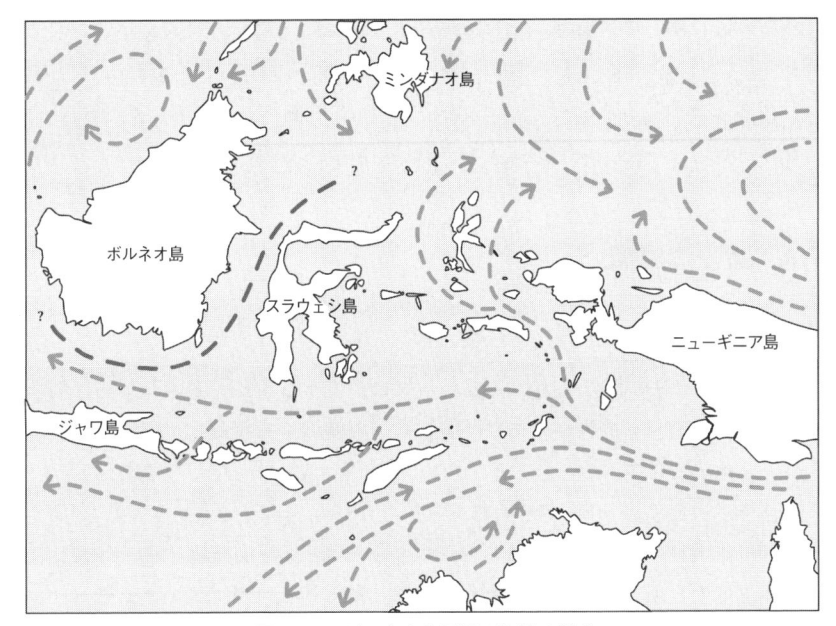

図 3-28 ボルネオ島周辺の海流の動き

し，石炭の露天掘りをマングローブ林で施業する地域が増えていて，テングザルの住みかも減っているようであった．

近隣地域との類縁性

ブキットスハルトのカミキリムシ目録のうち，種名が決定できた370種と近隣他地域と類似性を比較した．共通種(共通率)はマレー半島が最も多く125種(33.8%)，次にスマトラ島の86種(23.2%)，ジャワ島(17.8%)，ラオス38種(10.3%)，フィリピン19種(5.1%)，スラウェシ島10種(2.7%)，ニューギニア5種(1.4%)で，ウォーレス線を境にしてカミキリ相が大きく異なることがわかる．特にボルネオ島と距離的に最も近いスラウェシ島との共通種率は2.7%と低い．これはウルム氷期の頃の島嶼の大陸化の時代にもボルネオ島とスラウェシ島とは深い海で分断されていたことだけでなく，木材穿孔性甲虫の分布拡大には河川，海流の動きが関与しているが，両島の間を横断する海流の動きがないことが共通種率の低い，大きな要因であろう．

ちなみに日本との共通種は3種 (0.8%) であった．これらはムツボシシロカミキリ，フタホシサビカミキリおよびカスリドウボソカミキリである．ただし最近，タケトラカミキリとサビアヤカミキリが追加され，現在は5種が共通となっている．

3-4　新たな展開

再びサマリンダへ

　JICA熱帯降雨林研究計画は終了し，プロジェクトをインドネシア側に引き継いだが，はたしてそれがうまく機能して，調査研究が継続して行われるかどうかを見極める必要があった．そのため，JICAはフォローアップを計画し，その任務を受けて私は2000年3月6日～5月8日，再びサマリンダ入りをした．
　実は日本人研究者が引き揚げると，ブキットスハルト演習林で違法伐採により森林破壊が進むことが懸念されたことと，せっかくの長期にわたる調査が中断されるのは将来に禍根を残すと思ったので，当時のアシスタントほか数名に，藤間氏と私が個人的にポケットマネーを渡し，各種トラップによる調査を2年間継続させた．同様に今回の滞在中2か月間に調査を継続するとともに，私のカウンターパートであるムラワルマン大学の昆虫学教官のシヤムト氏に1998年以降にブキットスハルトとブキットバンキライで採集したクワガタムシ科のカラー図版付き目録を作成させた (Soeyamto *et al.*, 2000)．これは英語とインドネシア語を併記したもので，クワガタの種名にもインドネシア語を表示するようにした．インドネシア人は虫に興味がないのか，種類ごとにインドネシア語名がない場合が普通である．子供でも虫に対する関心が薄い．今回，クワガタのように大きな甲虫にインドネシア語名を付けたことで，インドネシアの人にも虫をもっと理解してもらえればとの思いを込めたのである．この資料を用いたセミナーには，シヤムト氏が講師として発表したところ，地元の学生も多数聞きに来て大変好評であった．
　日本全土で現在クワガタは40種が記録されている．今回まとめたブキットスハルトとブキットバンキライを合わせた1,300 haの地域からそれに匹敵する38種が記録された．限られた期間の調査であるから，将来はこの数がさらに増

えるのは明らかである．カミキリ同様クワガタも，この地域の種多様性の高さを証明したことになる．

応用研究の始まり

(a) 車問題

2001年1月から3月までJICAの短期専門家 (森林火災の影響評価) として東カリマンタンに入った．JICAプロジェクトが終了すると，供与機材は相手国側の所有になる．自動車もしかりである．もっとも，日本人専門家がその後，調査に入った場合は，調査用として使用できるという約束は交わされている．トヨタのランドクルーザーが熱帯降雨林研究センターにあったのだが，この車はムラワルマン大学の学長が当時使用していた．ここまでは別に問題はなかった．サマリンダに入った私に，JICAインドネシア事務所の担当者が，調査に行くにも道が悪いから，このランドクルーザーを使うように伝えてくれた．彼の勧めに従い，この車の使用を申し入れたが，学長が駄目だという．実は子供の送り迎えに使っていたのである．JICA短期専門家で滞在している間だけの使用だというのに，いっこうに耳を傾けようとしない．それどころか彼は，「大学学長は州知事と同じくらいの地位にあり，高級車を使う権利がある」と，JICAインドネシア事務所と教育文化省に連絡してくる始末である．揚げ句の果てには，「槇原専門家はムラワルマン大学の全ての施設を使うことはまかりならない」という文書を出されてしまった．逆切れもいいところである．さすがに頭にきたので大学を引き払い，以前に住んでいた借家を作業場としてアシスタントたちと一緒に調査を行い，JICAに提出する報告書の取りまとめを行うことにした．

ところが大学側は家で仕事をしているのが気になるようで，ムラワルマン大学の熱帯降雨林研究センター (PPHT; PUSREHUTから名称変更をした) の教官や職員は，学長のいうことは気にせずにPPHTで仕事をしてくれという．そうこうしているうちに，前年に学長自身が発行した「JICA専門家は大学の施設は使って良い」というお墨付きの公文書が出てきたので，当の学長も何も言えなくなったのである．しかし，謝罪の言葉は全く出てこない．その頃は，アシスタントの親戚が安いレンタカーを用意してくれていたので，そちらを使って調査をしていた．学長のみのついたランドクルーザーはついぞ使うことはなかった．

(b) ムラワルマン大学キャンパスのカミキリ相

実はブキットスハルト演習林だけでなく，ムラワルマン大学の PPHT の周辺にも，マレーズトラップ 4 基を 1998 年 1 月から設置していた．調査は継続していたので，採れたカミキリムシの整理をして，報告した (Sugiarto *et al.*, 2001)．JICA 短期専門家の終了報告会では，大学教官のイスカンダール氏と私のアシスタントであるスギアルト氏に発表をしてもらった．内容は次のようである．

ムラワルマン大学の PPHT キャンパスで捕獲されたカミキリは合計 56 種であった．調査地の面積は約 0.5 ha，たいした林もないことを考えるとまずまずの数字である．興味深かったのは，全く火災が起きていないのに，極度の乾燥の影響がカミキリの種類数および個体数に現れていたことである．雨の降り出した 5 月に捕獲種類数および個体数が 0 となったが，火災を受けたブキットスハルトとは約 2 か月のずれがある．この乾燥が木を衰弱させたと思われ，個体数の異常な増加が同様に約 2 か月遅れて認められた．火災がなくても強い乾燥があれば，火災と似たような現象が遅れて起きるようである．ここでは 1998 年 1 月から 2001 年 12 月までの種類数・個体数の捕獲消長を示した (図 3-29)．

図を見てわかるように 2000 年は調査地周辺で改築工事が行われ，工事用の資材がトラップの周りに積み上げられたのでその影響を受けてなのか，カミキリは全く採れなくなった．しかし工事が終わると再び捕獲個体数が増加した (Sugiarto *et al.*, 2001)．面白いものである．

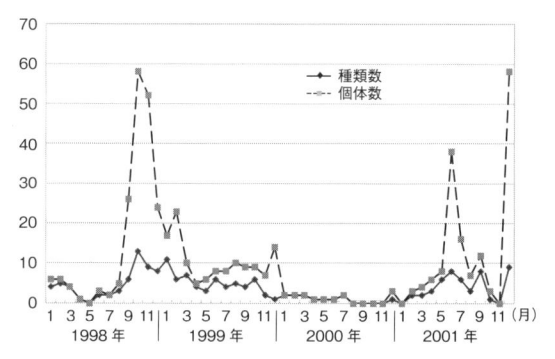

図 3-29 ムラワルマン大学キャンパスに設置したマレーズトラップで捕獲されたカミキリムシ類の種類数・個体数変動

(c) 森林環境指標種

　この 2001 年は忙しい年で，環境省 (日本政府) の「森林火災による自然資源への影響とその回復評価に関する研究」にも加わり，ブキットバンキライを試験地としたのである．この調査研究を始めるにあたって，ブキットバンキライの火災の影響を全く受けなかった天然林 (以下天然林とする)，かなり焼けた天然林 (以下半焼林)，ほとんど焼けた二次林 (以下全焼林) の 3 段階の林，この 3 段階の林からそれぞれ 1 km 離れた林について，各 1 ha の範囲を試験地とした．調査方法はお馴染みのマレーズトラップ，吊り下げ式トラップおよびアルトカルプストラップ各 3 基を 100 m 四方の外枠に設置した．設置開始は 2001 年 2 月 7 日で，毎週 1 回の調査回収で 2 年間連続して行った．このうちアルトカルプストラップは 2 週間ごとに新しい枝を追加した．

　このようにして得られたカミキリムシを種名同定し，2001 年 2 月から 10 月までの連続 9 か月間について整理した．その結果，天然林では 44 種 784 個体，半焼林では 42 種 655 個体，全焼林では 45 種 875 個体であり，種類数，個体数ともにほとんど差が認められなかった．しかしながら各林分の種構成はかなり異なっていた (図 3-30)．

　天然林は良好な森林環境，全焼林は劣悪な森林環境を，半焼林はそれらの中間的な森林環境を示す森林とみなすことができよう．今回のデータに加え，過去に調査した「火災を受けたブキットスハルト」と「火災を受けなかったブキットバンキライ」の天然林の記録も参考にして，森林環境の違いに応じて特異的に出現するカミキリを指標種として抽出してみた．特に今後のモニタリングに利用するために，種類数，個体数ともに最も捕獲効率が良いアルトカルプ

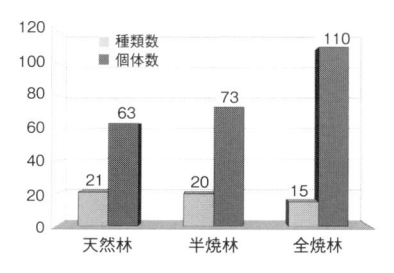

図3-30 天然林，半焼林，全焼林に設置したアルトカルプストラップで捕獲されたカミキリムシ種類数・個体数 (2002年8月)

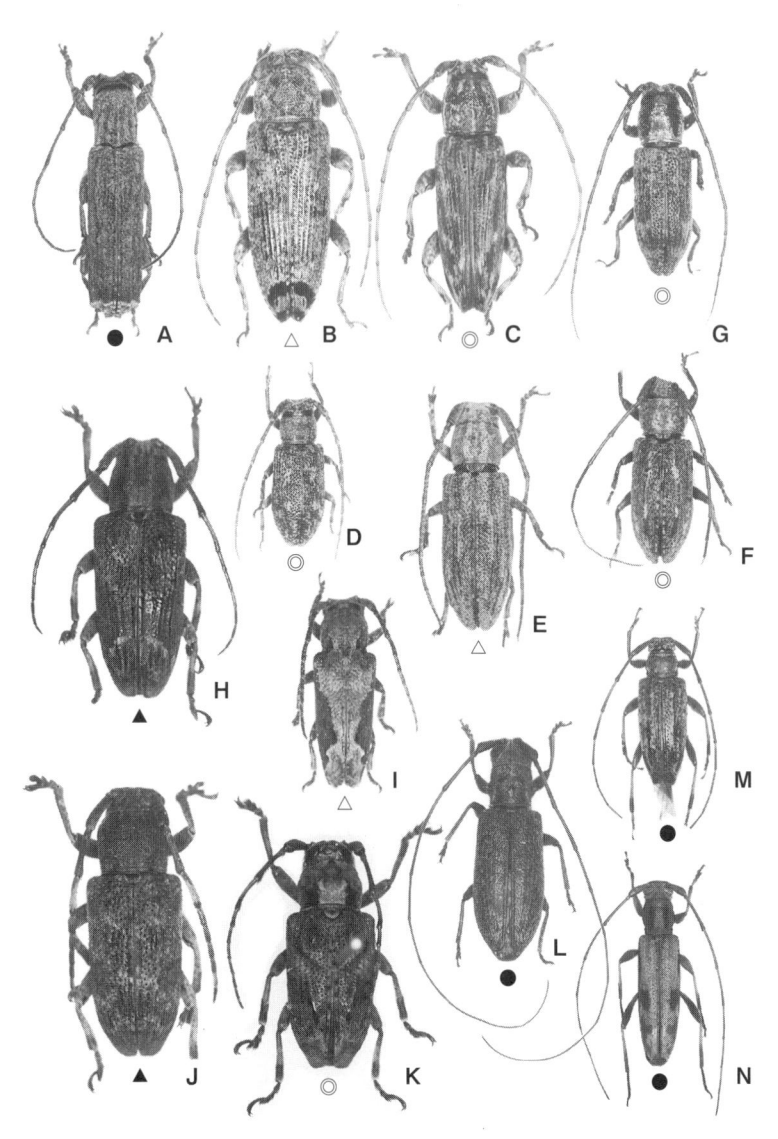

図 3-31 森林環境の指標種 (1)　(A) *Atimura bacillina*. (B) *Sybra binotata*. (C) *S. vitticollis*. (D) *Ropica angusticollis*. (E) *R. marmorata*. (F) *R. quadricristata*. (G) *R. sparsepunctata*. (H) *Pterolophia annulitarsis*. (I) *P. crassipes*. (J) *P. melanura*. (K) *P. scopulifera*. (L) *Xenolea tomentosa*. (M) *Nedine adversa*. (N) *Rondibilis spinosula*. ◎: 良好な森林環境の指標種, ●: 比較的劣悪な森林環境の指標種, △: 劣悪な森林環境の指標種, ▲: どのような森林環境でも見られる種.

3-4 新たな展開　　　　　　　　　　　　　　　　　　　　　　　　　　　　　　　　　181

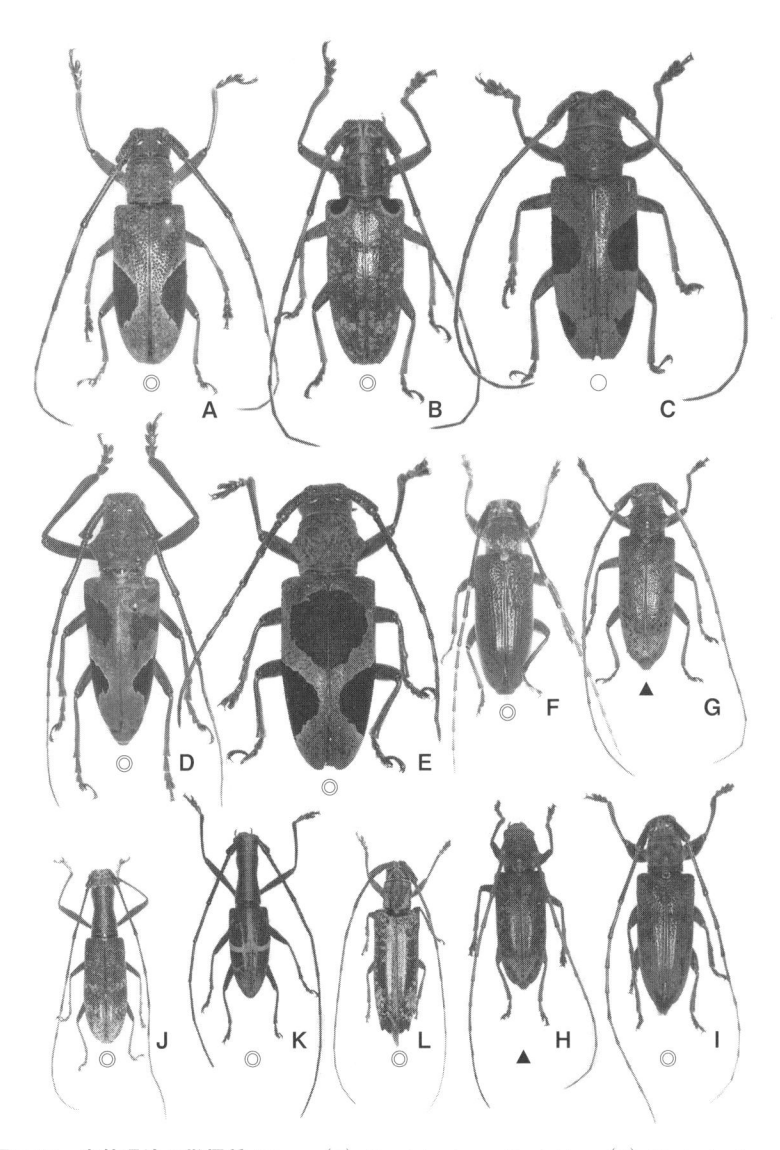

図3-32　森林環境の指標種 (2)　　(A) *Paraleprodera epicedoides*. (B) *Epepeotes luscus*. (C) *E. lateralis*. (D) *Parepicedia* sp. (E), (F) *Epicedia trimaculata*. (G) *Acalolepta dispar*. (H) *A. rusticatrix*. (I) *A. tarsalis*. (J) *Gnoma longicollis*. (K) *G. vittaticollis*. (L) *Amechana nobilis*. ◎：良好な森林環境の指標種，○：比較的良好な森林環境の指標種，▲：どのような森林環境でも見られる種.

ストラップで得られたカミキリを対象としたところ,おおむね次のような傾向が認められた (槇原ほか, 2004. 図 3-31, 3-32).

<u>良好な森林環境の指標種</u>

Ropica angusticollis, *R. quadricristata*, *R. sparsepunctata*, *Sybra vitticollis*, *Pterolophia scopulifera*, *Amechana nobilis*, *Paraleprodera epicedoides*, *Parepicedia* sp., *Epicedia trimaculata*, *Metopides occipitalis*, *Acalolepta dispar*, *A. unicolor*, *Gnoma longicollis*, *G. vittaticollis*, *Nyctimenius ochraceovittata*

<u>比較的良好な森林環境の指標種</u>

Epepeotes lateralis と同属の他 1 種, *Acalolepta tarsalis*

<u>劣悪な森林環境の指標種</u>

Sybra binotata と同属の他 1 種, *Ropica marmorata*, *Pterolophia crassipes*, *Rondibilis spinosula*

<u>比較的劣悪な森林環境の指標種</u>

Atimura bacillina, *Xenolea tomentosa*, *Nedine adversa*

<u>どのような森林環境でも見られる種</u>

Pterolophia melanura, *P. annulitarsis*, *Acalolepta rusticatrix*

ブキットバンキライ天然林ではこの時点で 469 種のカミキリが捕獲されていたので,本調査の機会にとりあえず目録を作り,形式としては JICA の報告書とした (Makihara *et al.*, 2002).

CDM 試験林の調査

2002 年以降もいくつかのプロジェクトに参加した.そのなかで「CDM 植林が生物多様性に与える影響評価と予測技術の開発 (2004〜2008)」では,これまでインドネシア・カリマンタン州でやってきた成果を生物多様性の評価に利活用した.

CDM (Clean Development Mechanism: クリーン開発メカニズム) とは京都議定書により温室効果ガスの削減目標の設定が義務づけられている先進国が,削減目標義務のない発展途上国内において植林などによる温室効果ガス削減プロジェクトを実施し,その結果,削減した量を CO_2 削減クレジットとして取

3-4 新たな展開   183

得できる制度である．

　しかしながら二酸化炭素吸収を優先するために，早生樹種ばかり植栽すると生物多様性が著しく低下することが憂慮される．そのようなメカニズムを明らかにするために CDM 植林地において具体的に生物相を調べ，CDM 植林が生物多様性に与える影響を評価し，それとともに予測技術を開発するという経緯で始まったプロジェクトである．

　試験地は東カリマンタン・バリクパパン近郊のスンガイワイン保護林とその周辺地域である．スンガイワイン保護林は約 10,000 ha と広く，このうちの天然林を対照林とした．CDM 植林地としてはアカシア・マンギウムを選んだが，小規模な植林地が多く，ミニモデルといった感じである．多くの試験地を選び，アルトカルプストラップを利用して調査した．そこからいくつかの調査結果を紹介しよう．

図 3-33　スンガイワイン保護林周辺の調査地　　（A）アカシア・マンギウム 9 年生林分．（B）1998 年火災時の焼け残り二次林．（C）アランアラン草原とフタホシサビカミキリ．（D）アランアラン草原に設置したアルトカルプストラップ．

(a) スンガイワイン保護林周辺各種林分のカミキリムシ相の比較

調査を実施したのは，アカシア・マンギウムの9年生林分，同じく7年生および5年生林分，1998年火災時の焼け残り二次林，アランアラン(チガヤの一種)草原の，各2林分である(図3-33)．これらの林分は全てスンガイワインの良好な森林から離れており，さらに途中には適当な規模の林もなく，周辺地域のカミキリムシ相の影響をほとんど受けない立地にある．調査は2006年12月15〜26日に行った．

本調査の結果，捕獲種類数は15種前後で，どの林分でも差があまりなかった．個体数は二次林，アランアラン草原，アカシア・マンギウム(ACM)5年生，7年生，9年生林の順であった．これらの林分に見られる良好な森林の指標種の割合は，アカシア・マンギウムの3林分ではあまり差がなく10%以下で低いが，それでも二次林よりは高かった．アランアラン草原は0%であった．逆に劣悪な森林の指標種はアランアラン草原，二次林，アカシア・マンギウム5年生，7年生，9年生林の順に高かった(図3-34 A, B, C)．

注目すべき点はアランアラン草原にカミキリが多いことである．日本人の感覚からすると草原にいるカミキリは草食いのように思われがちである．しかし，東カリマンタンのアランアラン草原は，もともとは森林だったところなので，木本植物で火に強いタイプのものは死滅せずに生き残るし，種子が飛んできて生えるものもある．アランアラン草原に寝転ぶとよくわかるが，実に多くの樹種が萌芽している．多いのはマメ科の *Millettia sericea*，キク科の *Vernonia arborea*，オオバギ科の *Macaranga javanica*，*Begonia isoptera* であった．これらの木は萌芽するとすぐに焼かれ，細い枯れ枝がアランアラン草原の中に多数できることになる．アランアラン草原に生息しているカミキリはいずれも小型種なので，細い枯れ枝を幼虫が食べていると考えられる．そこで試しに枯れ枝を折ってみると，中心部が広く空洞になっていて，カミキリの幼虫の食痕であることがわかる．このようなことを見ているとアランアラン草原は草地でなく，森林遷移の途中段階の一つとみなしたほうが良さそうである．ただ，このまま放置するならば，元来のフタバガキ林には戻らずに，別のタイプの二次林になるのであろう．

ところで，アランアラン草原にはメスだけで単為生殖するフタホシサビカミキリ *Ropica honesta* がよく見られる．この種は，森林が発達した場所では採集

された. かつて，森林火災後のブキットスハルト 60 m タワー上部でかなり捕獲されたが，その後は採れなくなった. この種は日本の南西諸島にも広く分布していて，集落の周りなどに多く見られる. なぜこのように撹乱された環境を好んで生活しているのか，その詳しい生態は不明である.

　CDM 植林地における生物多様性の維持管理を考えた場合，今回の例ではアカシア・マンギウム林のほうが二次林よりも，わずかであるが良好な森林の指標種が多かった. このことは二次林として放置するよりは，アカシア・マンギ

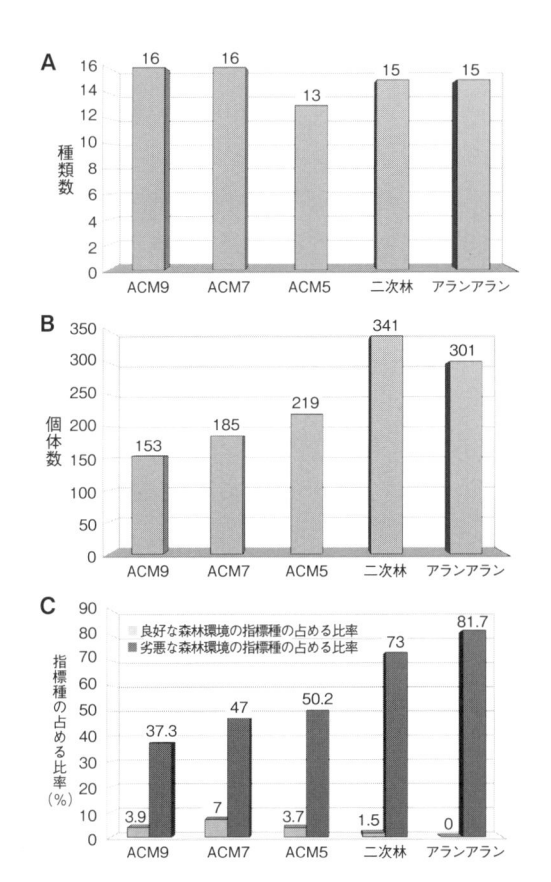

図 3-34　アルトカルプストラップで捕獲されたアカシア・マンギウム，二次林，アランアラン草原でのカミキリムシ　2006 年 12 月 15 日〜26 日. (A) 種類数. (B) 個体数. (C) 指標種の占める比率 (%).

ウム林に転換したほうがより多様な生物が生息できると考えられる．ただ問題は，この林が長伐期林でなく，8年程度でローテーションを組む短伐期林であることだ．熱帯林とはいえ，生物多様性を育むには10年足らずの歳月はあまりに短いようにも思える．

(b) スンガイワイン保護林内各種林分のカミキリムシ相の比較

調査を実施したのは，スンガイワイン保護林内の，アカシア・マンギウム5年生林，1998年に焼けた二次林，1983年に焼けたやや明るい二次林，1983年に焼けたやや暗い二次林，1983年に火災を受けたがその被害は軽く比較的良好な森林で，これらの林分が数100m間隔に連続している．調査は2006年12月15〜26日に行った．

種類数はどの林分もあまり差がないが，中央に位置するやや明るい二次林がわずかに多かった(図3-34)．個体数はアカシア・マンギウム5年生林と中央に位置するやや明るい二次林が多く，やや暗い二次林と良好な森林では少なかった(図3-34)．ところで良好な森林の指標種の割合では，良好な森林は40％と最も高く，アカシア・マンギウム5年生林と1998年に焼けた二次林ではほぼ0％であった．逆に劣悪な森林の指標種の割合を比較してみると，アカシア・マンギウム5年生林が60％以上と最も高く，良好な森林は15％と最も低くなっていた(図3-34)．このようなことから，中央に位置する暗い二次林は，良好と劣悪な森林に生息する両方の種が生息するために種類数が多かったのである．

(c) スンガイワイン保護林と周辺地域における各種林分間のカミキリムシ相の比較

アカシア・マンギウム5年生林，スンガイワイン保護林の林内〜林縁に連続する3林分(2006年12月15〜26日実施)，スンガイワイン保護林から数km離れて孤立した1林分と，大きなアカシア・マンギウム林から約200m離れた孤立林分(2004年12月20〜31日実施)においてカミキリムシ相の比較を行った．

種類数は保護林から数km離れた孤立林分だけで少なく，他の林分ではそれほど差が認められなかった．個体数は孤立林分のほうが連続林分よりもかなり少なかった．特徴的だったのは，どのような林分でも生息するサビカミキリ属の *Pterolophia melanura* とビロウドカミキリ属の *Acalolepta rusticatrix* の2種が非常に多いことである．

一連の調査から明らかになったのは，人工林をCDM植林に利用する場合で

も，生物多様性保全に配慮するならば，天然林かそれに準じるようなコアとなる森林に接するような形で配置することが望ましいだろう．

再びブキットスハルト

2004〜2006 年にかけて，1998 年の火災後のブキットスハルトのカミキリムシ相の変化について調べてみた．はたしてこの森のカミキリは 6〜8 年の歳月を経てどのような状態にあるのだろうか．

(a) 地上部 4 カ所に設置したマレーズトラップ

ブキットスハルトで，1998 年から連続してマレーズトラップ調査を実施したときと全く同じ場所 4 カ所に，2004 年 12 月 14 日〜2005 年 1 月 11 日の 4 週間連続でマレーズトラップを設置した．

1998 年の火災発生前にあたる 1 月の調査では毎週ほぼ同じような結果で，種類数 20 種以上，個体数 30 個体以上が捕獲されている (図 3-22)．約 6 年後の 4 週間の結果は，第 1 週目から第 4 週目にかけてそれぞれ，22 種 27 個体，20 種 45 個体，18 種 33 個体，8 種 10 個体であった．マレーズトラップは飛翔中の昆虫が捕獲されるトラップなので，降雨時には虫がほとんど採れない．今回の調査では後半 2 週間に雨が多く，それが原因でトラップに入るカミキリムシが少なかったものと思われる．

1998 年の調査開始当時のことを思い出していただきたい．このときは 1997 年 12 月まで雨が降っており，年明けの 1998 年 1 月からは雨が全く降っていない．降雨明けで晴天が続き，マレーズトラップで多数の昆虫が捕獲される条件が整っていたのである．このことを考慮すると，2004 年の結果のうち特に前半の 2 週間では捕獲されたカミキリの種類数，個体数は 1998 年にほぼ匹敵する．また，捕獲されたカミキリには良好な森林環境の指標種も多く含まれている．このような状況から考えると，火災後 6 年を経て，ブキットスハルトのカミキリ相はほぼ回復したと判断してよいものと思われる．

(b) ブキットスハルト 60 m タワーでのアルトカルプストラップ

2005 年 12 月 28 日〜2006 年 1 月 5 日の 9 日間，ブキットスハルト 60 m タワーに地上部から 10 m おきに，1998 年と同様にアルトカルプストラップを設置した．このデータと，1998 年 8〜10 月の調査のうち 8 月 31 日〜9 月 7 日の 8 日間のデータを整理して，捕獲された種類数および個対数を比較してみた．

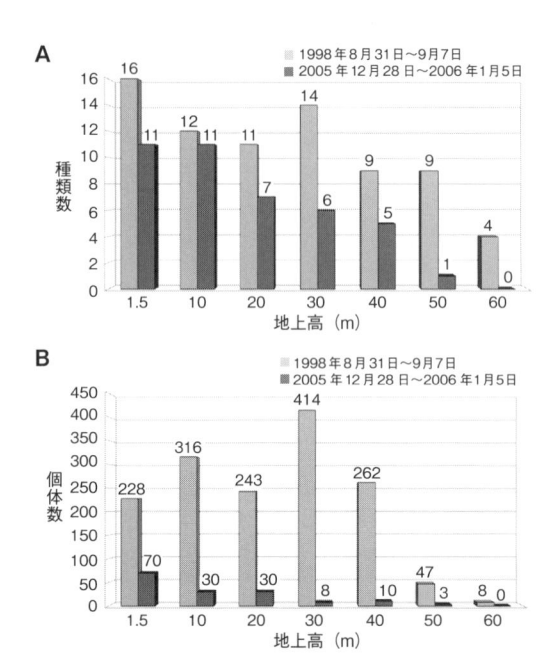

図 3-35 1998 年と 2006 年，タワーに設置したアルトカルプストラップで捕獲されたカミキリムシ

このアルトカルプストラップでは，新たな枝を追加しないという点でトラップの条件をほぼ同じにしている．

　種類数では，1998 年は，高い位置に向けて少しずつ減っていくが 50 m までは減少傾向はそれほど顕著ではなく，60 m のような高所でも 4 種が捕獲されている (30 m ではいったん増加している)．これに対して 2005〜2006 年では高い位置に向けて段階的に減少しているし，60 m では全く捕獲されていない (図 3-35 A)．

　個体数では，1998 年は，40 m までは個体数の増減がばらつくがその差は小さく，50 m と 60 m では極端に少なくなっている．これに対して，2005〜2006 年では全体に非常に少なく，高い位置ほど減少している (図 3-35 B)．

　これは前にも述べたことであるが，森林火災直後の 1998 年はフタバガキ科の高木林の上部に枯れ枝が多く発生したために，カミキリの餌資源が増加し，それに伴いカミキリの種類数，個体数ともに一時的に増加した．しかしその

後，高木林上部の枯れ枝も利用しつくされ，また餌資源は森林の下部に移行したため，カミキリは減少したと考えられる．正常な状態に戻ったのであろう．

　上記のことから，ブキットスハルトのような樹高の高い森林では，火災が起きても火は地表を走り，燃えつくされるのは地上付近だけであることから，カミキリのような木材穿孔性の甲虫が壊滅的なダメージを受けることはない．彼らは森林上部に一時的に回避し，火災後の比較的早い時期に森林の下方に向けて回復するようである．事実，この調査ではおよそ6～8年の比較的短い時間で元の状態にまでカミキリ相は回復している．もっともこの現象が，東カリマンタン低地全体に共通していえるかどうかは現状では何ともいえない．その検証のためにも今後の継続的な調査研究は必要となろう．

3-5　おわりに

　これまで，長々とインドネシア・東カリマンタン低地におけるカミキリムシ採集のことを書いてきた．最初は採集に明け暮れ，途中で大森林火災が起こり，その間もカミキリを採り続けた．その結果，森林火災がカミキリ相に与えた影響がわかるようになってきた．そして特筆すべきは，アルトカルプストラップという熱帯林できわめて有効な調査方法を開発できたことである．このトラップを使うことにより，森林環境タイプごとのカミキリの指標種が明らかになった．さらに，アルトカルプストラップを使って得られたカミキリ相を解析することで，森林の良好さ，粗悪さを判断し，森林火災による被害の回復度を知ることができるようになったのである．すなわち，虫採りも徹底すれば科学といえるまでになるのだ．

　ところで，日本では2000年8月に伊豆諸島三宅島が噴火した．その火山ガスの影響で，多くの木が死滅した．私の2004年からの調査によれば，その影響で火山ガス高濃度地区では，最初は硬い枯れ木食いのフタオビミドリトラカミキリの大発生が見られた．その後，枯れ木が腐朽してくると，ノコギリカミキリやウスバカミキリなどの腐った木を食すカミキリが増加してきた．また，カミキリ以外の昆虫も異常発生を繰り返している．東カリマンタンで火災後のカミキリの異常な増加を目の当たりにしてきた私には，三宅島のその異常な光景がダブって映るのである．

今になって思えば，ボルネオに行かなければ，私はいったいどんな人間になっていたのだろう．森林総合研究所という組織のなかで管理職という立場で終わり，いかにも職務を全うしたと一人思い込み，面白味，人間味のないつまらぬ人物のまま，次の人生を歩んでいたかもしれない．現在，私は森林総合研究所の非常勤職員という形で働いている (2013 年 3 月現在)．なにか公的なイベントがあると，司会の方は森林総合研究所を辞める最後の役職「元海外推進拠点熱帯荒廃林担当チーム長」であると私を紹介する．これは嫌なので，非常勤職員であると言い換える．なぜならば私は，そのような組織の枠組みにとらわれず，あのボルネオの熱帯林で身についた考え方や能力を生かして，現在も後進の指導をしながら現場で働いているからである．

4 非武装地帯の崩壊がコブヤハズ群にもたらしたもの

(高桑正敏)

4-1 はじめに

　私たちがいま見ている生物の種それぞれの分布は，本来，その種自体の営みとその種を取り巻く自然環境の歴史，つまり自然史によって規定されてきたはずである．しかし人間活動によって，その分布態が多少とも変わってしまう出来事が生じてきた．その一つは，種そのものの移動である．他地域との交流・流通が活発・大量・迅速になるにつれ，人間が意図するかしないかにかかわらず，その種の自然分布域から外れた地域での分布を生じるようになった．いわゆる外来種の存在である．またもう一つは，人間がその種の自然分布域で行ってきたことによる影響である．土地開発や治水などの都市化，あるいは外来種の繁茂・捕食圧などによって，多くの種は生育・生息基盤を失って面的に

分布域を縮小し，その地域での個体群存続に危機を生じるようになった．いわゆるレッドデータ種の存在である．逆に里山生物のように，人間が創出し，維持してきた半自然環境のなかで，繁栄するにいたった種類もあった (もちろん現在はその里山生物の多くも危機に瀕しているが).

　一方，人間の営為が生物を思わぬ事態へと向かわせることもあろう．その一つがここに紹介する日本のコブヤハズカミキリ属である．後で述べるように，かつて彼らの間ではしばしば，きわどく分布域を接した分布態 (つまり側所的分布) を形成し，かつその分布の接点 (接線) では互いが発見できないゾーン (それを私たちは「非武装地帯」と呼んできた) があったものの，最近になってその状況は一変したように思える．——彼らが個体数を著しく増加させた結果，非武装地帯は各地で崩壊する事態となり，また分布の接点では互いが入り混じり，高率で雑種が出現する場所さえ現れた．こうした状況への引き金は，おそらく拡大造林政策という人間の所業にあった．コブヤハズカミキリ属各種は，大規模な伐採と針葉樹植林によって大ブレイクしたらしいのである．本来なら彼らは，互いに分布域を関与・抑制しながら，自然環境や地史の動きとともにきわめて緩やかに分布態を変えてきたことであろう．それなのに，どうやら一気に戦いの場を生じてしまったらしい．

　以下，まず 4-2 節では日本のコブヤハズカミキリ群 (以下，和名においてカミキリを略) についての概略を，4-3 節では妙高山塊におけるコブヤハズとマヤサンコブヤハズの間における非武装地帯の存在とその崩壊を，4-4 節ではそれら 2 種に関係した「黒紋コブヤハズ」という謎を，4-5 節では八ヶ岳におけるフジコブヤハズとタニグチコブヤハズの分布の動態と遺伝的な交わりを見ていくことにしよう．それらからは「コブヤハズカミキリ属における種とは何か」という困難な命題も浮かび上がってくる．これは 4-6 節で考えることにしよう．4-2，4-3 節とも私の前作 (高桑, 1987; 1988) と重なる部分もあるが，話の展開上お許しいただきたい．

4-2　コブヤハズカミキリ群の属種たち

　コブヤハズたちは人気者である．それほど昆虫に関心のない人でも，その生きた姿に「可愛い！」と声をかけてくれる．もちろんカミキリ愛好者の多くも，

この仲間の採集にいそしむ．人気のもとは何なのであろうか．ある研究者は次のように書いている．「この"コブ叩き"は，なんとも面白くて，一度経験すると，コブヤハズカミキリがポトリと落ちてくる感触が忘れられず，つい何度もやりたくなってしまう．また，落ちたコブヤハズカミキリはせわしなく歩き回るでもなく，そのとぼけた雰囲気が愛らしいのも楽しい理由の一つである．」(中峰, 2003 より一部引用)

　愛好者にとってはもう一つ，飛べないために地理的変異に富むことが最大の魅力であろう．あるいは，異なった種との間できわめて微妙な分布状態となっていること，さらにその微妙なところでハイブリッドが出現するなど，分布と種関係の危うさにひかれるのかもしれない．ただし，その地理的変異にしても，分布と種関係にしても，そうした問題を生物学的にどう考えるかが難しい．

属の系統関係は不明

　日本のコブヤハズ群は普通体長 10 数～23 mm 前後で，カミキリムシとしては中型ないしやや大型の部類に属する．表 4-1 に示すように，現在の扱いでは 3 属 6 種に分けられている (ただし後で理由を述べるが，その扱いが妥当であるかどうかは議論がある)．彼らの最大の特徴は，飛ぶ機能を捨て，歩く機能を発達させてきたことにある．飛ぶために必要な後翅を退化させるとともに，歩きやすいように腹部と後胸，上翅 (鞘翅) を短縮する一方，肢を発達させてきた．3 属の違いは，上翅を短縮する方法の違い (図 4-1) と言ってもいい．その形態からはカミキリムシのなかで独特なイメージを受けるが，雄交尾器の形状

表 4-1　日本のコブヤハズカミキリ群 (草間・高桑, 1984)[*]

コブヤハズカミキリ属　*Mesechthistatus*
コブヤハズカミキリ　*M. binodosus*
マヤサンコブヤハズカミキリ　*M. furciferus*
タニグチコブヤハズカミキリ　*M. taniguchii*
フジコブヤハズカミキリ　*M. fujisanus*
セダカコブヤハズカミキリ属　*Parechthistatus*
セダカコブヤハズカミキリ　*P. gibber*
ヤクシマコブヤハズカミキリ属　*Hayashiechthistatus*
ヤクシマコブヤハズカミキリ　*H. inexpectus*

[*] 亜種については表記しない．

などからフトカミキリ亜科のヒゲナガカミキリ族に含まれる一群であることは確かだろう (高桑, 1988).

飛ばなくなったカミキリムシは日本のコブヤハズ群だけではない．世界各地にさまざまな系統が存在し，その一部はコブヤハズ群に多少とも似た形態をもっている．ただし，互いの系統関係が必ずしも明らかにされていないのが，何とも残念なところである．

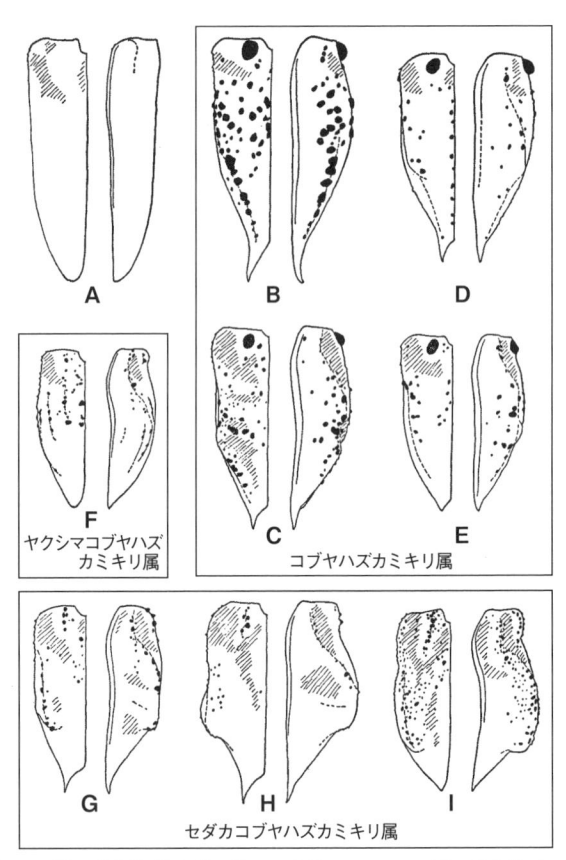

図 4-1　コブヤハズ群の上翅短縮方法の違い (高桑, 1988)　　(A) 祖先種？．(B) コブヤハズ．(C) フジコブヤハズ．(D) マヤサンコブヤハズ．(E) タニグチコブヤハズ．(F) ヤクシマコブヤハズ．(G) セダカコブヤハズ (鳥取県大山産)．(H) セダカコブヤハズ (和歌山県大塔山産)．(I) セダカコブヤハズ (熊本県椎矢峠産)．いずれも♂，左上翅 (左：背面図，右：側面図)，斜線部は凹陥部分を示す．

実は，つい最近まで台湾にもコブヤハズ属の1種 *Mesechthistatus yamahoi* (Mitono) が分布するとされていたが，周 (2008) にその種の写真が掲載され，中国大陸に分布する全く別の属のものであることが判明した．一方，セダカコブヤハズ属は中国 (既知は *Parechthistatus chinensis* Gressitt の1種のみ) と本州・四国・九州に分布するとされているが，中国の種を本属に含めるべきかどうかは問題がある．ヤクシマコブヤハズ属は屋久島に固有であり，他地域には知られていない．と，このように記すなら，二つの点でいぶかしがる方もおられるだろう．一つには，これだけ日本のカミキリ相が調べられてきているのに，なぜ中国の種との関係がわからないのか (台湾の種もごく最近になって明らかとなったにすぎない)．もっともであるが，理由はごく単純なのである．悲しいかな，*P. chinensis* は日本では標本を見ることもできないほど，私たちに知られていないからである．つまり形態的な検討を行いたくとも，その材料が私たちの手元にはない．それゆえ，中国の種との系統関係が不明のままであり，日本の種が日本で分化したのか，それとも多くの種と同じように中国で分化したものが日本に到達したのか，という議論ができない．もちろん日本産を3属に分けることが妥当であるかどうかの大局的な判断も難しい．もう一つ，屋久島という小面積かつ最終氷期最盛期 (2万年前頃) には九州本土と陸続きであった島に，固有な属があること自体がいかがわしい，という意見もあるかもしれない．しかし，属を形態のまとまりの観点で見るなら，上記2属とは明らかに区別できる．どちらの属に含めるのも妥当とは思えないので，全てを同一属として扱わないのであれば，独立の属として認めざるをえない．それに島の面積や成立の歴史をいうなら，他にも似た例はいくつもある．たとえば，火山列島の南硫黄島はごく小さな島に加え，成立後たかだか数万年にすぎないとされるのに，大型種ミナミイオウヒメカタゾウ1種だけの顕著な固有属 *Satozo* (ゾウムシ科) を生じている．

　そうは言っても，日本産3属の系統関係が互いにごく近縁であることは確かである．コブヤハズ属とセダカコブヤハズ属とは，近畿地方において一部の型を除けば形態的に大きく異なるにもかかわらず，同所的な分布域では自然雑種をしばしば生じるほどに遺伝的距離は近い (高桑, 1988)．ヤクシマコブヤハズ属は上記2属との人為的な交雑実験の成功例がもたらされていないものの，mtDNA解析結果は南九州や北九州産のセダカコブヤハズ属と同じクラスター

を形成する (中峰, 2003) ことから，常識的にはそれとごく近縁であると判断される．それゆえ，遺伝的な観点からは日本産は1属にまとめるべきとの意見も十分に納得できる一方，形態的な観点からは三つの属 (あるいは亜属) に扱ったほうがわかりがよいのも確かである．どちらを採用するかは，まさに個々のタクソノミスト (分類学者) によって異なるであろう．

属種の奇妙な分布

日本におけるコブヤハズ属とセダカコブヤハズ属の分布状態 (図4-2) がまた興味深い．前属は近畿地方北部から東北地方にかけて分布するが，フォッサマグナ帯に限って全4種が入り組んで進出している．後属は，中部地方ではほぼ

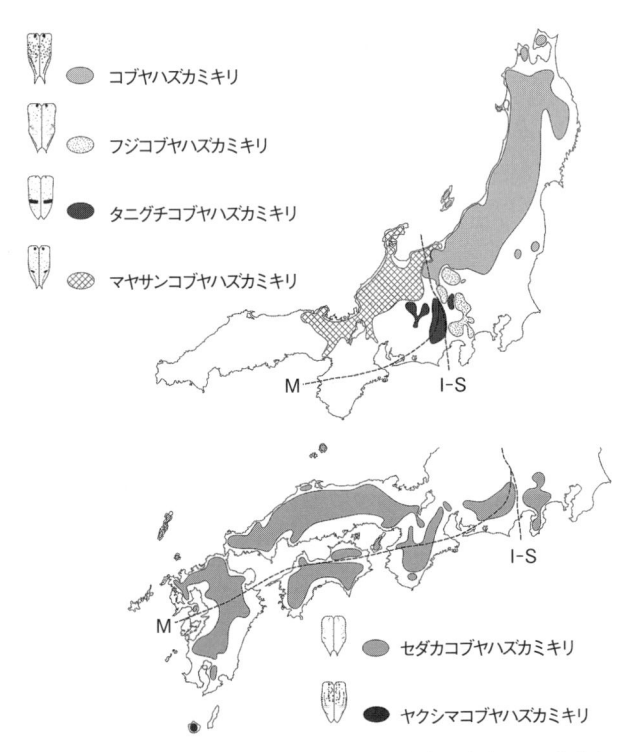

図4-2　日本のコブヤハズ類各種の分布概念図 (中峰 空提供．高桑, 1987を改変)　I-S：糸魚川-静岡構造線，M：中央構造線．

中央構造線沿いに狭く帯状に分布するが，南部フォッサマグナ地区では広がって前属と各地で同所的に分布する．近畿地方では前属の分布域よりほぼ南側に限られるが，一部で前属の分布域に接して兵庫県北部，京都北山，鈴鹿山脈で前属と複雑に入り組んだ分布を示す．また近畿地方より西側や紀伊半島では広域に分布し，複雑多様な亜種分化を生じている．この2属の分布態は基本的に側所的であるのに，南部フォッサマグナ周辺に限っては同所的な分布となっている点が注目される．

　コブヤハズ属4種 (図4-3) のそれぞれの分布態もまた面白い．まず，フォッサマグナ西縁の糸魚川–静岡構造線を境に，そのほぼ東に広くコブヤハズが，西に広くマヤサンコブヤハズが分布する．両種とも日本海側寄りの分布傾向があり，ちょうど豪雪地帯の分布と一致する．糸魚川–静岡構造線の両側付近ではまた，残りの2種であるタニグチコブヤハズとフジコブヤハズが現れる．上記2種の南側，太平洋側にかけて多少とも東西に狭く，不連続に分布し，上記2種とは対照的な分布様相を呈している．これら4種は各地できわどく側所的に分布する．加えて，タニグチコブヤハズとフジコブヤハズの分布域の一部

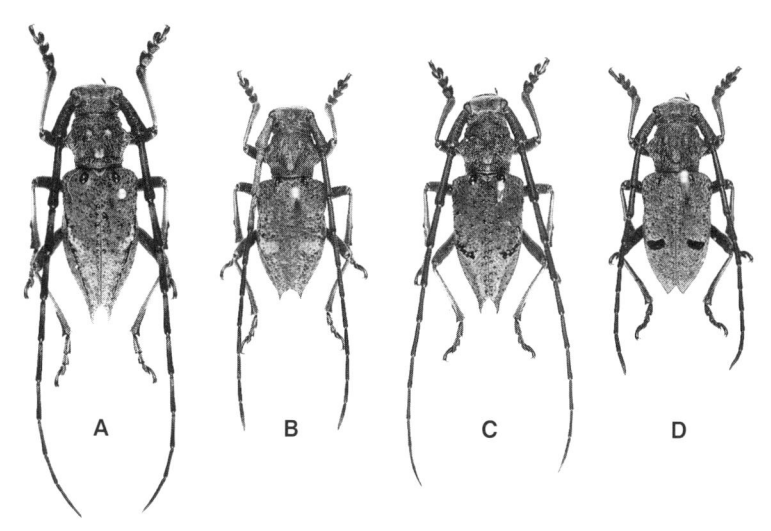

図4-3　日本のコブヤハズ属4種 (いずれも♂)　　(A) コブヤハズ．(B) フジコブヤハズ．(C) マヤサンコブヤハズ．(D) タニグチコブヤハズ．

ではセダカコブヤハズ属の種が同所的に現れるから，フォッサマグナ帯では5種が入り混じっていることになる．どうしてフォッサマグナ帯だけがこのような複雑な分布態を示しているのだろうか．それには過去の種分化の歴史に加え，寒暖を繰り返してきた第四紀の地史が密接に関連してきたはずである．

一方，セダカコブヤハズ属は1種だけで構成される．しかし，上にちょっと述べたように，形態的には地域変異が著しい(図4-4)．特に南北間方向で大きく異なり，それは近畿地方でも中国・四国地方でも，九州地方でも同じ傾向にある．知らなければ，とても同種には思えないだろうし，逆によく知っている人はいくつかの種類に分けてしまいたい心情にかられるかもしれない(実際1980年より前までは2〜3種に分けていた)．とにかく複雑，しかも形態の変異

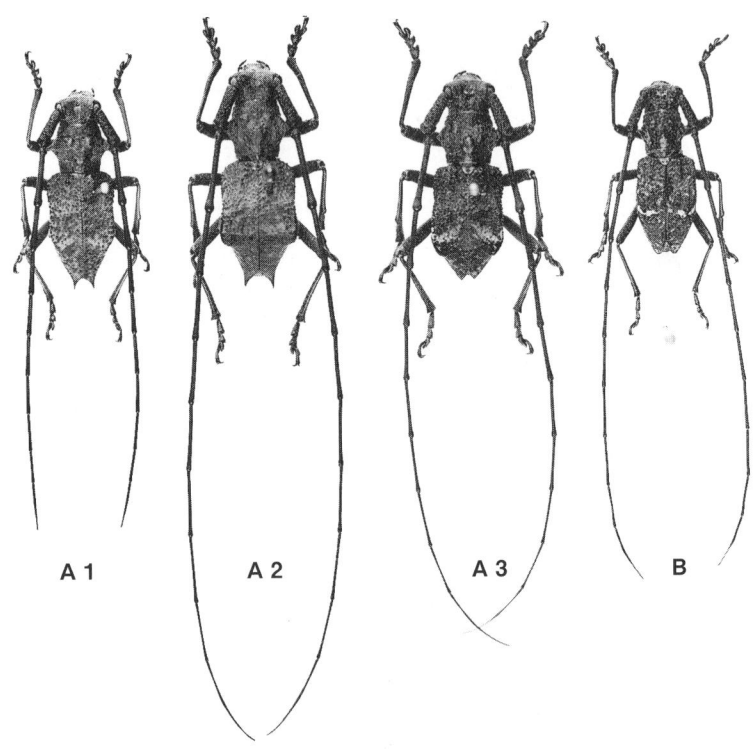

図4-4　セダカコブヤハズとヤクシマコブヤハズ(いずれも♂)　(A) セダカコブヤハズ (1：兵庫県豊岡市産．2：和歌山県大塔山産．3：熊本県白髪岳産)．(B) ヤクシマコブヤハズ．

九州の南の延長上にはヤクシマコブヤハズ属 (1 種) が分布する．屋久島の高地だけに生息するらしいが，険しい山岳地帯であることに加え，その大部分は国立公園特別保護地区または原生自然環境保全地域に当たるので調査は制限され，分布状況などは断片的にしか知られていない．もちろん，地域変異はないとしても，個体変異がどれほどなのか検討されていない．南九州にも分布する前属とは上翅の形状が決定的に異なり，形態から見る限りでは近縁性を全く感じさせない．それもまた，不思議と言うしかない．

成虫越冬という生活史

　成虫の生態はかなりよく調べられてきた．まず他の大部分のカミキリムシと異なるのは生活史である．新成虫は通常，夏の終わり頃から秋にかけて出現し，旺盛に枯れ葉，ときに生葉を食べる．成虫のまま落ち葉の下などで越冬 (図 4-5)，翌春〜夏に交尾・産卵する．多くは夏までに死亡するらしいが，個体によっては秋まで生き残る．また確証には乏しいが，採集時の経験からは，初夏に新成虫として出現する個体も稀ではないと思える．同じような生活史を送ると推定されるカミキリムシには，やはり飛ぶ機能を捨てたアカガネカミキリとツチイロフトヒゲカミキリがある．後翅の退化していない種でも，タテジマカミキリとケブカマルクビカミキリがよく知られており，またチビコブカミキリ亜属などアラゲカミキリ族の一部やサビカミキリ属などフトカミキリ亜科の一部にもそうした生活史を送ると推定されるものがある．

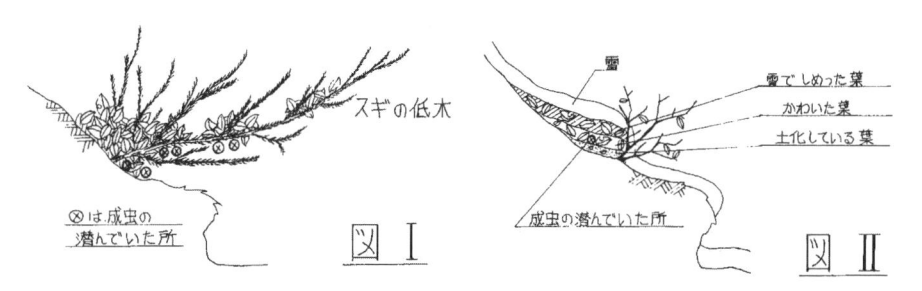

図 4-5　コブヤハズ類の成虫越冬場所 (河路, 1976).

コブヤハズ類がなぜこのような成虫越冬型の生活史を選択するようになったのか，いままで説明されたことはないように思う．しかし，地表近くで枯れ葉を食べるという習性からは，明らかにそのほうが合理的である．なぜなら，祖先と考えられるヒゲナガカミキリ族とその周辺の種は新成虫となってからも盛んに栄養をとり (後食という)，その後で交尾・産卵活動を行うことが確かめられている種が多い (この理由としては生殖に関係する器官の成熟が必要とされるからと解釈されている). コブヤハズ類も祖先たちと同じ宿命を背負っているなら，同じように活発な後食活動が要求されたに違いない．その一方で，夏緑林 (落葉広葉樹林) の森林生活者であるコブヤハズ類が祖先たちと違えてしまったのが，地上生活者への選択であった．それならば地上で十分な食事をとらなければならない．さて，夏緑林内の林床でどの時期なら安定した食にありつけるだろうか．祖先たちはほぼ初夏〜夏に新成虫となるが，その頃だと林床にはほとんど枯れ葉がない．しかし，日本では夏〜秋にかけて台風が通過し，そのおかげで大小の枝葉が落下する．これらは夏なら少なくとも1〜2週間，秋でも2〜3週間で枯れ葉状態となる．台風の恩恵にあずかれない年であっても，秋の盛りになれば樹木からたくさんの枯れ葉が落下する．新成虫はいながらに？ して，地上でこれを食べることができるし，越冬期間中に生殖器官も十分に成熟させることができるというわけである．

上記の仮説が正しいかどうかはさておき，新成虫は晩夏〜秋季に出現して枯れ葉を食べる．この生態が判明したことはきわめて大きな意義があった．それまでは地上を歩いている個体を偶然に，あるいは立ち枯れた木に静止している個体などを少数見かけるだけであったのが，枯れ葉を探すことによって採集がより確実になったからである．つまり，分布調査を行えるようになった．さらに，かつては春〜夏の時期に得られた越冬後の古い個体を検討材料にしてきたが，越冬前の新鮮な個体で比較できるようになったことも大きい．つまり，形態面の検討をより確かに行えるようになった．

食性の知見

どのような枯れ葉を食べるのかもよくわかってきた．木本ならミズキやヤマハンノキ，ヤマブドウ，ノリウツギ，タニウツギ，センノキ，カエデ類，マンサク，ユズリハ，アジサイ類，キイチゴ類など，草本では特にマルバダケブキな

どフキ類とウド，ハンゴンソウ，ヤグルマソウを好み，アザミ類やヒヨドリバナ，コアカソ，ヤブレガサなどからも得られる (中林, 2008 も参照). 一般に，ブナやミズナラ，クリなどブナ科，サクラ類やズミなどのバラ科，それにトチノキやホオノキ，ケヤキなどは敬遠されているようだが，ときにそれらからも得られるので，全く食べないわけではないかもしれない．こうして見ると，確かに好き嫌いはあるものの，基本的には多くの植物を食べる傾向にある．むしろ枯れ葉がおかれている状態に左右されるらしい．特に湿り気を保っているかどうかが重要で，このため林内のクマザサ類の中に引っかかった枯れ葉，ハイイヌガヤやユキツバキなど常緑樹に積った枯れ葉，あるいはイノデ類の株中にたまった枯れ葉などに多い．ただし，コブヤハズ属とセダカコブヤハズ属とでは多少の違いがあり，後属では一般に草本からの採集例に乏しいようである．

　その一方で，初夏〜盛夏だと野外における個体は，枯れ葉を積極的には食べないらしい．なぜなら，たまに枯れ葉の付いた枝があったとしても，それからはめったに得られないからである．ではどこにいるかというと，コブヤハズ属とセダカコブヤハズ属では行動が明らかに異なる．夜間に活発に活動するのは同じだが，前属は活動場所が地上にほぼ限られているのに対し，後属は苔むした立ち枯れ木に多く (ときに数 m の高い部分にも)，倒木や薪上にも姿を見る．後属のこのような習性は，肢がより長いという形態的特徴と整合している．

　倒木など枯れた部分への産卵習性も，鹿児島の森　一規氏によれば両属で異なるらしい．寄主植物の選択性にも差が認められ，コブヤハズ属のうち少なくともフジコブヤハズとタニグチコブヤハズは針葉樹も大いに利用しているが，セダカコブヤハズ属は広葉樹だけに依存している可能性が強い．この違いは両属の盛衰，あるいは交雑を考えるうえで，大きな意味をもつ．なぜなら，拡大造林政策は広葉樹が優占していた林分を針葉樹林に置き換えてしまったわけだが，その結果としてセダカコブヤハズ属は生息域を狭められてしまった一方，フジコブヤハズとタニグチコブヤハズは大躍進できたことになる．つまり，両属が同所的に生活していた場所はもちろん，側所的だった場所でも，互いのバランスを崩してしまったと考えられる．個体数を大きく減じたセダカコブヤハズ属は，個体数を著しく増やしたコブヤハズ属の種と交雑する機会もまた増大したことだろう．

4-3　非武装地帯の崩壊

　妙高山塊はフォッサマグナ帯北部に位置し，妙高山や焼山などの火山を含む比較的大きな山塊である．いまでこそ高速道路「中央自動車道」，「長野自動車道」や「北陸自動車道」，それに糸魚川市と大町市，長野市と白馬村を結ぶ国道などの整備によってアプローチも楽になり，林道開発によって山奥へも手軽に入れるようになったが，それまでは戸隠や赤倉温泉など山麓のごく一部が開かれていたにすぎない秘境だったと言ってもよい．

　その妙高山塊は，コブヤハズ属の研究史上，記念すべき地域の一つである．非武装地帯の存在が最初に認識されたと同時に，その崩壊もまた初めて確認された地域であり，さらに 4-4 節で述べるような「黒紋コブヤハズ」という，きわめて摩訶不思議な個体の最初の発見地でもあるからである．そしてなお，現在もいろいろな意味で興味深い話題を提供してくれており，コブヤハズ類の研究はこの地なしには進まない．

「非武装地帯」説の台頭

　妙高山塊にはコブヤハズとマヤサンコブヤハズが分布する．糸魚川–静岡構造線より東に位置しているので，本来ならばコブヤハズ単独の分布圏のはずだが，マヤサンコブヤハズが姫川を東に越えて進出した結果，2 種が分布をせめぎあっていると考えたくなる．ここでのマヤサンコブヤハズは，mtDNA 解析では北陸や岐阜県方面の集団とはかなり異なった系統を示し (中峰, 2003 など)，それらとは前胸背中央の瘤隆起の状態や，上翅の黒紋部における側稜線の屈曲がやや弱く，かつ隆起もやや弱い傾向があるほか，会合部後半の顆粒列が小さくなるなどの違いが認められる．これらの形態的特徴はコブヤハズとの関連を思わす部分があり，過去にはコブヤハズと遺伝的な交流を果たしてきた可能性が強い．同様に妙高山塊のコブヤハズもまた，それより東の集団とは上翅側稜線後半の顆粒が小ぶりとなり，逆に会合部後半の顆粒列が発達するなどマヤサンコブヤハズとの関連を思わす形質を示す傾向があるので，それと交雑してきた個体群である可能性を考えておく必要がある．

　この妙高山塊における 2 種の興味深い分布相を最初に報告したのは小林

(1973) であった．戸隠山西方に位置する奥裾花渓谷では，上部 (標高の高い部分) にマヤサンコブヤハズが，すぐ低い部分にはコブヤハズが分布すること，しかし，その中間部分では両種とも発見できないことを指摘した (いわゆる黒紋コブヤハズもこのとき初めて記録)．なぜそのような「いない」地域が存在するのか，私にはたまらなく不思議だった．だからであろう，小林靖彦さんたちと一緒に調査していた早川広文さん (故人) から聞かされた話 (もう 40 年も前のことだ) を昨日のことのように思い出してしまう．──『全く不思議づら．伐採地の下ではコブが採れるづら．んでな，斜面をちょっと上るとな，全く採れなくなるづら．んでな，もう少し上るとな，今度はマヤサンが落ちるようになるづら．その間，200 m 程度づら．不思議づら．』

早川さんたち「松本むしの会」メンバーは，そのちょっと前から松本市東方の美ヶ原周辺におけるコブヤハズとフジコブヤハズとの分布状態も調査していて，ここは両種の混生地か接点であると考えた (松本むしの会, 1969)．しかし，その後の詳しい調査から，袴腰山付近では上部 (東側) にコブヤハズが，より低いところ (西側) にはフジコブヤハズが分布しているが，その間にはどちらも採れないゾーンがあるらしいことがわかった (高桑, 1975)．ここでもまた，「いない」地域があったのである．こうした奥裾花渓谷と袴腰山の 2 地点における状況から，確固たる「非武装地帯」説が浮上してきた．

そもそもコブヤハズ類の生活史を解明したのは「松本むしの会」メンバーだった．秋季に枯れ葉を食べること，つまり枯れ葉を探すことによって成虫が採集できること，かつ秋季の個体のほとんどは新成虫であることを見抜いたのは早川さんたちだったのである．いまこうしてコブヤハズ類の分布や生態，形態，種関係がかなり明らかになったのも，まさに早川さんたちのおかげなのである．当時私は雑誌『月刊むし』を立ち上げた一人で，その誌面にて「日本のコブヤハズ類の問題点」という題のもとにコブヤハズ類を紹介してきた (高桑, 1975-1978) から，私がコブヤハズ学の先人として業績があるかのような印象をもたれているかもしれない．しかし，実際にはそうではなく，単に私は早川さんたちの成果を大きく取り上げたスポークスマンのような存在にすぎない．

こうして 1970 年代には一気にコブヤハズ属における「非武装地帯」が注目されるようになり，各地でその存在が追認されていった．「非武装地帯」はまさに，コブヤハズ愛好者のなかで大きくクローズアップされるようになったの

である．

ハイブリッド集団の発見

「松本むしの会」メンバーに続いて，コブヤハズ類の分布相解明に大きな役割を果たしてきたのが，山屋茂人さん(現 長岡市立科学博物館長)をはじめとする新潟県の人たちである．彼らの大活躍の舞台の一つが，やはり妙高山塊であった．

まず，非武装地帯説がはやっていた当時にあって，それを初めて疑問視したのが山屋ほか(1986)であった．妙高高原町の笹ヶ峰上流部においてはコブヤハズとマヤサンコブヤハズが分布しているが，そこでハイブリッド集団が発見されたことから，2種は混生しているはずという衝撃的な事例を報告したのである．しかし，私はそれを全くの例外として考えた．つまり，2種の混生は常態ではなく，突発的な事故によって2種が遭遇し，その結果としてハイブリッド集団を生じてしまっただけであると．また地形図を見て，その事故原因が地滑り，あるいは雪崩によるものではないか，と推定した．

そうは言っても，現場を見なくては話が進まない．山屋さんたちが発表したその年の秋，はやる気持ちを抑えつつ，虫友の秋山秀雄氏とともに妙高笹ヶ峰を訪れた．その調査結果は予想していたとおりだった(図4-5．高桑, 1987)．大局的に見れば，マヤサンコブヤハズはより高標高地に，コブヤハズはその下部に分布していると推定できる．当地は急傾斜地が多くて地滑りや雪崩の頻発地帯となっており，ハイブリッド集団が認められた場所はまさに急傾斜地の下部だった．しかもそのハイブリッド集団は，通常のコブヤハズとハイブリッドからなっており，通常のマヤサンコブヤハズは含まれていなかった．それゆえ私は，地滑りや雪崩によって上部からマヤサンコブヤハズが落下し，コブヤハズ分布圏に侵入した，という考え方に確信をもった．もちろん，落下したのは幼虫が入っている倒木と考えるべきだが，状態しだいでは成虫でも無事なケースがあったことだろう．このときには頭になかったが，もし土石流が生じれば，それも上部にすむものを下部へと運ぶ大きな役割を果たしてきたはずである．また，このハイブリッド集団はマヤサンコブヤハズの供給が頻繁ではないかぎり，やがてはコブヤハズにと収束していくだろう(2007年に山屋さんが調査したところ，明らかにその傾向が見てとれるという(山屋, 2008))．

4-3 非武装地帯の崩壊

しかしその後，事態は全く思ってもいなかった方向に進展した．新潟県の人たちによる熱心な調査から，いくつものハイブリッド集団の存在が明らかにされたのである (島田, 1988；山屋・島田, 1993 など)．それらは急斜面の場所とは限らず，私の唱えた偶発的な「地滑り・雪崩説」では説明できないと指摘されてしまった．こうした事実はコブヤハズとマヤサンコブヤハズとの間ばかりではなかった．実は，先ほど述べた美ヶ原北部の袴腰山におけるコブヤハズとフジコブヤハズの非武装地帯でも，ハイブリッド集団の存在が確認されるようになった．御岳周辺のマヤサンコブヤハズとタニグチコブヤハズでも似たようなことが報告された．こうなってくると，2種の接点ではどこでもハイブリッド集団が存在するような気さえしてしまう．非武装地帯は確かにあったと思えるのだが，いったいどうなってしまったのだろうか．

こうした大発見が相次ぐなかにあって，私はと言うと，コブヤハズ類への関心がおろそかになっていた．私事になって恐縮だが，1984 年秋に懸案だった日本鞘翅目学会編『日本産カミキリ大図鑑』(講談社) を発行できて肩の荷を降ろし (私が責任者だったので)，いよいよ最も関心のあったハナノミ科甲虫の分類に取り組む決心をしたこと，1985 年には神奈川県立博物館の学芸員となったことで神奈川県域内での活動を目指したこと，1990 年頃からは現在の神奈川県立生命の星・地球博物館開設のための作業で忙殺されるようになったこと，1995 年の開館後も何かと慌ただしい日々が続いたこと，などのためである．その間，新潟県の人たちをはじめとする活躍は気になっていたものの，自分自身の気持ちのなかで再度コブヤハズ熱を高めるには至らなかった．

私がコブヤハズ類調査へ再挑戦しようと決めたのは 1999 年秋のことだった．50 歳を過ぎ，定年退官まで 10 年もない現実にふと気がついてしまったのである．ハリオオビハナノミ亜属の分類学的研究により東京農業大学から農学博士号をいただいた直後でもあった．次の 10 年間で何をやろうかと考えたとき，研究者仲間のごく少ないハナノミ科だけに没頭してしまうよりも，仲間の大勢いるカミキリムシ相手に楽しく調査したかった．そうであれば，コブヤハズ類をおいてほかにはない．当時，やはり新潟県メンバーであった中林博之さんからコブヤハズ類に関する最新情報を教えられるなかで，私なりに「コブヤハズ世界の異変」を感じざるをえなかったし，その原因が何であるかを自分の目で確認し考えてみたかった．一気に調べるとなれば，人数は多いほうがいい．当

時のお師匠格であった中林さんと山屋さんにお願いし，コブヤハズ好きの方々を一堂に会して調査を行うとともに，お酒を嗜みながら愉快にコブヤハズ談義をもつ場を設定してもらった．こうして2000年9月に長岡市立科学博物館と妙高山塊で開催された会をコブヤハズ・サミット(通称コブサミ)と呼ぶ．この会がその後も，毎秋まさに盛会を重ねてきたのも，ひとえに世話人である中林さんのおかげである．

奥裾花渓谷における非武装地帯の消滅

　話がそれてしまったが，中林博之さんはコブサミの生涯世話人として貢献しているだけではない．彼のそれまでの活躍もまたきわめて目覚ましいものがあった．特に重要な業績の一つは「コブヤハズ類の分布は動く」ことと「非武装地帯が消滅した」ことを初めて実証した点である．すなわち，早川さんたちが調査した奥裾花渓谷をその約15年後に再調査してみたところ，その結果は彼をまさに有頂天にさせるものだった．なぜなら，彼の報告した論文(中林，1992)中にわざわざ次のような余計なことを書いているからである．──「その夜，筆者が祝盃を上げ続けたのは言うまでもない．」

　その彼の結果は次のようだった．かつての非武装地帯にはマヤサンコブヤハズが進出し，かつてのコブヤハズ分布圏は上部がハイブリッドゾーンに化していた(図4-6)．つまり，斜面の上部から下部にかけてマヤサンコブヤハズ，ハイブリッド集団，コブヤハズと連続的に分布している事実から，マヤサンコブヤハズの進出，ハイブリッドゾーンの出現，コブヤハズの後退という動態を生じていたこと，同時に非武装地帯が消失してしまっていたことも明らかとなった．

　中林さんによるこの調査結果は，いくつかの重要な示唆を含んでいた．わずか15年という短い年月でも目に見えるほどの分布の動態が起きてしまっていたこと，それは土砂崩れなど物理的な要因に頼らずにも起きてしまったこと，つまりマヤサンコブヤハズは自力で非武装地帯に侵入したこと，さらには非武装地帯も越えてコブヤハズ分布圏へ達してしまったらしいこと．それなら15年ほど前には確かにあったはずの非武装地帯は何だったのか．何が原因で非武装地帯がその機能を果たせなかったのか．

　この疑問は，当時はまるでわからなかった．その答えに自分なりに行きつくのは，ずっと後になってからである．

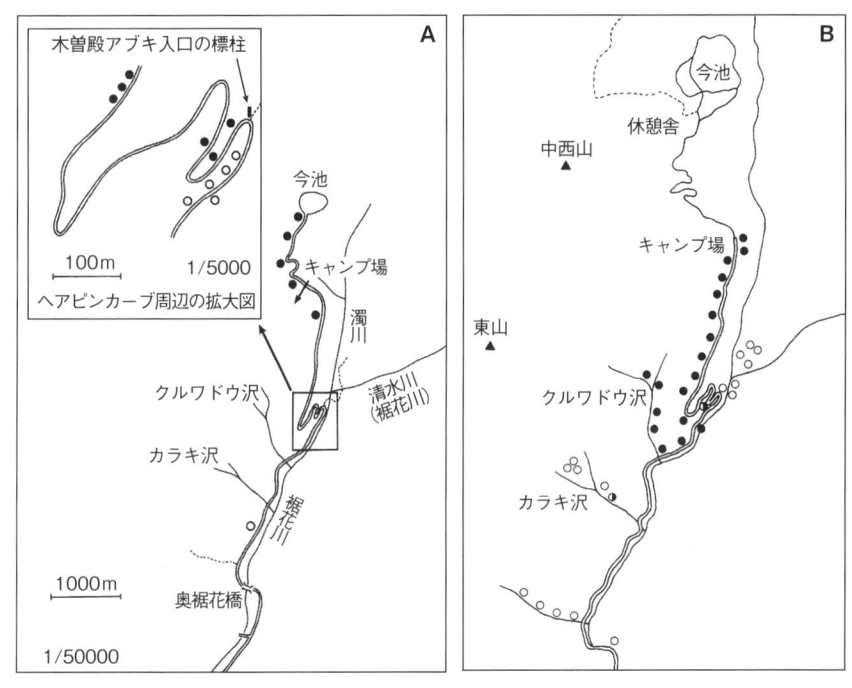

図4-6 妙高山塊奥裾花渓谷における2種の分布 (中林, 1992を一部改変) (A) 1970年代の調査結果. (B) 1988〜1992年の調査結果. ●：マヤサンコブヤハズ, ○：コブヤハズ, ◐：雑種.

奥裾花渓谷の現在

　さて，中林さんの調査からはさらに15年ほどがたつ．奥裾花渓谷の今はどうなっているのだろうか．そのような思いから2005年に，私のコブヤハズ類の共同研究者である小林敏男・中林博之両氏とともに問題の場所を訪れてみた．

　ところが，行ってみて，ぼう然としてしまった．急斜面をヘアピンカーブで上るかつての道は廃道と化し，それを遮って舗装された立派な新道がつくられていた．斜面の旧道沿いは乾燥が激しくてコブヤハズ類の生息環境どころではない．ようやく，裾花川沿いにわずか残った旧道斜面林などから21個体を採集したところ，ハイブリッドと認定できるものはたった1個体のみで，残り全てはマヤサンコブヤハズそのものであった(中林ほか, 2005)．すでに斜面下部

一帯にマヤサンコブヤハズが進出してしまった結果なのか，あるいはハイブリッド集団がマヤサンコブヤハズに収束しつつある結果なのかわからないが，コブヤハズのさらなる後退は明らかであった．これより下流沿いはしばらくの間，新道によって生息環境はほとんど失われてしまい，何が分布しているのかは調べようがない (と言うよりは，どちらも分布できなくなってしまった).

一方，裾花川の対岸である左岸はどうなっているのだろう．ここはブナなどからなる自然林が保たれており，中林さんの1990年頃の調査のときにはコブヤハズ圏であることが確認されていた．あいにくと吊り橋が流されてしまっていたものの，小林さんが川を渡って調べてくれた結果は，予想に違わずコブヤハズ圏だった．川を隔てて，異なる種が対峙していることになるが，ではなぜ左岸はマヤサンコブヤハズではなく，「予想に違わずコブヤハズ」となっているのだろうか．

実は，左岸のさらに上流部は右岸と同じくマヤサンコブヤハズが分布していると予想されるものの，どの辺りに非武装地帯 (あるいは分布接線) があるのかどうかは全く調べられていない．なぜならば，調べたくても道がないうえ，あまりに急峻で，渓谷沿いをさかのぼるのも素人では危険すぎるからである．ただ，人跡未踏の自然林に覆われた左岸は，おそらく右岸とはやや違ってちょっと上流部までコブヤハズの分布圏と考えてよいだろう．このように推定するのは，右岸では拡大造林政策によって自然林が伐採され (ちょうど松本むしの会の人たちが調査に入った40年前頃)，その後にカラマツ植林地になったために2種のバランスが崩れ，上部に分布していたマヤサンコブヤハズが勢力を得て下部に進出した．一方，左岸は自然林の状態を保っているので2種のバランスに変化がなく，マヤサンコブヤハズの進出は見られないと考えられるからである (拡大造林政策による影響は4-5節に詳しく述べる).

奥裾花渓谷左岸はともかく，右岸は拡充・舗装された新道建設によって今後の調査は意味がないものになってしまった．コブヤハズ類の研究史上きわめて記念すべき場所であるのに，動態研究が途切れてしまったことは何とも残念である．

4-4 謎だらけの「黒紋コブヤハズ」

　実は，妙高山塊と北アルプスにおけるコブヤハズ属2種には，通常型の他にいくつかの特殊な「型」がある．マニアックな表現で恐縮だが，コブヤハズなら黒紋コブヤハズや無紋コブヤハズ，マヤサンコブヤハズなら無紋マヤサンコブヤハズや白紋マヤサンコブヤハズである．これらの正体はよくわかっていないが，2種の分布接点の近辺でしか発見されていないか，そうでなくとも多くは接点付近で発見されるものなので，ハイブリッドの反映とみなすのが通常の考え方であろう．

　なかでも，黒紋コブヤハズは不思議としか言いようがない．本来コブヤハズにはないはずの黒紋が，それもしばしば巨大な姿で出現するのである．マヤサンコブヤハズとのハイブリッドと思いたいのだが，黒紋以外の形質はほとんど通常のコブヤハズに含められてしまう．いったい，この黒紋コブヤハズの正体は何なのだろうか．

「黒紋コブヤハズ」は本当にハイブリッド？

　前節の冒頭で述べたように，いわゆる黒紋コブヤハズの存在が最初に報告されたのも，妙高山塊においてであった (小林, 1973)．通常のコブヤハズは上翅の中央両側に白濁紋を現すのに対し，黒紋コブヤハズはその白濁紋位置に黒紋，しかもしばしば非常に大きな黒紋を現した個体のことである (図4-7)．マヤサンコブヤハズの特徴である黒紋を示すこと，その分布圏に近接した地域にしか出現しないこと，しかも妙高山塊だけでなく両種のもう一つの側所的分布地である北アルプスでも発見されることで，マヤサンコブヤハズの遺伝子が混入した個体の1型とみなすしかなさそうである．ただしそうだと考えた場合に，何とも不思議な点がいくつかある．

　まず真にハイブリッドであるなら，斑紋以外にもマヤサンコブヤハズの特徴を示してもいいと思うのだが，さっと眺めたかぎりではその他の形質はコブヤハズそのものである．黒紋を隠してしまえば，ほとんど当たり前のコブヤハズと思ってしまうだろう．それになぜか，発現する黒紋はしばしばマヤサンコブヤハズの黒紋よりもはるかに大きい．

一方,分布の接点における正真正銘のハイブリッドでは,通常のマヤサンコブヤハズよりも小さな黒紋を生ずる型が多い(黒紋コブヤハズのように黒紋が大きく発達した個体は知られていない).その黒紋をもつ正真正銘のハイブリッドと黒紋コブヤハズとは通常,明らかに異なる(図4-8).前者では黒紋部付近(特に前方)でやや隆起し,側稜線も多少とも内に入り,その後方から上翅端へと向かう側稜線はコブヤハズほど険しくなく,線上の果粒は小さくて数も少

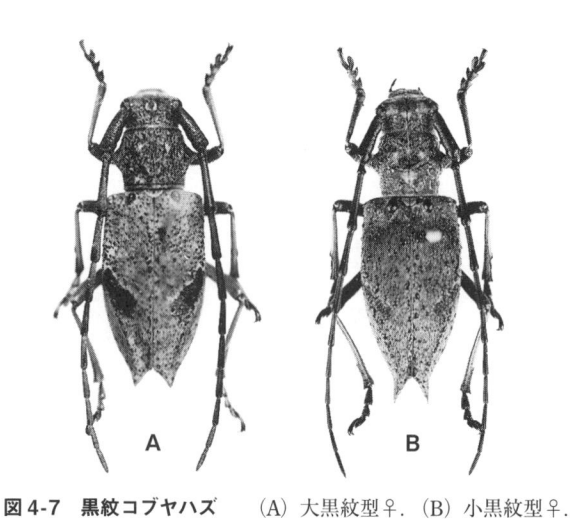

図4-7 黒紋コブヤハズ　　(A) 大黒紋型♀.(B) 小黒紋型♀.

図4-8 斑紋部分　　(A) 黒紋コブヤハズ.(B) ハイブリッド黒紋型.

ないなど，明らかにマヤサンコブヤハズ的な形質を備えている．さらに，黒紋部の直前にコブヤハズにおけるような白紋部をしばしば現し，黒紋部には直立したパイプ状ないし斜立した厚ヘラ状の褐色〜黒色毛が多少とも密に生える (変化は大きい)．これに対し，黒紋コブヤハズでは白濁紋部は通常ほとんど現れることがなく，黒紋部は平滑かやや凹んで，普通，斜立したヘラ状〜パイプ状の半透明状の褐色毛〜黒色毛をまばらに生やしている (したがって上翅の黒地がほとんど露出する)．

さらに不思議なことに，正真正銘のハイブリッドは 2 種の分布の接点そのものというかハイブリッドゾーンで出現する (当然のことだ) が，黒紋コブヤハズは通常そこでは採集されない．ハイブリッドゾーンでいままで多数の個体を得ているが，そこでの黒紋コブヤハズの採集経験は 1986 年の笹ヶ峰上流部だけである．ではどこで採集されるかと言うと，ハイブリッドゾーンから多少とも離れたコブヤハズ分布圏内に限られるらしい．奥裾花渓谷の場合，小林 (1973) によって初めて報告された個体は急斜面の下部，すなわち当時は存在していた非武装地帯を越えてコブヤハズ分布圏の中で得られた．2005 年の調査のときでも，問題の地点とはかなり離れたコブヤハズ分布圏の場所から見つかって驚いてしまった (図 4-7 A の個体)．笹ヶ峰上流部でも 1986 年より後では，ハイブリッドゾーンから離れたコブヤハズ圏内で採集された．後でもちょっと紹介する新井市南葉山林道や北アルプス栂池高原でも同様である．

さらにまた不思議なことは，「黒紋コブヤハズ」が発見されたのは比較的最近に限られることである．小林靖彦さんが採集した 1972 年が最初で，その後 1980 年代になってから妙高山塊の各地で発見されるようになり，1990〜2000 年代には場所によっては多くが得られるようになった．とすれば，黒紋コブヤハズの出現は (少なくとも多数の出現は) 過去にはほとんどなかった一方，比較的最近になって頻繁に生じているようにも思える．この点は「無紋マヤサンコブヤハズ」などとも関連するので，項を改めて後で考えることにしたい．

「黒紋コブヤハズ」が発現する条件

北アルプス北部に目を転じよう．ここは 3 地域で黒紋コブヤハズが知られている．その一つである白馬岳山麓の栂池高原一帯はもともとコブヤハズの分布圏であったが，近年になって北から親沢を越えてマヤサンコブヤハズが進出し

図 4-9 コブヤハズとマヤサンコブヤハズのハイブリッドゾーンである栂池高原 左から中央に向かうスキー場を隔てて，遠方の別荘地がほぼハイブリッドゾーン，手前がコブヤハズ分布圏．

たらしく，分布の接点である栂池高原別荘地などでは 2 種のハイブリッドゾーンが形成されている (図 4-9)．

別荘地付近における黒紋コブヤハズの発現ポイントは，私たちが調査を続けてきた結果では，ごく狭い 3 地点に限られている (中林ほか, 2007)．そのうちの一つは，ハイブリッドゾーンとはスキー場のゲレンデを隔てており，簡単にはマヤサンコブヤハズないしハイブリッドが進出できないと予測していたが，2005 年になって初めて 1 個体が発見され，続く 2006 年以降も得られている．もう一つは別荘地側ゲレンデの上部であり，やはり 2005 年に 1 個体が発見されたが，その周辺ではいまだコブヤハズ類全体でもその 1 個体しか得られていないというきびしさである．もう一つが別荘地外れの隣接した 2 区画である．それまでここだけがマヤサンコブヤハズ (とハイブリッド) の進出を逃れてきたらしく，通常のコブヤハズのみが採集されてきたが，やはり 2005 年になって 1 個体の黒紋コブヤハズが得られ，それ以降は継続的に採集されるようになった．

この白馬山麓における事例からは，黒紋コブヤハズはマヤサンコブヤハズ (とハイブリッド) がすぐ間近に迫った場合に，コブヤハズ分布圏内に発現することを暗示している．マヤサンコブヤハズかハイブリッド個体が侵入したこと

によると考えるべきであるが，なんとなく相転移説 (4-6 節で言及) を想定したくなるところである．

　もう一つが急峻な大町市高瀬渓谷であり，一般の車両でも入ることができる最奥の七倉ダムは，野口五郎岳や三俣蓮華岳の登山口として活気がある．この一帯は上部にマヤサンコブヤハズ，下部にコブヤハズが分布し，私たちが知る限り黒紋コブヤハズは 3 地点から発見されている (中林ほか, 2009. 図 4-10)．

　その一つの七倉沢は，右岸にマヤサンコブヤハズ，左岸にコブヤハズが対峙するように分布している (山屋・島田, 1993) のに，信じられない出来事があった．中林さんによって 1991 年，左岸下部のごく狭い 1 地点からまとめて 14 個体ものマヤサンコブヤハズが採集されたのである．このとき中林さんは，左岸もマヤサンコブヤハズの本来の分布地であると勘違いし，その成果だけで満足して七倉沢を後にした．何が分布するかわかれば調査は達成されるので，それよりも上部を調べなかったのである．もし数だけにこだわってもっと採集したいと欲を出し，さらに左岸を詰めていたら，おそらく帰ることなどできなくなっていただろう．ほんのすぐ上でコブヤハズが採集されたに違いないからである．中林さんが慌てふためいたのは，その後 9 年もたってからの 2000 年の

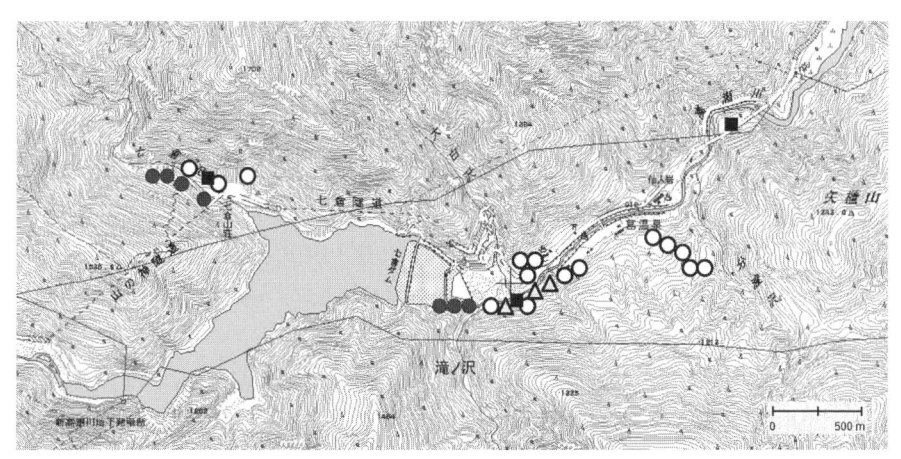

図 4-10　北アルプス高瀬渓谷におけるコブヤハズ属の採集地点　●：マヤサンコブヤハズ，〇：コブヤハズ，■：黒紋コブヤハズ，△：ハイブリッド．

ことであった.

さて，中林さんが七倉沢の左岸で採集した通常のマヤサンコブヤハズをどう考えるべきだろうか. 1回きり，しかも下部のごく狭い1地点で14個体まとめてという点からは，倒木に入ったまま上流の右岸から運ばれたものたち，と解釈するしかない. とすれば，左岸に運ばれたマヤサンコブヤハズ集団は (中林さんの採集圧によって？) 次代以降に互いの子孫をほとんど残すことなく消滅した. あるいは，採集を免れた一部はもともと左岸にいたコブヤハズと交雑し，マヤサンコブヤハズの遺伝子を左岸に残すことになった，というシナリオに無理がない. おそらく，頻度は少ないものの，こうして左岸にマヤサンコブヤハズが到達することがあるのだろう.

この七倉沢における事例からは，マヤサンコブヤハズの遺伝子がコブヤハズ分布圏内にたまたま侵入した場合，黒紋コブヤハズが発現する可能性を暗示している. しかし，マヤサンコブヤハズがそこへたびたび供給されていたならば，黒紋コブヤハズは現れないかもしれない. そこでの個体群は，正真正銘のハイブリッドを含む集団になってしまうだろうからである. 実際，七倉ダムの下流右岸はコブヤハズ主体のハイブリッドゾーンとなっているが，その背景には滝ノ沢からのマヤサンコブヤハズの継続的な流下があると推定されている (中林ほか, 2009).

人工的に作り出された黒紋コブヤハズ

ではどのように解釈すれば黒紋コブヤハズの存在を説明できるのだろうか. ここに一つのきわめて興味深く貴重なデータがある. 東京都に在住の松本裕一氏は飼育名人として私たち仲間内にはよく知られているが，彼が妙高山塊産のコブヤハズどうしを掛け合わせたところ，得られた子孫6個体のうち，4個体が黒紋コブヤハズそのものだったのである (高桑・平山, 2012). 単純に考えるなら，黒紋コブヤハズはやはりマヤサンコブヤハズとコブヤハズ，あるいはハイブリッドどうし，あるいはハイブリッドとコブヤハズの子孫ではなく，コブヤハズどうしの子孫だということになりかねない. そうだとすると，これまで述べてきたような黒紋コブヤハズの発現場所の説明がつかない. 純粋なコブヤハズ分布圏の中で得られてもよさそうだからである.

実は松本さんは，きわめて先見的な視点をもっていた. コブヤハズ好きの私

たちでも思いもよらなかったのだが，妙高山塊におけるコブヤハズ群の変異には，黒紋コブヤハズの他に「無紋コブヤハズ」もあることに気づいていたのである．彼が掛け合わせに用いた個体は，オスがいわゆる無紋コブヤハズ，メスもどちらかといえば無紋コブヤハズだった．この無紋コブヤハズが何かは次項で述べるが，いずれにしても遺伝子のある組み合わせによって黒紋コブヤハズが発現する事実が証明されたことになる．もちろん，まだ 1 例しか知られていないので，無紋コブヤハズの組み合わせで黒紋コブヤハズがどの程度発現するかどうかは今後の課題として残されているにしても，その発現が遺伝的なメカニズムによっていることは確かと思える．

　一方，分子生物学的なアプローチからはどうなのだろうか．残念ながら，少なくとも mtDNA の解析では黒紋コブヤハズの由来を明らかにすることはできない．ミトコンドリアの DNA は形態形成に関与しておらず，黒紋を発現する遺伝子とは関係なく存在しているからである．ただし，黒紋コブヤハズが発現する地域のコブヤハズ個体群は，mtDNA 解析によってマヤサンコブヤハズの遺伝子が浸透している (つまり過去に交雑があった) ことが確かめられている (中峰，2003；ほか)．それゆえに黒紋コブヤハズは，マヤサンコブヤハズ由来の黒紋形成関与遺伝子によって発現すると考えてよさそうである (この具体的なメカニズムはごく最近になって Nakamine & Takeda (2009) により提唱された)．

　追記　上記を執筆後に，鹿児島市の森一規氏から妙高山塊産の黒紋コブヤハズどうしの掛け合わせによって得られた標本が送られてきた．これによると，その多くは黒紋を現していたが，通常型とみなすべき個体も含まれていた．詳細は高桑・平山 (2012) を参照されたい．

「無紋コブヤハズ」とは

　前項で述べたように，無紋コブヤハズが大きくクローズアップされる状況になってきたが，ここでその型について説明しておかなければならない．いままでの文献類には登場してこなかったので，特定の関係者以外は知らないはずだからである．

　通常のコブヤハズは，上翅の中央両側に斜めの白濁紋をもつ．ところが，黒紋コブヤハズが現れる地域には，しばしばその白濁紋をほとんど消失してしま

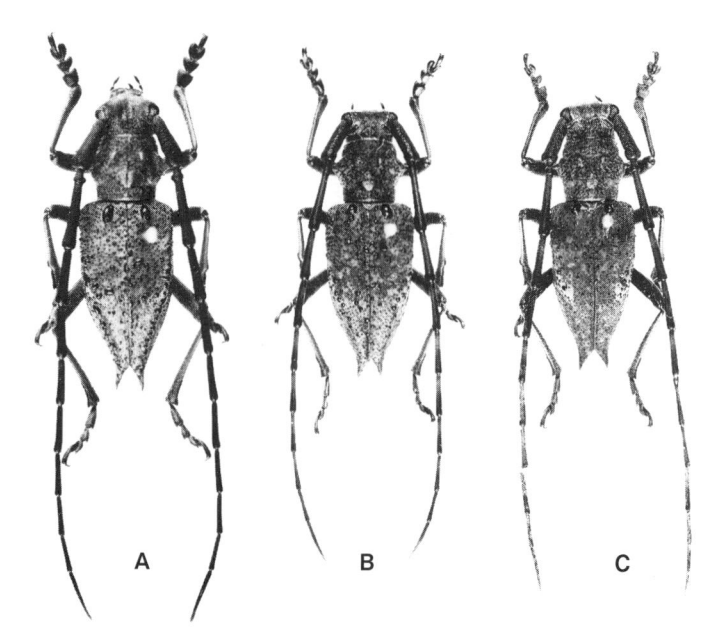

図 4-11　無紋コブヤハズと無紋・白紋マヤサンコブヤハズ　　(A) 無紋コブヤハズ (♂).
(B) 無紋マヤサンコブヤハズ (♂).　(C) 白紋マヤサンコブヤハズ (♂).

う個体が見られる．それをごく一部の愛好者は，漠然と「無紋コブヤハズ」(図 4-11 A) と呼んでいる．白濁紋の部分の毛を顕微鏡で眺めると，通常のコブヤハズは上翅全体を覆う黄色系の毛とはやや明らかに異なる淡色の黄白～淡黄色毛を密生しているが，無紋コブヤハズの場合はその部分も黄色系の毛で覆われ，淡色毛がほとんど見当たらない．しかし，白濁紋を欠く以外には，通常のコブヤハズとは区別ができそうもない．

こうした無紋コブヤハズは妙高山塊や北アルプスだけに発現するのだろうか．この地域にのみ出現するなら黒紋コブヤハズと対になって面白い．そう思って手元の標本を調べると，残念ながら (?) 三国山脈から奥日光産，さらには秋田県乳頭温泉産のなかにも，少ないが含まれていたのである．それでも，妙高山塊以西と三国山脈以北とで違いはないものかと眺め回したが，毛に関してはこれはと思う差が見つからない．こうなると無紋コブヤハズの発現を，近い過去におけるマヤサンコブヤハズとの交雑の結果という，遺伝的なメカニズムに

求めるのは無理がある.

　無紋コブヤハズの由来の推定は, 遺伝面からは暗礁に乗り上げてしまった. しかし, マヤサンコブヤハズとの接点付近に発現する個体に限るのであれば, 黒紋コブヤハズとの関連で考えることは可能かもしれない. なぜなら, 黒紋コブヤハズは黒紋が小さくなっても, 基本的に白濁紋を備えることがない. つまり黒紋を完全に消失してしまえば, 無紋コブヤハズができることになる. 事実, きわめて黒紋の小さい個体であっても, そこには白濁紋を形成する毛は見当たらない. もしこの推定が正しいとするならば, 松本さんの交配結果も説明可能であろう. すなわち, 無紋コブヤハズは黒紋コブヤハズの黒紋消失型と思えばよいからである.

「無紋マヤサンコブヤハズ」とは

　分布の接点近くで変異を示すのはコブヤハズばかりではない. マヤサンコブヤハズもまた, コブヤハズとのハイブリッドゾーンあるいはその近辺のマヤサンコブヤハズ圏において, 上翅中央直後の黒紋を欠いてしまう型を現す. そのなかで, 明らかに形態的にはマヤサンコブヤハズ (本来現れるべく黒紋部が強く隆起し, 側隆起もマヤサンコブヤハズそのもの) なのだが, 無紋状態となった型を私たちは便宜的に「無紋マヤサン」(図 4-11 B) と呼んでいる.

　ただし, 無紋マヤサンコブヤハズの発現の状況はよく調べられていない. 黒紋コブヤハズは分布の接点近くないしハイブリッドゾーン近くのコブヤハズ分布圏の中に見られたが, 無紋型のマヤサンコブヤハズは必ずしもマヤサンコブヤハズ分布圏だけに発現するのではなく, ハイブリッドゾーンのなかでしばしば見られる. そのために, 正真正銘のハイブリッドでマヤサンコブヤハズの形質を強く示しているが, 黒紋は消失してしまったタイプ, あるいは黒紋の代わりにコブヤハズ的な白紋を発現したタイプ (便宜的に「白紋マヤサン」(図 4-11 C) と呼ぶこともある) との区別は難しい. したがって, 愛好者間ではむしろ, ハイブリッドのなかで無紋もしくは白紋を現す型を, 漠然と無紋マヤサン (コブヤハズ) と呼んでいる傾向がある.

　無紋マヤサンコブヤハズと無紋型ないし白紋型のハイブリッドとの区別が困難となる理由は明らかである. 妙高山塊にしても北アルプス北部にしても, マヤサンコブヤハズがコブヤハズ分布圏に進出するパターンとなっている. その

進出地は，当初はハイブリッドゾーンと認められるが，やがてはマヤサンコブヤハズ分布圏に移行する傾向が強い．このため，完全にマヤサンコブヤハズ分布圏に置き換わってしまった地域で発現すればわかりもいいが，まだハイブリッドゾーンとみなされる地域ではそれがハイブリッドなのか，それとも無紋マヤサンコブヤハズとするべきなのかが微妙なのである．

いずれにしても，無紋マヤサンコブヤハズの出現は妙高山塊と北アルプス北部のコブヤハズとの分布接点近くに限られ，単独の分布圏内である北アルプス南部や北陸地方などではけっして出現しない．つまり，ハイブリッドそのものとの明確な区別はできないにしても，過去にコブヤハズの血を受け継いだものの一つの表現型と考えられる．

黒紋コブヤハズが出現した年代

黒紋コブヤハズの存在を知らないカミキリムシ愛好者が，それに初めて出会ったとすれば，その（巨大な）黒紋から誰でも「おかしい」と感ずることだろうし，その正体をめぐって周辺の方々と大騒ぎになることだろう．実際，小林靖彦さんが採集した個体がそうだった．このように考えれば，黒紋コブヤハズが昆虫界の人によって初めて発見されたのは，小林さんによる 1972 年である可能性がきわめて強い．それまでは黒紋コブヤハズの話題すらなかったからである．ところが，1980 年代以降になって妙高高原町笹ヶ峰上流や新井市南葉山林道で多数発見されるなど，各地からの発見が相次いだ．このようにデータを追ってみると，黒紋コブヤハズはどうも最近になってから出現したように思えてしまう．

無紋マヤサンコブヤハズはどうだろうか．黒紋コブヤハズと違って大騒ぎされるような型ではないので確かではないし，文献上からも最初の指摘は明らかではない（松本むしの会編，1976 の p. 145, 図 220-C は無紋マヤサンコブヤハズを示している可能性が高い）．しかし，私自身も初めて妙高笹ヶ峰を訪れた 1986 年に 1 個体を発見し，それを『カミキリムシの魅力』の口絵の生態写真で黒紋消失型として紹介している（高桑, 1987）．おそらく関係者の間では「無紋マヤサン」として周知されていたものの，黒紋コブヤハズとは違ってそれほど関心をひくものではなかったと思える．

これらいわゆる特殊な型は，いつ頃から私たちに採集されるようになったの

だろうか．前述したように，少なくとも黒紋コブヤハズだけはほぼ確かである．1972年に初めて発見され，1980〜1990年代に入って続々と採集されるようになったのである．これはちょうど，非武装地帯が各所で崩壊し，その結果，ハイブリッドゾーンが生じたとされる時期と一致する．これは偶然だろうか．

もしこれらが対峙していた種の遺伝子が入り込んでしまった結果の反映であるなら，その出現が非武装地帯崩壊の時期と重なっているのも納得できる．非武装地帯の崩壊が拡大造林政策のツケであるとするなら，これらの型の多数出現もまた，拡大造林政策がもたらしたものと考えてよいだろう．なぜなら「黒紋コブヤハズ」が発現する場所は，基本的にはその近くに分布接点かハイブリッドゾーンがあること，見方を変えればカラマツ植林地があることであった．

ただし，例外がないわけではない．先に取り上げた北アルプス高瀬渓谷の七倉沢である．ここにはハイブリッドゾーンが存在していないにもかかわらず，黒紋コブヤハズが得られているが，その理由はすでに述べた．急峻な沢から供給された流木のいたずらであろう．七倉沢の少し下流，葛温泉の下の右岸でも1個体の黒紋コブヤハズが得られている(中林ほか, 2009)が，これも上流のマヤサンコブヤハズ分布圏から流されてきた個体と交わった結果と解釈できる．

この高瀬渓谷における事例からは，黒紋コブヤハズは必ずしも比較的最近になってから現れるようになったのではなく，それ以前からも生じていた可能性を支持する．ただし，その原因としては土石流や地滑りなどの突発的な出来事が背景にあるから，元来はきわめて稀と考えてよい(そのため採集されなかったのであろう)．

ところで，黒紋コブヤハズは妙高山塊での発現頻度が高く，ときに通常型コブヤハズ数個体に1個体の割合で得られることさえあった．また，妙高山塊で盛んに発見された1980年代後半〜1990年代当時は黒紋が大きいものばかりであったようである．しかし，2007年に小林敏男さんと調べてみたところ，黒紋が多少とも縮小した個体がいくつか得られたし，痕跡的ともみなせる個体さえ認められた(無紋コブヤハズとも関連する可能性を前述した)．このことからは，黒紋コブヤハズを発現させる集団は時間の経過により，通常のコブヤハズ集団へと収束してしまう可能性もある．この点はもう少し時間を経てから再調査し，その結果から考えることにしよう．

4-5　八ヶ岳における2種の攻防

　八ヶ岳はフォッサマグナ帯のちょうど中央部にそびえ立つ．山容の美しい火山群として名高く，中央自動車道，長野自動車道，上信越自動車道からは遠くからも望めて，しかも見る場所によって刻々と景観を違える．

　中腹から広い山麓にかけてはなだらかなスロープを形成し，そこに2種のコブヤハズ属が生息している．この見た目に美しい景観は，しかし，そのほとんどが拡大造林政策によってカラマツ植林地となってしまい，往時の自然林は見る影もない．きわめて重大な自然破壊であり，生物多様性を大きく損なってしまっているのは疑う余地もない．だから，「魅力ある昆虫などほとんどいそうな気がしない」と昆虫愛好家なら誰しもが口をそろえることだろう．しかし，ことコブヤハズ属に関するかぎりはそうではなかった．そのために信じられない出来事が，いま起きてしまっている．

信じられない思い

　タニグチコブヤハズとフジコブヤハズもひと目見ただけでその区別がつく．前種は上翅に黒紋をもち，その黒紋部は台地状に少し膨隆し，上翅端は普通，多少とも丸まるのに対して，後種は白濁紋をもち，その白紋部は浅く凹陥し，端は針状に鋭くとがる，という具合である（図4-3）．さらに体型，上翅背面の凹凸状態，上翅後方両側の隆条の有無，紋を形成する毛の形などが異なる．これらの特徴は安定していることでもあり，常識的な感覚からは誰がどう見ても全く異なる種類である．つまり雑種などはできそうもないと思ってしまう．ところが1992年頃から，奥秩父のごく狭い地点で両種のハイブリッドが発見されるようになり，私たちの度肝を抜いた（平井・木下，1997）．雑種ができるということは，遺伝的にはごく近縁であって，もしかしたら別種ほどには違わない可能性がある．

　かつて八ヶ岳山塊においては漠然と，東〜東南部にだけタニグチコブヤハズが分布し，西〜北部など大部分にフジコブヤハズが分布すると考えられていた．しかし，その接点がどこにあるかは知られていなかった．そもそも八ヶ岳では，採集記録自体がきわめて少なかったのである．

2種の非武装地帯の距離を少しでも埋めようと、私たちが最初に八ヶ岳東部とその周辺に挑んだのは1974年の秋であった。このときは四人の精鋭部隊であったにもかかわらず、目的のタニグチコブヤハズもフジコブヤハズも、ただの1個体さえも採集できなかった (高桑, 1987 にも記した)。前節で紹介した中林博之さんにとっても、八ヶ岳でのタニグチコブヤハズは分が悪く、それまで十数連敗を喫していたという。私たちにとって、八ヶ岳調査はまさに鬼門であった。

しかし、結論を先に言ってしまえば、いまでは八ヶ岳とその周辺では2種とも多数が採集されるようになり、分布状況の概略が明らかになるにいたった。そればかりか、2種のそれこそハイブリッドゾーンの存在まで一気に突き止めることができた。1974年のときを思い起こせば、まさに夢のようにも思えてしまう。いったい当時とは何が違っているというのだろうか。

28年後の敗退

1974年の敗退から28年もたった2002年の秋、小林敏男・鎌苅哲二・中林博之さんと一緒に再チャレンジを試みた。この間、八ヶ岳における2種の分布態の把握はいくらか進展があり、西斜面においては茅野市美濃戸別荘地までフジコブヤハズが確認されていた。そのすぐ近くではタニグチコブヤハズも記録されていたものの、その後の調査で得られなかったことから疑問視されていた。東斜面では海ノ口別荘地でフジコブヤハズが記録される一方、そのちょっと南の板橋川右岸から野辺山原〜天女山ではタニグチコブヤハズが分布することが判明し、さらにもっと西側、八ヶ岳の南南西に位置する観音平での採集情報も聞いていた。2種の非武装地帯あるいは接点は、このように東側ではかなり絞られていたが、西側では美濃戸より南の広い地域で記録がなかったため、2種がどのような状態にあるのかは不明だった。これをぜひ明らかにしたかったのである。

まずターゲットにしたのは、美濃戸より2 kmほど南の立場川であった。もしタニグチコブヤハズがここで得られたならば、やはり美濃戸周辺にフジコブヤハズとの接点があると考えればよい。しかし、このときの立場川はなぜか厳しく、やっとのこと右岸と左岸で1個体ずつが得られたものの、何と両方ともフジコブヤハズであった。そうなると、2種の接点はもっと南、観音平までの

約 6 km の間にも存在しているはずである.

　その 6 km の間 (富士見高原) を車で分け入るが，車を降りて調査しようという気になる場所が見当たらない. あたり一面にカラマツの植林地と別荘地が広がっていること，しかもなだらかなスロープの西〜南面であるため乾燥化がひどく，見るからに昆虫は何もいそうもないからである. しかたなく，観音平でのタニグチコブヤハズ情報の確認に向かう. この時点で私たちは，まさかこのようなカラマツ植林地に多数の個体が生息しているなどとは，それこそ思いもよらなかったのである.

　観音平ではかろうじて小林さんが 1 個体を採集したにすぎなかったが，生息が確認できたということで，遅い昼食をとりながら今後の作戦を練る. 運転しなくともよい私はビールとワインを飲みながらと，ひとり恵まれている. まあとにもかくにも，来年以降の課題がはっきりしたのだ. 2 種の非武装地帯あるいは接点は立場川と観音平の間にあるはずだから，そこを調査すればよい. 秘策もある. 今年はこれで良しとしよう.

　こうして，調査意欲には燃えていたものの，またしても成果らしい成果を上げるには至らなかった. 奇しくも，このときの小林・鎌苅両氏と私は 1974 年のときと同じメンバーである.

ハイブリッドゾーンの発見

　翌年になって，小林さんは夏の終わり頃から作戦を展開していた. そして何と，2003 年 9 月 14 日には八ヶ岳西側におけるフジコブヤハズとタニグチコブヤハズの接点をほぼ明らかにしたばかりか，両種のハイブリッドまで採集したのである. E メールでそれを知らされた私は信じられない思いだった. 私のショックをおもんばかってか，「次の週に行きましょう，成果は山分けでね. 」と添えてあった.

　翌週に勇んで 2 種の接点近くを小林さん，中林さんと三人で詳しく調査した (鎌苅さんはモスクワ駐在のため参加できなかった) ところ，さらにいろいろと興味深いことがわかった. 林道沿いにおける接点は明確に認められ，2 種を隔てる距離はほとんどない (それぞれの限界採集地点の間は約 25 m). その北側ではフジコブヤハズ＋ハイブリッド，南側では通常のタニグチコブヤハズの分布圏だった. つまり，接点までのフジコブヤハズ分布圏では，通常に見える

4-5 八ヶ岳における2種の攻防　　　　　　　　　　　　　　　　　　　　　　223

図 4-12　濃霧の中でのコブヤハズ類調査　　左：中林博之氏，右：小林敏男氏．

個体のほかに明らかなハイブリッドもいくつか得られた一方で，タニグチコブヤハズ分布圏では全く通常の個体ばかりでハイブリッドらしい個体は一つも得られなかった (図 4-12)．

　次の週も三人で調査したところ，林道沿いでは前の週と同様な結果が得られた．2種の接点も全く同一の地点であった．それでは面的な状態を確認しようと，2カ所の斜面に分け入る．中林さんと私は接点のすぐ近くから沢沿いに，小林さんはフジコブヤハズ分布圏にある小さな浅い谷沿いを調査したのである．私はこの日のことを忘れることはできないだろう．三人であれこれ考えたことが，まさに予想どおりに成果として上がったのだから．

　まず，私たちの組は2種の接線というか，広いハイブリッドゾーンを発見する幸運に恵まれた．明らかなハイブリッドに加えて，フジコブヤハズ色の濃いハイブリッド，通常に見えるフジコブヤハズ，それに通常に見えるタニグチコブヤハズが採集できたのである．小林さんの成果も素晴らしかった．谷沿いに点々と，通常に見えるフジコブヤハズに混じってフジコブヤハズ色の濃いハイブリッドが存在していることを突き止めたのである．この両者の調査結果からは，フジコブヤハズが少なくとも長さ・幅とも何百メートルかにわたってタニグチコブヤハズ分布圏に進出しようとしている状態が見てとれる．中林さんと

私はまさにいま現在の衝突地帯に遭遇し，小林さんはごく近い過去に衝突したであろう谷に遭遇したと言える．

2種の衝突地帯では，それ以降の調査によってさらにいろいろな点が明らかとなった．たとえば，林道沿いの分布接点ではタニグチコブヤハズ分布圏側にハイブリッド個体が発見されたこともあり，接点は必ずしも2種が一定の距離をおいたものではないこと．明らかなハイブリッドゾーンではむしろハイブリッ

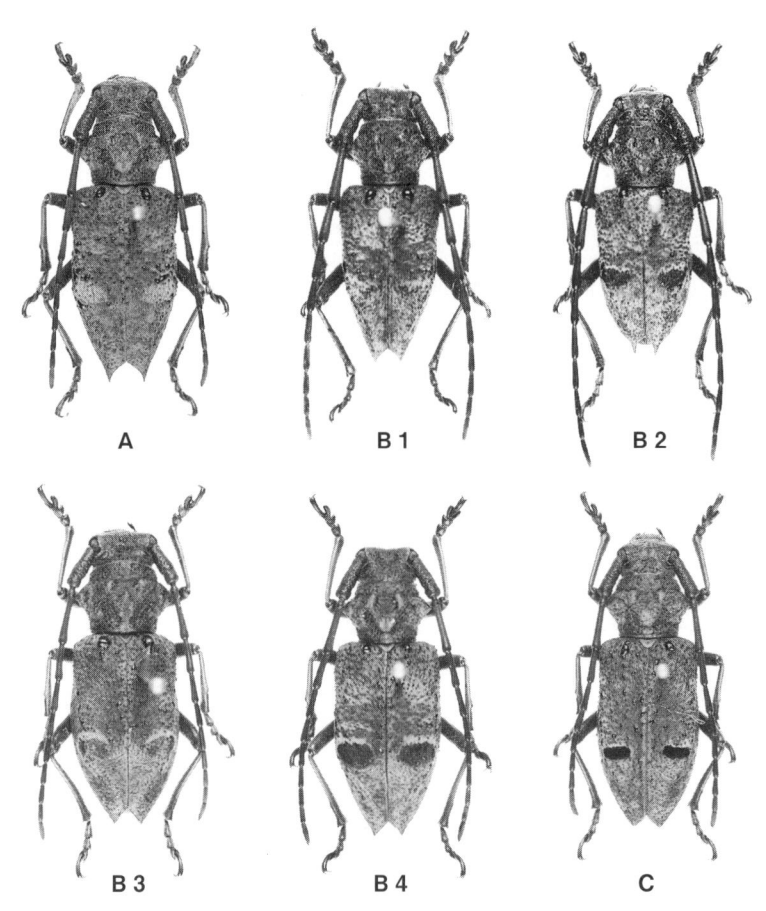

図 4-13　八ヶ岳における2種とそのハイブリッド　　(A) フジコブヤハズ (♀)．(B) ハイブリッド (1, 2: ♂．3, 4: ♀)．(C) タニグチコブヤハズ (♀)．

ドの出現割合が高く，通常のタニグチコブヤハズはもちろんのこと通常のフジコブヤハズも少ないこと，またタニグチコブヤハズ分布圏側 (まさに衝突ライン?) でのみタニグチコブヤハズが多数得られるが，それらにはかなりの高率 (ときに半数以上) で通常ではなく多少ともフジコブヤハズがかった形質を示す個体が含まれていること (高桑ほか, 2006)，ハイブリッドにもさまざまな表現型があること (高桑ほか, 2004. 図 4-13).

　それにしても，ハイブリッドゾーン周辺は，いやそこばかりでなく地域全体が，ほとんど一面のカラマツ植林地であるのに多数得られたことに驚いてしまった．生物の種の多様性がひどく失われてしまったカラマツ植林地で，コブヤハズ属に関する世界だけは違うベクトルが働いていたことになる．旺盛に繁栄するにいたった結果はまた，ハイブリッドゾーンの出現など予期せざる事態を引き起こしてしまったと考えられるのだが，それは後で述べよう．

進出のバリアーとなっている林道

　ところで，コブヤハズたちの進出に障害となっているものの一つに，林道がある．乾燥を極度に嫌う彼らにとって，舗装道路が大の苦手であることは経験上から明らかである．舗装されると，その林縁ではあまり採れなくなるからである．しかし，未舗装の林道でも，進出には相当のバリアーとなっているらしい．そこで彼らの動態を考える場合に，林道の存在も考慮に入れておく必要がある．

　八ヶ岳西側のハイブリッドゾーンの下部には，植林地を通る未舗装の林道がある．この林道の反対側 (より下部) は基本的に通常のタニグチコブヤハズが採集されるので，分布態は林道をはさんで不整合の関係にある．この理由としては，林道の存在しか思いつかない．さらに，ここで狭い 1 地点だけ少数のハイブリッドが得られた年があった．そのすぐ上は，涸れ沢に林道の橋がかかっているので，フジコブヤハズ系の個体がその橋の下を通って進出してきたと思える．

　2 種の接点を明瞭に示してくれた上の林道沿い (未舗装) でも，似たような経験をしている．たとえば，林道の下側には多数のフジコブヤハズとハイブリッドが得られるポイントがあるのだが，その上側では好環境と思えるにもかかわらず，たび重なる調査のなかで私自身はわずかに 1 個体を得たにすぎない．全体的に，この林道では上部側の場合，すばらしく好環境と思える場所であって

も，全く得られないことが多かった．
　当然のことだが，林道はできるだけ等標高沿いに建設される．したがって，分布拡大にあたっては左右方向に早く進出する一方で，林道が走っている地点では上下方向への進出が妨げられるか，より遅くなるものと推定される．

かつての非武装地帯と今後の課題

　八ヶ岳西側では，こうして2種の動態や分布接線周辺における状況が明らかとなった．要約すれば，フジコブヤハズが分布域を拡大しつつあること，その拡大はタニグチコブヤハズを遺伝的に取り込みながらであること，その場合は比較的短い年数で後種の形態的特徴が発現せずに消失してしまうであろうことなどである (高桑ほか, 2004)．
　では，2種の衝突が起きる前，つまり非武装地帯はどのあたりに位置していたのだろうか．これはフジコブヤハズ分布圏にあってハイブリッド率が急に高まるあたりと考えるべきであろうが，すぐ上に述べたように，ハイブリッドは短い年数でタニグチコブヤハズの形質を失ってしまうらしいので，形態面だけからの検討では難しいように思える．しかし，現在の衝突地点から西へ約400 m地点のフジコブヤハズ分布圏では，明らかなハイブリッドを含めて多少ともタニグチコブヤハズの形質を示す個体が半数近く得られたことから，そこはごく近い過去に分布接点であった可能性が強い．さらにそこから北北西へ1 km離れた地点では軽微ながらタニグチコブヤハズの形質を示すものが1/3の割合で出現し，それ以上遠ざかるとその割合が著しく減少するというデータが得られた (高桑ほか, 2006)．このことから，かつての非武装地帯は現在の衝突地点から少なくとも400 m以上離れた地点にあったと考えてよいだろう．
　このように書いてくると，八ヶ岳西麓での2種の分布態はほとんど明らかにされたように思えてくるが，実はまだ大問題が二つも残っている．それは美濃戸におけるタニグチコブヤハズの記録と，立場川におけるハイブリッドの発見である．
　前者の件はこの節のはじめにも記した．常識的にはフジコブヤハズ分布圏と思われる地域で，小出雄一氏によって1976年に3個体のタニグチコブヤハズが得られたのである．その後，何人かがその場所付近に赴いたが，タニグチコブヤハズではなく逆にフジコブヤハズが採集され，そこではフジコブヤハズに置

き換わってしまった可能性も考えられている (藤森・米沢, 1990). 藤森・米沢両氏の調査から20数年も経過した現在, ぜひ再度の調査をしてみたいところである.

一方, 立場川における私たちの2002年の調査では, 両岸ともにフジコブヤハズだったと前述した. しかしその後, 茅ヶ崎市の中山和昭さんらによって多数採集された個体のなかに, 明らかなハイブリッド個体がいくつか入っていた (未発表). まさに「晴天の霹靂」であった. 信じられない気持ちのまま私たちも調査し, ようやく小林さんが右岸から明らかなハイブリッドを得た. まさにフジコブヤハズ分布圏の真っただ中からである. このような場所でなぜハイブリッドが出たのか, 不思議としか言いようがない. これこそ次節で紹介する相変異の一つの変型版でしか説明できそうもないと思ってしまうが, 前節で述べたような流木説を忘れてはならない. すなわち, ここは標高1,600 m辺りだが, より高標高の地域ではタニグチコブヤハズの分布圏になっている可能性である. 美濃戸もそうだが, より低い標高にフジコブヤハズが, より高い場所にタニグチコブヤハズが分布している可能性も十分に考えられる. どなたか体力のある若い人たちに挑戦をお願いしたい.

新たな問題も出てきた. 例のハイブリッドゾーンでは, ごく最近になってタニグチコブヤハズの逆襲？が起きているようにも思える. 2006年にも気になったのだが, 2007年は衝突ライン付近にタニグチコブヤハズ系の個体数が明らかに多かった. 小林さんもそう感じているという. これからどうなるのか, まだまだ調査を続けなければいけない.

拡大造林政策がもたらしたもの

実は私自身, カラマツ植林地はコブヤハズ属にとっても生存に重大な脅威となっていると感じていた. そのため, 『カミキリムシの魅力』のなかで奥秩父でのタニグチコブヤハズを紹介したとき, 自然林が伐採され, 植林地に置き換わっていく光景に絶望感を記したのである (高桑, 1987).「コブ採りおじさん」の異名をもつ故平井 勇さんも, そのように考えておられた (平井, 1980).

しかし, 八ヶ岳における2種の調査で, 私たちは驚くほど多くの個体を採集している. そこは一面にカラマツ植林地が続き (図4-14), ミズナラやカンバ類の林もほとんどなく, またモミ類やコメツガ類などの自然植生もほとんどない.

図4-14　八ヶ岳西麓における一面のカラマツ植林

　八ヶ岳ばかりでない．いまでは奥秩父も南アルプスも中央アルプスもどこでも，カラマツ植林地で多数のコブヤハズ属の種が得られる．私や平井さんが危惧したことは当たっていなかったどころか，全く逆だったのである．では，なぜカラマツ植林地でそんなに個体密度が高いのだろうか．

　コブヤハズ属の種の幼虫は，林内の倒れた木や伐採木の根元(伐根)を食べることが知られている．樹林を伐採すれば，多数の伐根が残されることもある．伐採した後にカラマツを植林すれば，やがて中・高木となって林床は湿り気を帯び，コブヤハズ属が進出するようになるとともに，これらの伐根はほどよい食べものになると推定される．カラマツ植林地もある程度に成長すると，良材を得るために間伐を行うが，その間伐材は林内に放置されることも多い．もし管理が行き届かず間伐の手が入らなくとも，林内は荒れて多くの朽ち倒木を生じる．間伐材にしても朽ち倒木にしても，コブヤハズ属の幼虫には格好の食べものであろう．特に針葉樹の好きなフジコブヤハズとタニグチコブヤハズには願ってもないものと思われる．

　拡大造林政策は戦後まもなく，1950年頃から各地で励行されることとなっ

たが，造林地はちょうどコブヤハズ属の生息圏と重なっていた．いま思えば，コブヤハズ属にとっては伐採という乾燥化によって一時的に生息のリスクはあったにしても，その後には一挙に大量の餌資源が準備されたことになる．たとえば 1950 年に植林されたとすれば，1970 年前後には中・高木林となって生息可能な環境となり，幼虫にとっても良好な餌資源が提供されたことだろう．植林された時代や立地環境によって異なるにせよ，私は少なくとも 1980 年前後からコブヤハズ属の個体数が一気に増えていったと推定している．

　個体密度を高めた集団はどうなったか．ここからは私の推測であるが，それまで立ち入ることのなかった非武装地帯にも進出し，2 種が直接にぶつかりあうことになった．川などの物理的な障害によって隔たっていた 2 種も，互いが岸近くにも多く生息するようになった結果，幼虫の入っている岸近くの倒木が流木となって，あるいは土石流などによってより容易に対岸にと運ばれ，物理的な障害を越えてしまうことになった．橋を渡ってしまったものもあるかもしれない (以上高桑, 2005)．このようにして 1980 年代以降は各地で非武装地帯が消滅する事態となり，その結果として互いの遺伝的な交流がなされ，ハイブリッドや黒紋・無紋コブヤハズ，無紋マヤサンコブヤハズなどが頻繁に現れるようになったのではないだろうか．

　なお，少なくとも文献上からは，マヤサンコブヤハズとコブヤハズの幼虫は針葉樹を食べていると確認されていないかもしれない．しかし，妙高山塊，北アルプス，三国山脈などで植栽後 30〜40 年を経過していると思われるカラマツ植林地内でも，しばしば多数の個体が得られる．この事実からは，幼虫はタニグチコブヤハズやフジコブヤハズと同じに間伐材などを利用している可能性があるし，そうでなければ広葉樹の伐根がそれほど長きにわたって餌を提供し続けていることになろう．後者の場合だと，やがて餌資源は枯渇し，カラマツ植林地から姿を消していくだろう．

4-6　コブヤハズ類の攻防が語るもの ― 種とは何か ―

　コブヤハズ属の祖先は，彼らの永い自然史のなかで種分化を起こし，現在 4 種が存続するにいたっている．その 4 種は互いの分布接点で非武装地帯を形成し，それを維持することによって 4 種それぞれの独立性を保ってきたことであ

ろう．しかし拡大造林政策は，おそらく彼らのそうした不文律を破ってしまい，あらたな局面を創り出してしまったように思える．

　非武装地帯が崩壊したため，勢力のより強い種はより弱い種の分布域に進入することとなった．遺伝的にごく近縁で，物理的な生殖隔離機構をもたず (Nakamine & Takeda, 2008)，生態的にも同位な種間の場合はどのような事態を生ずるのか，壮大な野外実験場が提供されたことになる．その結果，分布の接点ではハイブリッド集団が形成され，その位置も移動しているらしいこと，やがてハイブリッド集団はいずれかの種の形態に収束してしまうらしいことが明らかとなった．こうしたデータからは，それぞれの種は生物学的種として同種と考えるべきなのか，それとも形態種として独立種としておくべきなのか．

相転移説

　別種か同種かを考える前に，興味深い説に触れておこう．実は，妙高山塊におけるコブヤハズとマヤサンコブヤハズの関係から，かなり大胆な仮説 (遠山, 1997) が提出されたことがある．すなわち，2種の接点における中間的形態をもつ個体の出現は，交雑によって生じたのではなく，コブヤハズのなかから相転移した表現型 (相) とみなしている．この論文中には黒紋コブヤハズについての具体的な記述がないものの，コブヤハズ分布圏内で生じているという中間型 (遠山によれば，「両種の雑種と思われるような中間的な特徴をもつ個体」) がそれだと理解できるので，黒紋コブヤハズも同様に相転移の結果と考えていると解釈できる．では，どうしてそのようなことが起きるかというと，分布の接点ではマヤサンコブヤハズの進出というプレッシャーというかストレス (遠山のいう「淘汰圧の上昇」) を受けたために，コブヤハズの相が不安定化してマヤサンコブヤハズとの中間的形質を現す型 (相) を生じてしまうが，やがて安定したマヤサンコブヤハズの相に変わっていく．すなわち，ここでの中間的形質を現す型は，一見するとハイブリッドに思えてしまうが，そうではなくてコブヤハズの一つの相にすぎないのだと．つまり，ここでのコブヤハズとマヤサンコブヤハズは同一の種類であり，形態の違いは型 (相) にすぎない，と．

　この相転移説は，非武装地帯消滅後の2種の動態を見るとき，一見かなり説得的かもしれない．そのように考えることで，ハイブリッド集団がマヤサンコブヤハズに収束していく状況，また分布接点が移り変わることも説明可能で

あるかもしれない．ただしそれは，机上における理論にすぎない，という指摘もあろう．科学哲学的ともいうべき論考がその前提にある一方で，自然科学に基づいた論考を欠いているからである．たとえば，2種の接点において生ずる中間的形態をもつ個体がハイブリッドではないというが，その実証性はない．

それに，私たちが行ってきている実証生物学的観点からは，相転移の可能性を支持するデータは得られていないどころか，逆に反対のデータがもたらされている．たとえば，河路 (1988) はすでに2種の交雑結果を発表し，F_1 個体が両種の中間型を示すことを述べている．さらに，妙高山塊産の2種を用いた交雑実験で F_1 個体が多数つくられているし，それらは私たちが野外で見ているハイブリッドと同様の形態を示すことで，2種の分布の接点における中間型 (ハイブリッド) の存在を実証的に説明できる (高桑・平山, 2012)．黒紋コブヤハズもコブヤハズどうしの掛け合わせによって発現した事例があった (4-4 節)．相転移によると考えるよりも，やはり遺伝子のある組み合わせによって黒紋コブヤハズが発現すると考える (Nakamine & Takeda, 2009) べきであるが，理論としてはきわめて面白い．

遺伝的な観点と分布・形態的な観点

4-3 節で取り上げたコブヤハズとマヤサンコブヤハズ，4-5 節でのフジコブヤハズとタニグチコブヤハズも，分布の接点ではハイブリッド集団を形成した．そこでは戻し交雑ばかりか雑種間交配も生じているかもしれない．つまり，前者・後者の組み合わせとも，遺伝的な交流がそれほど支障なく行われている可能性がある．それならば，コブヤハズとマヤサンコブヤハズ，またフジコブヤハズとタニグチコブヤハズは遺伝的には同種と考えるべきであろう．そればかりでなく，今回は取り上げなかったがコブヤハズとフジコブヤハズ，またマヤサンコブヤハズとタニグチコブヤハズもそれぞれの分布の接点でハイブリッド集団を形成しているケースがあることから，それらの間でも遺伝的には同種であると考えるべきであろう．つまり，コブヤハズ属の4種全てが互いに同種の関係にあるとみなされる．

このように，遺伝的な視点だけをもってすれば，コブヤハズ属は1種で形成されているということになる．そこに分布・形態面を加味するなら，最低でも四つの顕著に分けられる形態的に異なった地域集団があり，しかもその地域集

団は互いに異所(側所)的なので，それぞれを独立の亜種として扱うことができる．これはこれで，妥当な考え方であろう．

　一方で，遺伝的な視点だけでなく，分布・形態面を同等に評価する自然史重視の立場もある．すなわち同種とするならば，なぜ四つの地域集団は形態の独立性をいまに保ってきたのだろうか，という疑問である．それぞれの地域集団の間に，海峡なり大河川といった進出を阻む物理的な要因が横たわっていたのならともかく，そのような障害のない場所でも長い距離にわたって側所的なきわどい分布態を形成し，かつそれぞれの地域集団は安定した独自の形態を示しているのである．こうした状態を維持しているなら，それぞれは基本的に遺伝子の交流を行っていない独立した集団と考えられる．つまり分布・形態面からは，それぞれを独立種として扱うべきである(生殖的な隔離機構に関する条件は違うが，ごく最近の久保田ほか(2008)もコルリクワガタ種群の種関係について同様な見解を述べている)．

　この場合，互いに独立種でありながらどうして同所的な分布態になれなかったかについては，次のように説明される．──生態面からは，4種は地上という二次元世界の生活者であり，時間的な棲み分けもしておらず，生態的地位もほとんど差がないことから，もともと同所的な分布は困難がある(競争してしまうゆえ)．また形態面からは，それぞれの間に物理的な生殖隔離機構が形成されてこなかったため，集団の独立性を保つには同所的な分布は許されなかった．あるいは，交尾器の種特異性に乏しいヒゲナガカミキリ族の一員ゆえ，互いが物理的な生殖隔離機構をもつことへと進化できず，非武装地帯という隔離機構をもつにいたったのかもしれない．またあるいは，地上生活者にとっては非武装地帯という隔離機構がその機能を支障なく果たしてきたことで，交尾器の種特異性への進化が起きず，結果的に同所的分布にいたっていないのかもしれない*．

　では結論として，コブヤハズ属の4集団をどう扱うのが妥当なのだろうか．私ならば悩むことなく，それぞれを独立種として扱う．けっして同一種にしな

＊　コブヤハズ属(フジコブヤハズとタニグチコブヤハズの2種)はセダカコブヤハズ属の分布東限域でそれと同所的な分布を示す．これを可能にしているのは生態面の違いが大きいと考えられる．特に幼虫の寄主植物の違い，つまり後者はほとんど広葉樹のみに依存する一方で，前者は針葉樹志向が大であること，また生殖期(晩春〜初夏)の活動場所は，後者は立ち枯れ木が多い一方で，前者はほとんど地表面に限られること．

い．それは私が遺伝面の重要性をもちろん認識しているが，自然史により形成されている分布・形態状態も重きをおいているからである．

ただし，ここには今日的なコブヤハズ類独自の問題が生じている．4種間の分布の接点では，非武装地帯が崩壊したために，各地でハイブリッド集団が形成されるようになったからである．過去はともかく，現在の状況からはそれぞれの種間で一部だが遺伝子浸透が確実に生じており，したがって種としての独立性が脅かされているといえよう．もちろん，こうした事態は自然史のなせる業ではなく，拡大造林政策という人間の犯した自然への攪乱行為による可能性が強い．こうした点をどう見るかは人によって異なるだろうが，自然史に基づく私の考えに揺るぎはない．

最終氷期最盛期以降を考える

地史的なスケールで見るなら，生物は過去の気候変動によって分布域を南北・高低に移動し，あるいは拡大または縮小してきたはずである (たとえば安田, 1990)．ブナ帯の要素であるコブヤハズ類も，基本的にはブナなど運命共同体の生きものと一緒に，より温暖な時代には北方または高標高地に追いやられ，より寒冷な時代には南方または低標高地にと向かったと考えられる．こうした寒暖の繰り返しは，第四紀の始まる約258万年前よりも前から絶え間なく生じてきた (特に最近の約50万年間で顕著) とされ，種分化や生態変化を促す大きな要因となってきたことであろう．日本のコブヤハズ属も現在の分布態を見るかぎり，その可能性が十分にあると思われる．中峰・竹田 (2007) も地史とmtDNA情報から，フジコブヤハズとタニグチコブヤハズは寒冷化した時代に針葉樹食にシフトしたと推定している．

さて，最も最近に著しく寒かった時代，つまり最終氷期の最盛期は約1万8千〜2万年前頃とされている．当時の中部地方は年平均気温で現在よりも7〜8℃も低く，森林帯は1,200〜1,400 mほど下降していた (守田ほか, 1998) と推定されているので，冷温帯気候 (ブナ帯要素など) の生物たちも同様に下降していたであろう．現在におけるコブヤハズ属の生息域 (特に太平洋側) は，当時だとほぼ亜寒帯針葉樹林かツンドラだったと想定されており (守田ほか, 1998；安田, 1990など)，そこではほとんど生息できなかったと考えてよい．それならば，たとえば糸魚川–静岡構造線に沿う地域でのコブヤハズ属4種は，最終氷

期最盛期にはどこに分布 (避難) していたのだろうか．もちろん当時すでに，飛ぶための機能を失い，地上生活者になっていたはずである．それゆえ，移動力の大きい生物たちとは異なり，山脈や大河川など物理的な障害の存在ゆえ西南日本方面へと向かうことはできず，移動先は基本的には糸魚川–静岡構造線周辺の低標高地であったに違いない．

とすれば，辻 (1990) や安田 (1990) に示された当時の古植生図を眺めるかぎり，当時のコブヤハズ属の避難場所 (リフュージア) としてまず考えられるのは，海岸近くもしくは河川沿いの低地である．日本海側なら高田平野〜姫川下流域が，太平洋側なら富士川下流域〜静岡平野が真っ先に思い浮かぶ．こうした低地・海岸沿いは針広混交の冷温帯林であったと推定されているから，まさにコブヤハズ類の生息に適していたと判断される．また内陸盆地ではあるが，安田 (1990) による当時の古植生図が正しければ，長野盆地や甲府盆地の一部にも生息していたはずである．さらに，ブナ属は関東地方以北の内陸盆地でも残存していたと考えられているので，コブヤハズ属は松本平や佐久平でも生存していた可能性がある．ただし，糸魚川–静岡構造線に沿う地域では，特に西側は急峻な山地が迫っているためにごく狭い地域でしか生息できなかったであろう．ともかく，現在の分布状態とは全く違っていたと想定される．

最終氷期最盛期以降は，まさに急激に温暖化へと向かい，今から約 6 千年前に過去約 1 万年間の後氷期のなかで最も温暖な時代 (ヒプシサーマル期) を迎える．いわゆる縄文海進期である．ブナ帯要素のものはそれこそ短期間のうちに，現在に近い分布状態になったであろう．しかし，それもつかの間のこと，現在よりも年平均気温で 2℃ ほど上昇したと考えられているので，さらに高標高地に，あるいはより北へと分布域を移したはずである (ただし，海にすむ大部分の生物とは違い，陸上生活者の多くは移動自体に時間がかかるため，生息可能範囲限界域への到達にはそれなりのタイムラグがあるが，ここでは触れない)．

縄文海進最盛期におけるコブヤハズ類の分布地は，どこまで極限されていたのだろうか (タイムラグがあるから正確にはそれよりも後の時代に)．糸魚川–静岡構造線に沿う地域に限れば，最終氷期最盛期とは違い，この推定はずっとたやすい．基本的に位置は現在とそれほど変わりないだろう，と言い切ってしまってもよいからである．なぜなら，縄文海進期以降は小規模な寒冷期と温

暖期を交互に繰り返しながら全体的には現在の気候に向かうのだが，そうした寒暖の繰り返しが移動力の乏しいコブヤハズ類に対して分布域を大きく変更・進出させるほどのインパクトをもっていたとは，規模・時間的に考えにくいからである (ただし姫川右岸におけるマヤサンコブヤハズは，ここに理由を述べないが，縄文海進以降に進出した可能性もある). それゆえ縄文海進期の分布域は，位置的には現在とほぼ同様，ただし多少ともより高標高地の狭い範囲と考えてよいだろう.

地史的な時代に交雑はあったか

縄文海進期に匹敵するそれ以前の温暖期は約 12 万年前の下末吉海進期 (最終間氷期) とされる. このたかだか 12 万年の時間とはいえ，前項で示したようにコブヤハズ属も標高面や南北間の移動を余儀なくされたことは疑いがない. その過程で同所的に分布し，交雑を繰り返して遺伝的浸透を生ずるような局面はなかったのだろうか. 約 2 万年前の最終氷期最盛期も約 6 千年前の縄文海進期にしても，少なくとも糸魚川-静岡構造線周辺では生息可能な環境は現在よりもずっと狭められていたので，異なった種どうしが余儀なく衝突する状態になっていたと考えられるからである.

そのありうる例としては，妙高山塊のマヤサンコブヤハズが真っ先に思い浮かぶ. 4-3 節の最初の部分で述べたように，ここの集団はコブヤハズ的な形態を併せもっている. したがって，姫川を右岸 (東側) へと渡った集団がある時期にコブヤハズ集団と交わり，その遺伝子を取り込んだ後に再びコブヤハズと側所的な分布態となったために，形態面はマヤサンコブヤハズだが独特の型へと収束した，と考えることに無理がない. ただし，このイベントがいつだったかは議論の余地がある.

もう一つの大変に興味深い例が丹沢山におけるフジコブヤハズである. 形態的には全くのフジコブヤハズなのにもかかわらず，mtDNA はタニグチコブヤハズそのものを示している. その考えうる理由として最も可能性が高いのは，丹沢はもともとタニグチコブヤハズが分布していたが，フジコブヤハズが進出し交雑した結果，表現型としてはフジコブヤハズに置き換わってしまい，mtDNA だけにタニグチコブヤハズの遺伝子が残されたとする仮説である. さもなければ，どこかで交雑したタニグチコブヤハズ由来の mtDNA をもったフジコブヤ

ハズ集団が丹沢に進出した (以上中峰, 2003). このどちらかが事実としても, 問題はいつの時期かであるが, その推定は簡単ではない.

他にこうした交雑の可能性が考えられる地域集団としては, やはり妙高山塊のコブヤハズがあることは4-3節で記した. それぞれの地域集団を形態的にもっと詳しく検討すれば, 妙高山塊におけるマヤサンコブヤハズのような例が出てくるかもしれない. この点は将来に期待しよう.

その一方で, 4種それぞれのほとんどの地域集団は, 急激な分布態の変化にあっても, 形態的な独立性を保ってきた. それを考えるならば, 4種は独立した集団として長く存続してきたといえる. その独立性もおそらく, 非武装地帯に支えられた側所的分布態勢があったからであろう. とすれば, 少なくとも最終氷期最盛期にはすでに, 別種関係としての道を歩んでいたと理解すべきでなかろうか.

しかしたびたび述べてきたように, コブヤハズ属のこうした歴史は, おそらく拡大造林政策という私たち人間の所業によって, それこそ一瞬のうちに撹乱されてしまったように見える. 摩訶不思議な非武装地帯も各地で消滅してしまい, 今となっては幻であったかのようである. 長い時間をかけて築き上げてきた彼らの自然史は, いったいどうなってしまうのだろうか.

謝　辞

この小文を記すにあたり, 何人もの方々にお世話となってきた. とりわけ, コブヤハズ類の共同研究者として積極的に活動していただいている小林敏男・中林博之両氏, DNA情報について教示をいただいた中峰 空博士, そして楽しい時間を共有してくださっている通称コブサミの他のみなさんにも, 心からの感謝を申し上げる.

5 カミキリムシとの出会いと発見史

(露木繁雄)

5-1 カミキリムシとの出会い

　私の虫とのお付き合いは，多くの虫屋さんよりも少し遅いように思う．これまでたくさんの虫屋さんと知り合ったが「いつ頃から虫を始めたか」を尋ねると，多くの人は「小学生の頃から」と答える．私の場合は中学2年のときに，家庭教師をされていた方の下宿先が，たまたまカミキリムシの先生である草間慶一さんのお宅であった．

　私を含め六人の中学生が，家庭教師の方に数学や英語を教わっていたその部屋に，草間さんのカミキリの標本が置いてあった．これが私とカミキリとの出会いであった．この標本を見ているうちに虫への興味がわき，逗子周辺の山(といってもせいぜい標高70〜80 m くらいの丘)に虫採りに出かけるようになった．

　私がカミキリと意識して採集した初めての種類は何だったのか，手元にある

標本や草間コレクションを見ながら思い出してはみたが，いまいちハッキリしない．1952 年 (中学 3 年) からであることは間違いないので，この年のラベルがついた，わずかに残っている標本をチェックしてみたところ，何と，わが家 (神奈川県逗子市) に飛び込んできたホソトラカミキリであった．いわゆる普通種だが，なぜか三浦半島ではこれが唯一の記録である．

おそらくこの年の春に逗子の山を歩いていたときのこと，何かの木の葉の上に，コジマヒゲナガコバネカミキリが止まっていた．これを見たとき「カミキリに違いない」と思った．草間さんの標本を見て覚えていたわけでもないのに，虫に関心をもって日がない私が，なぜそう思ったのか，いまだに自分ながら不思議に感じている．この虫は体長が 10 mm 前後と小さく，しかも上翅 (硬い羽の部分) が体長の 4 分の 1 ほどしかない．一般的なカミキリの概念からはかけ離れた姿をしているのだ．

1952 年の 6 月頃だったと思うが，初めて草間さんに虫採りに連れて行ってもらった．逗子市の隣町・葉山町にある仙元山 (当時は浅間山．いずれもセンゲンヤマと読む) で，そのとき採集したのは，草間さんがカッコウメダカカミキリなど，私はアメイロカミキリとヒメヒゲナガカミキリだったと思う．

この年，私は中学 3 年で高校受験を控えていたため，一応まじめに勉強もしており，昆虫採集はほんの少々しかやれなかった．採った虫も自分で標本にする技術も，保管する術もないため，ほとんどは草間さんのところに持ち込んでいた．したがって，1952 年に自身で採集した虫のなかで現在マイコレクションの標本として残っているのは，シロスジカミキリとゴマダラカミキリ各 1 個体ずつだけである．

かくして私とカミキリムシとのお付き合いが始まったのである．

5-2 思い出のカミキリたち

すでにカミキリムシとの付き合いは半世紀を超えてしまったが，そのなかで特に印象深い出会いを，基本的に年を追って書き留めておきたい．年代順に書くことによって，その当時の日本のカミキリについての解明度が，多少は読み取れるのではないかと思う．

モモグロハナカミキリ (図 5-1)

　このカミキリとの出会いが，私をカミキリ採集 (昆虫採集) という，面白さのルツボに引き込んだきっかけといえる．私が生まれ育った神奈川県逗子市には，逗子海岸を見下ろすように，標高 100 m にも満たない披露山という丘がある．この山 (丘) は戦時中は日本軍の砲台が設置されていて，一般人は立ち入り禁止となっていた．そのため緑がよく残っており，海際にもかかわらず昆虫も比較的多く生息していたように思う．

　1953 年 5 月 26 日，ということは昆虫採集を始めてまだ 1 年もたたない頃に，この披露山へ虫を採りに行った．当然のことながら当時の私は，カミキリとそれに姿形がよく似ているハムシやジョウカイボンなどの甲虫との区別が皆目わからなかったので，目についた虫はとりあえず採集した．

　このときガマズミの花にいた本種を採集したが，名前がわかろうはずもなく，草間さんのところに持ち込んだのである．このとき草間さんがいった言葉を，今でもハッキリ覚えている．「こんな虫，本当にいるんだ！」．当時この近辺でのモモグロハナカミキリの記録は，おそらく 1 例しかなかったと思われる．まさにビギナーズラックであった．しかもこの種類はハナカミキリであるにもかかわらず花に集まる習性がない．60 年近く採集をしていて，本種も数十個体見ているが，花で採ったのはこの 1 個体のみである．8 割がたは草や低木の葉上

図 5-1 モモグロハナカミキリ　　葉上で交尾中 (福島県奥甲子温泉．2004 年 7 月 5 日，高桑正敏撮影)．

にいるものが採集されており,残りの2割は飛翔中の個体である.この虫の好む環境は,雑木林の斜面や小さな崖下に小川が流れていて,流れと斜面や崖の間に適当に草が生えているような場所がベストである.また,神奈川県の平地での記録は,5月10日頃から25～26日頃までの,およそ半月に限られている.

ここ30年ほど,地元で再びモモグロハナを採りたいと思い,上記のような場所も数カ所探し出して,この時期にときどき見に行っているのだが,いまだにこの夢はかなっていない.

ヒメヨツスジハナカミキリ

この虫に初めて出会ったときには「名前はまだない」状態であった.私が本格的にカミキリ採集を始めた高校1年の夏,つまり1953年の7月下旬,ところは南アルプスの懐である大井川上流であった.

そもそも山登りなど全くしたことがない高校1年生を,いきなり3,000 m級の山に連れて行った草間さんもずいぶん無茶なことをしたものだと,今でも思っている.この南アルプス採集行は草間さん,私,それに小比賀正敬さん(当時東京教育大の学生)の三人で,大井川上流に採集に入ったのは,少なくとも甲虫屋としてはわれわれが最初であった.

山梨県身延からバスで富士川支流の早川沿いに新倉（あらくら）まで入り,そこから2,000 m超の転付峠（てんつくとうげ）を2日間の苦行のすえ越えて,大井川上流の二軒小屋にたどり着いた.二軒小屋を根拠地にして数日間採集したが,この地は草間さんがにらんだとおりベテランのお二人にとっても,夢のようなカミキリ天国だった.たぶんここでの採集2日目の夜のことだったと思う.小比賀さんが「このヨツスジハナ小さくて変じゃない」と草間さんに話しかけた.草間さんも「確かに変わっているね」と返事をした.これがヒメヨツスジハナカミキリ発見の瞬間である.私はといえば,何が変わっているのかわかろうはずもなく,ただ何となく二人の会話を聞いていただけだった.

次の日から私もこの虫を一生懸命採集したはずだが,駆け出し虫屋の悲しさ,たったの1個体しか採集できずに終わった.この小さなヨツスジハナは体が小さいだけでなく,後脛節の基部付近が雌雄とも黄色くなり,オスでは後脛節中央付近の出っ張りが普通のヨツスジハナに比べて弱く,さらに後跗節が雌雄とも明らかに長かった.

このとき採集された標本は，草間さんによって大林一夫さんに届けられ，1955 年にヒメヨツスジハナカミキリ *Leptura kusamai* Ohbayashi et Nakane として新種記載された．その頃草間さんに聞いた話だが，最初，種小名は *Leptura nana* (南アと読める) とされる予定であったが，すでに外国で先取されていたため採用できなかったとのことであった．

　時は下って 1999 年，亡くなられた草間さんのために日本鞘翅学会の欧文誌 "Elytra" に追悼特集号が組まれた．このなかで四国産のヒメヨツスジハナカミキリに対して，大林一夫さんのご子息である延夫さんの手によって，*Leptura kusamai keiichii* なる新亜種名が与えられたのである．これも何かの因縁を感じざるをえない．亜種名の *keiichii* はもちろん「慶一」さんに由来する．

　いずれにしても初めての本格的採集行にもかかわらず，新種発見の現場に居合わせたことは，長い虫屋人生のスタートを忘れることができないものとした，幸運かつ画期的な出来事だった．

カエデノヘリグロハナカミキリ (図 5-2)

　草間さんに初めて本格的なカミキリ採集に連れて行ってもらった翌春，1954年 5 月の連休に，今度は春物のカミキリを求めて，伊豆半島の天城峠付近を案内してもらった．この年の 1〜2 年前から，草間さんらは，天城峠下の水生地というところに住まわれて，樵を生業とされていた高木 隆さんと親しくされてい

図 5-2　カエデノヘリグロハナカミキリ　センノキ (ハリギリ) 立枯れ上 (神奈川県丹沢山．2005 年 6 月 26 日，高桑正敏撮影)．

た．この方の小屋に泊めていただき，ここを根拠地にして周辺の虫を採集していた．

連休の頃，この付近ではカエデの花がよく咲き，春物のカミキリの絶好の採集地となっていた．1954年5月2日，今日も今日とてカエデの花を求めて草間さんと二人で，水生地からバス停一つ下の「大川端」まで歩いてやってきた．ここには川を挟んで両側に，花がよく咲いているカエデが何本も並んで生えていた．

二人は互いに川を挟んで生えていた適当なカエデの木に登り，花に集まってくるカミキリなどを一生懸命採集していた．と，私の登っていたカエデの枝先に，真っ黄色な虫がスゥーッと飛んできて止まった．ネットですくって中をのぞいてみると，そこには，やけに目が飛び出した感じの美しいカミキリが，キョトンとした表情をして鎮座していた．澄んだ黄色の上翅の縁が黒い帯で飾られた，その鋭角的な姿は，まさにスマートという言葉がピタリとはまる形をしていた．

そのとき私は，この虫が草間さんの標本箱のなかにあったという，かすかな記憶がよみがえった．それは北海道のもので，確か「カエデノヘリグロハナカミキリ」と言い，相当の珍品であると聞かされていたことも瞬時に思い出した．そこで，川向こうの木に登っている草間さんに向かって「カエデノヘリグロみたいのを採った！」と叫んだ．そのときの草間さんの反応は，いかにも「そんなはずないだろう」と疑っている様子が見てとれたが「本当かよ．木から下りてから見せてもらうよ」との返事が戻ってきた．

草間さんが疑うのも無理からぬことで，当時本種は伊豆半島はおろか，関東地方近辺ではほとんど記録がなかったのだから…．昼食のために木から下りた際，草間さんに確認してもらったところ，間違いなくカエデノヘリグロハナカミキリそのものだった．

このときの感動はずっと尾を引き，今でも私の好きな日本のハナカミキリランキング第2位の地位を占めている．ちなみに第1位はフタコブルリハナカミキリである．

カスガキモンカミキリ

このとても可愛いカミキリは，当時(1956年)関東地方のカミキリ屋にとっ

ては，憧れのカミキリであった．この年，私は大学1年になっていたが，夏休みにはまた草間さん，小比賀さんらと南アルプス南部に山登りを兼ねて採集に入った．今回は南アルプスの西側，つまり伊那谷側からのルートで入山した．長野県最南部に近い南信濃村から天竜川の支流である遠山川沿いに森林軌道が走っており，これに便乗させてもらった．

この頃は日本全国で伐採が行われており，遠山川流域もご多分にもれず大規模な伐採が進んでいた．森林軌道沿いの要所要所に，伐採された材木を一時的に集積する土場が作られていて，カミキリ採集には絶好の場所となっていた．土場の近くには作業員の飯場があり，食料や寝具はもっていたので，頼み込んで泊めていただいた．まさに宝の山を目の前にした，これ以上ないロケーションであった．

土場に積まれた各種の材を見回ってカミキリ採集の醍醐味を満喫していたが，午後4時半を回った夕方に，少し離れたところから，こちらに向かって飛んでくる黄色い虫が目に入った．ネットをそちらの方向に出して構えていたら，飛んできた虫がポトリとネットの中に落ち込んだのである．ネットをのぞくと，比較的普通に見られるキモンカミキリより一回り大きく，黄色い紋も少し大きめだった．

もしかしてこれがカスガキモンカミキリではないかと思い，近くにいた小比賀さんに見せたところ，あっさり「キモンカミキリだよ」といわれてしまった．どうも納得がいかないのでもう一度よく虫を見てみたところ，翅端の部分が黄色く，明らかにキモンとは違っていた．小比賀さんもカスガキモンだと認めてくれ，その後は薄暗くなるまで二人で粘って，合計5個体を得ることができた．この記録はその後長い間，長野県唯一のものとして君臨した．ここの土場では同じ日に，やはり長野県初記録のトラフホソバネカミキリを5～6個体得たが，もちろんこちらも初見参の種で，震えるほどのうれしさを覚えた．

ヨコヤマトラカミキリ

これは私の勝手な思い込みかもしれないが，世界でおよそ3万種あまりが知られているカミキリのなかでも，このヨコヤマトラカミキリほど美しい色調のカミキリはいないのではないかと思う．グレーとエンジ色が上翅中央付近で微妙に溶け合い，そのうえ，純白の小さな紋が肩部のやや下に絶妙なバランスで配

置されている．まさに自然が作り出した造形美の極致ではないだろうか．

　この素敵なカミキリに初めて出会ったのは 1957 年 4 月 28 日のことであった．場所は旧甲州街道が東京・高尾山の北側を通り，小仏峠へと向かっている途中にあった「断食道場」である．ここの入口付近にカエデの木が数本生えており，花には春物のカミキリが集まっていた．当時まだカエデヒゲナガコバネカミキリと混同されていたコボトケヒゲナガコバネカミキリは，高尾山周辺では不思議なことにこのカエデの花でしか採れていなかった．そのため私もこれを狙って数回通ったのだが，目的のヒゲナガコバネは 1〜2 度しか採れなかった．この日もカエデの花を一日中すくってみたものの目ぼしい成果はなく，そろそろ帰ろうかと，ふと木の下を見たところ，地面に鍬の柄のような棒が転がっていて，その上を大きなアリが這っているのが見えた．それをぼんやり眺めていたが，アリにしては何か動きがおかしいのに気づいた．慌てて捕まえてみると立派なヨコヤマトラカミキリであった．

　ヨコヤマトラカミキリは私にとっては「奇妙な採れ方をする虫」という印象が強い．確かにミズキやコゴメウツギ，ウワミズザクラ，ノイバラなどの花に飛来していたものを採るといった，まともな採集もあるが，ササの葉の上に露に濡れそぼれて縮こまっていたり，ヤマハンノキやシナノキの葉をスイーピング (すくい網採集法) したら偶然ネットに入ってみたりと，予測のつかない採れ方が多いのは不思議でならない．

キョクトウトラカミキリ

　初めて北海道へ採集に行ったのは 1958 年夏の大学 3 年生のときである．7 月中旬から 2 週間，メンバーは私と草間さん，それに私と同じ大学の 1 年先輩である西川協一さん，河原 誠さんの四人．北海道内のどこに採集に入るかは，例によって草間さんのこだわりから，できるだけ虫屋が入っていない地域ということで，日高山脈と知床が選ばれた．日高山脈ではヒグマの巣といわれていた「七ツ沼カール」にテントを張り，ここを根拠地として日高山脈最高峰の幌尻岳登山も敢行した．しかし，思わぬ暴風に見舞われ，遭難一歩手前の危機を脱して，命からがら逃げ出してきた．そのため，虫の成果は苦労した割には芳しいものではなかった．

　ほんの一日，十勝川温泉で心と体を癒し，いよいよ知床入りをしたのは 7 月

25日で、羅臼温泉まで入った。当時の羅臼温泉は羅臼の町からわずか1～2 kmしか離れていないにもかかわらず、小さな小屋が一軒だけという、まことにひなびた温泉であった。

翌26日早朝、標高1,660 mの羅臼岳山頂を目指して四人そろって出発した。高度差1,600 m以上のかなりハードな登山であったが、天候にも恵まれ、お昼前には無事山頂に立つことができた。登山道脇にはショウマ類やオニシモツケなど、カミキリが好んで集まる草花がたくさんあったが、行きは時間的な関係もあったのだろう、その姿はあまり見られなかった。羅臼岳山頂の景色は素晴らしく、眼下に今は異国の地である国後島と択捉島を望むことができた。いつの日か彼の地でカミキリの採集ができるのだろうかとの思いを残しながら、下山の途についた。

下りのときは気温もかなり上がっていたためだろうか、登りに比べて花々にはずっと多くの虫たちが集まっていた。クビボソハナカミキリやシララカハナカミキリなどの北海道らしい種類を採集しながら「第一の壁」と称される広い斜面まで下ってきたときのことである。足下に咲いていたショウマ類の花をネットですくい、中をのぞいて驚いた。今まで見たこともないカミキリが入っていたのだ。

カミキリのなかに一見ハチによく似たグループがあり、日本だけでもおよそ70種が知られている大群で、これを「トラカミキリ類」と呼んでいる。ネットの中で蠢いていた虫が、一見してこのトラカミキリ類であることはわかったが、そこから先が皆目見当がつかない。近くにいた草間さんに見てもらったが、さすがの草間さんでもその場ではわからず、ともかく大変なものが採れたという高揚した気持ちのまま、宿まで帰りついた。

その夜、今日一日の収穫を整理しているとき、同行の河原さんが「その虫ならボクも採っているよ」というではないか。草間さんと私とで確認したところ、間違いなく同じトラカミキリであった。河原さんはカミキリが専門ではなかったので、これがそれほどの大物とは思わずに持ち帰ったのである。この虫の運命はその場で草間さんの手中に、何の抵抗もなく収まったのはいうまでもない。

北海道遠征から戻ってしばらくして、草間さんからこのカミキリがキョクトウトラカミキリという、日本では今まで記録のなかった種類であることが知ら

された．しかし，残念なことにわずか2週間ほど前に，中根猛彦さんが同地で本種を採集しており，われわれの日本初記録は夢と終わった．

エトロフハナカミキリ (図 5-3)

　未知のトラカミキリを採集して興奮冷めやらぬ翌日，われわれは漁船に乗って知床岬を目指した．この漁船は羅臼の町から知床岬近くにある昆布小屋へ向かう船で，昆布の浜干し作業をするために，ほとんど毎日数隻が出船していた．浜干し作業は数時間で終わって，船はすぐトンボ返りしてしまうので，採集時間もその間だけに限られていた．

　昆布小屋のある海岸は，波打ち際から砂浜が20mほど広がっており，その奥は，驚くことに天井くらいの高さもあるオニシモツケの林が5mくらいの幅でずっと続いている．さらにその奥は，急な崖となって立ち上がっていた．

　こんなところにカミキリがいるのだろうかとの，沈みがちな気持ちを奮い立たせながら採集を続けていた．そんな折，私と西川さん，河原さんの三人がたまたま集まって，昆布小屋脇に置かれていたドラム缶を何気なく見ていた．ドラム缶には雨水なのだろうか，いっぱいに水がたまっていて，その水面に何やら虫が浮いているのを三人がほぼ同時に見つけた．誰が拾ってもおかしくない状況であったが，これもたまたま河原さんがその虫を拾い上げたところ，当時は幻のカミキリといわれていたエトロフハナカミキリであった．

図 5-3　エトロフハナカミキリ　セリ科の花に訪花中．本種の訪花性は弱く，貴重な記録 (北海道知床・金山川．2004年7月22日，高桑正敏撮影)．

この虫はまずカミキリ屋の私の毒瓶に納まったが，知床岬探訪から戻ってきた草間さんに採集状況を話したところ「それは私が預かっておく」との一言で決着がついた．偶然とはいえ時間切れ寸前の快挙であった．

ホソコバネカミキリ類

ホソコバネカミキリ属の学名は *Necydalis* (ネキダリス) という．そのため，カミキリ愛好家のうちでは，憧れと親しみをもってこの仲間を「ネキ」と呼んでいる．

ネキの仲間はカミキリムシのなかでも変わった形態をしている．硬い翅鞘 (上翅) が全体の4分の1ほどに短縮していて，後翅と腹部が露出している．そのため一見まるでハチの姿をしており，この虫を知らない人が見たら100%，まず間違いなくハチと思うだろう．

ネキダリスがカミキリ屋の間で特に人気が高いのには，いくつか理由がある．その第一はこの変わった形態であろう．第二に，ある程度以上の大きさがあること．ヒゲナガコバネカミキリ類やヒメコバネカミキリ類も上翅が短縮しているグループだが，体長は10〜15 mm程度であるのに比べて，ネキの仲間は20 mmから，大きいものは30 mmを優に超えるものまで存在する．第三には，現在日本では10種のネキダリスが知られているが，どの種もなかなか得がたい珍品だからである．今でこそこのうちの数種については比較的容易に採集できるものとなったが，1960年代まではどれをとっても夢の虫であった．その頃は現在シノニム (同物異名) とされた1種を含めて，日本からは7種のネキダリスが知られていた．それゆえネキ愛好家のうちでは，これを称して七ツ星と呼んでいた．この七ツ星とはオニホソコバネカミキリ，オオホソコバネカミキリ，クロホソコバネカミキリ，ホソコバネカミキリ，ツヤホソコバネカミキリ (現在はホソコバネと同種とされている)，ヒゲジロホソコバネカミキリ，トガリバホソコバネカミキリの7種類である．

私もネキダリス好きにおいては人後に落ちず，強く印象に残っている思い出の種類について書き留めておきたい．

(a) ホソコバネカミキリ

前項のエトロフハナカミキリを発見した当日，このホソコバネカミキリも私の目の前に姿を現してくれた．波打ち際からわずか20 mほどのところに帯状

に群生していたオニシモツケの花に,何かカミキリがきていないかと探していたときのことだ.ここのオニシモツケは背丈が 2 m はゆうに超えていて,まさに「オニシモツケの林」といえるような状態で,花にくる虫を探すには,いやでも上を向くことになる.花はよく咲いてはいるが虫は非常に少なく,ずっと上を向いてばかりで首も痛くなってきた.と,そのとき,オニシモツケの花の上を,少しお尻を下げ気味にしてゆっくりと飛んでいる虫が目に入った.大きさや飛び方から見てジョウカイボンか何かだろうと思いながらネットインした.

ネットをのぞいて思わず叫んでいた.「珍品採ったゾ～!」.中には上翅の短いネキダリスが鎮座ましましていた.当時の私にはこれが何という種類かわかろうはずもなかったが,北海道からはホソコバネカミキリとツヤホソコバネカミキリ(現在ではホソコバネと同種であることが判明している)が知られており,ツヤホソコバネのほうは上翅が漆黒でツヤがある種類ということは,草間さんのところに現物があったので知っていた.ネットの中のネキは上翅が茶色だったので,ひと目で違う種類であることがわかると同時に,おそらくもう一種のホソコバネのほうであろうとの見当はついた.

この北海道遠征にあたって,草間さんからホソコバネカミキリについていろいろ話を聞いていたが,それによると北海道大学昆虫学教室の標本として,「北海道長沼」というラベルのついたものなど 3 個体が保存されていたとのことであった.当時はおそらく日本全国で本種の標本はこの 3 個体のみであったと思われる.

このような珍種が,北海道の最果ての地である知床の,波打ち際からわずか 20 m ほどのところで,しかもごく限られた時間のなかで得られたのは,奇跡に近い出来事であった.これが私にとってオオホソコバネに次ぐ二ツ星目のネキである.

この採れ方があまりに劇的であったことから,以降私はオオカミ男ならぬ「ネキ男」と呼ばれるようになったのである.

(b) オニホソコバネカミキリ

1959 年 7 月 20 日,私,小比賀正敬さん,奥井一満さん(故人)の三人は,通いなれた奥日光・丸沼への道をたどっていた.とはいうものの,この日はいつもバスで通り過ぎていた「鎌田」から「白根温泉」までの道を,歩きながら

目的の虫を探すことにははじめから決めていた．その虫こそがオニホソコバネカミキリなのだ．本種の学名は *Necydalis gigantea* (ネキダリス・ギガンテア) と言い，そのため通称ギガンテアとかギガンと呼ばれていた．

なぜこの場所が選ばれたかというと「群馬県沼田市郊外のクワの古木から採れている」という，何とも頼りない噂程度の情報があったからだ．現在のネット社会のように容易に情報を得られる時代と違って，当時はこの程度の心もとない情報に頼らざるをえなかった．

少々横道にそれるが，この噂の出どころがおよそ40年後になってわかった．私が定年退職した直後に，昆虫標本の整理を手伝ってほしいと，声をかけてくださったのが江田 茂さん (故人) である．江田さんはいわゆる一般の虫屋とは違い，昆虫標本の収集家ではあるが，日本の昆虫収集家といわれるなかでは，全く異質な方である．欧米では昆虫標本の収集というのは，美術品の収集と同じくらい伝統のある文化として根付いているが，日本ではこういった土壌が全くないといっても過言ではなかろう．そのなかにおいて江田さんは，日本では例を見ない欧米スタイルの収集家として，長年標本を集められてきた．また，世界各地からの入手ルートをおもちで，日本には入りにくい地域の標本も数多く所持されていた．日本国内でも全国各地に独自のネットワークをもっておられ，そのなかの一つが群馬県沼田市の某採集家であった．その人は当時すでに沼田市郊外で，ギガンテアをクワの古木から採集しており，江田さんのところに標本とともにその情報も寄せられていた．たまたま江田さん宅を訪れた草間さんがこの話を聞き，われわれに話してくれたというのがこの噂の真相であった．

小比賀さんはネキダリス狂の先輩で，特にギガンの発見には執念を燃やしていた．いつもは通り過ぎていたこの場所を選んだのも小比賀さんで，以前からこの付近に大きなクワの木があるのに気づいていた．当日は上野からの夜行列車で沼田まで行き，尾瀬方面に行く一番のバスに乗って朝早くに鎌田へ到着した．ここから白根温泉・丸沼方面に向かって，一番奥の集落まで歩きながらギガンテアを探すというのが，この日のわれわれの作戦だった．

たまたまこの日は梅雨明け後の暑い日で，太いクワの木を探して炎天下を徘徊した．普通の人が見ればとてもちっぽけな，しかも，いるのかいないのかわからない虫を求めて，クワの木を1本1本見て回るなどというのは，どう見て

も正気の沙汰とは思えないだろう．ところが虫屋の性とは恐ろしいもの，三人ともギガンテアの魔力に取りつかれたように，無駄な努力を繰り返した．そうこうしているうちに，何の成果もないまま，とうとう一番奥の集落にまできてしまった．ここは群馬県利根郡片品村東小川という地区で，バス停は「大沢」となっていた．すでに午後の3時近くになっていたが，バス道路 (といっても未舗装のデコボコ道であった) を歩きながらふと見ると，一軒の茅葺屋根の向こうに，盛大に花を咲かせている大きなクリの木が目についた．バス道路からクリの木があるほうへの路地を入っていくと茅葺屋根の家があり，そこには色褪せた赤い地に白い文字で「三好屋」と書かれた大きな看板が掛けられていた．なんと宿屋だったのだ．この日の宿など何も考えずにここまできてしまっていたので，「今夜泊めてもらえるか」と聞いてみたところ「どうぞ」との返事であった．早速荷物を宿に預け，すぐ裏手にあるくだんのクリの木へと向かった．

　国立科学博物館の黒沢良彦さんから，ギガンテアをクリの花から採集した話を聞いていた私は，すぐ直径1mはあろうかというこのクリの木に登り，花にネキが飛んでこないかとネットを広げて待ち構えていた．「三好屋」の裏は一段高くなっていて，かなり広い豆畑が広がっていた．その周囲には直径50 cm以上もありそうな，クワとしては非常に太い木が幾本も並んで生えていた．

　われわれがイメージしていたギガンテアの生息場所としては，これ以上にないロケーションに思えた．小比賀さんと奥井さんは真面目にクワの古木を見回っていた．ここで探し始めてからかれこれ30～40分もたった頃だろうか，私が登っていたクリの木から4～5mほど離れたところの太いクワの木を見ていた小比賀さんが突然叫んだ．「露木君いたぞ！」．

　そのときの小比賀さんの言を借りれば「転げ落ちるより早く」，私は木から下りていた．小比賀さんの毒瓶を見せてもらうと，なかには夢にまで見たギガンテアが蠢いていた．短縮した黒い上翅の周囲と，同じく黒い前胸の周りは，金色の短い毛で縁取られ，ある種のハチによく似たちょっと恐ろしげな容姿は，オニホソコバネの名にふさわしい格調を備えていた．

　この日と次の日にかけて，三人とも複数のオニホソコバネを手にすることができ，長年の宿願を果たした喜びに浸った．この日を境に「三好屋」は虫屋の宿として，その後30年近くも賑わったのである．

この日から40年以上もたった2001年に，私はこの虫と再び不思議な出会いをした．岩手県宮古市近くの源兵衛平を訪れたときのことである．8月5日に逗子市在住でカミキリ屋の大先輩である青柳鷹之介さん(故人)，それにコブ(コブヤハズカミキリ類の略称)採りオジサンとして名高い平井勇さん(故人)の三人による採集行であった．

　地名どおりなだらかな山頂付近で採集していたときのことである．私から20～30 mほど離れたところで，二人の姿は見えなかったが話している声が聞こえてきた．青柳さん「何してるんですか？」．平井さん「オニグルミの葉にカラカネチビナカボソタマムシがいるんで，すくっているんです」．当然平井さんがすでにこのタマムシを採集しているものと思い，私も探してみようと近くのオニグルミの葉をスイーピングしてみたところ，すぐにこのタマムシがネットインした．気をよくしてもう1本のやや大きめなオニグルミの木の葉をすくってネットの中を見ると，どこかで見たような虫が入っている．これがなんとやや小ぶりながら立派なギガンテアだった．地元のカミキリ屋である三浦秀明さんに聞いたところ，ここでは2例目の記録とのこと．久々にネキ男の本領を発揮した採れ方で，まだまだネキに関してはツキがあることを，自分ながら強く感じた出来事であった．

(c) クロホソコバネカミキリ (図5-4)

　クロホソコバネカミキリは日本のネキのなかでは，今ではオオホソコバネカ

図5-4　クロホソコバネカミキリ　　立枯れ上で交尾中(神奈川県丹沢山．2006年8月3日，高桑正敏撮影).

ミキリの次に採集しやすい種類だが，たとえば東日本では群馬県の武尊山以外で採集している人は少ないはずだ．

　初めてこのネキに出会ったのは 1961 年 7 月 23 日のことである．場所は奥日光・湯元温泉で，同行者は木村欣二さんだった．彼は私と同年代のバラエティーに富んだ虫屋のなかでも，虫はもちろん，動物から植物まで自然に関する幅広い知識を備えた，最も素晴らしいナチュラリストだと思う．このころ彼とはよく採集に同行したものだが不思議と相性がよく，たいていの場合私だけが美味しい目に遭うのだった．この日も湯元温泉から金精峠への登山道を二人で歩きながら採集していたが，登りは木村さんが先に歩いていた．ふと見ると道の真ん中に直径 10 cm ほどのヤナギ類と思われる立ち枯れが 2 本立っていて，先行していた木村さんがそれを見ていた．なかなかよさそうな立ち枯れだなと思いながら，私もその木を見たが，虫は何もついていなかった．それから 30〜40 分たった帰り道，今度は私が先に例の立ち枯れに到着し，それを見たとき，そこには触角の一部が白いネキダリスが交尾して止まっているではないか．

　ここがやや薄暗いところであったことと興奮していたため，よく確認する間もなく毒瓶に収容した．触角の一部が白いネキダリスはヒゲジロホソコバネカミキリという思い込みがあったため，私はてっきりこの種を採集したと思った．ところが毒瓶に入れた虫をよく見てみると，確かに触角の一部は白かったが，それはメスの個体で，同じ触角でも付け根部分のみが白かったのである．これはヒゲジロホソコバネではなくクロホソコバネであることにすぐ気がついた．どちらにしても私にとっては初めてのネキダリスで，四ツ星目をゲットできたのは幸運だった．その付近で探索を続けたところ，今度はナナカマドの立ち枯れを這っていたクロホソコバネのメスを発見し，採集することができた．

　当時 4 種類のネキダリスを採集したことのある人間は，日本広しといえどもおそらく私だけではないかと思っている．

　その後，このクロホソコバネとは相性がよく，幸いにもずいぶんあちらこちらで出会えた．北寄りの地域からその場所を記すと，福島県檜枝岐村梶平，群馬県武尊山，栃木県日光湯元温泉，神奈川県丹沢堂平，山梨県富士山富士林道，静岡県伊豆半島天城山，長野県八ヶ岳稲子湯，長野県長谷村 (現 伊那

市) 三峰川林道，長野県御嶽山，徳島県剣山の 10 カ所にもなる．

　このうち，いかにもネキ男らしい採り方？をした天城山での出来事を記録にとどめておくこととしよう．1963 年 8 月 4 日，この日も同行者は木村さんだった．伊豆半島第二の高さをもつ万二郎岳へ，天城高原ゴルフ場からの登山道を使って登った．万二郎岳山頂直下に，いかにも吹き上げ採集によさそうな場所があるのを知っていた．九州では吹き上げ採集の有名ポイントが何カ所か知られており，その有効性も実証済みであったが，本州ではなぜかこういうポイントはなかった．本州での吹き上げ採集を一度試してみたいと常々思っていたので，大いなる期待をもって万二郎岳山頂へと向かった．

　山頂直下のポイントは東西に伸びる痩せ尾根で，南側も北側もかなりの急斜面になっており，予想どおり両側から適度な上昇気流のある，吹き上げ採集にはなかなかよさそうな場所であった．ところが，肝心の虫はさっぱり飛んでこない．天気もよく，とても気持ちのよいロケーションだったので，私は半分ふてくされて「果報は寝て待てだ」と言いながら，大きな岩の上に寝転んだ．ネットは私の脇に広げておいた．半分はうつらうつらしながら飛んでくる虫をチェックしていた．7〜8 分もたっただろうか，相変わらず虫が飛んでこないので，木村さんに「ボチボチ引き上げようか」と声をかけ，脇においてあったネットの口を閉じるように竿と一緒に握って山頂まで戻った．

　握ったままのネットを外から見ると，中で何かハチのような虫が飛んでいた．私はハチだろうと思い近くにいた木村さんに「ホラ！」と，ふざけた調子で見せたところ，真剣な顔つきで「何か怪しいゾ」とつぶやいた．慌ててネットをのぞき込んでようやく静止した虫を確認したところ，何とそれは硬い短い翅があるクロホソコバネだった．この状況から考えて，どうみても寝ている間にネキが勝手にネットへ飛び込んだとしか思えなかった．

　この場所は今でも気になっているポイントだが，その後一度も訪れていないので，本当に吹き上げポイントとしてよいところなのか，このときだけの偶然の産物であったのかは，いまだに定かではない．

(d) トガリバホソコバネカミキリ (図 5-5)

　五ツ星目のネキは，このトガリバホソコバネカミキリである．1966 年のことだが，当時この虫についてわかっていたことといえば，1940 年 7 月に静岡県愛鷹山で得られた 1 メスにより記載されたことと，九州の祖母山ほかの山で上昇気

図 5-5　トガリバホソコバネカミキリ　タンナサワフタギの立枯れ上 (神奈川県箱根上湯, 2001 年 7 月 15 日, 高桑正敏撮影).

流により吹き上げられてきた個体が, わずかに採集されているということだけであった.

同年 5 月某日, 静岡在住の草間さんのもとに 1 通の電報が届いた. 当時まだ日本大学医学部の学生であった東京のカミキリ屋・中村俊彦さんからだった. そこには「ネキニューデタ」と書かれていた. その意味はもちろん「新しいネキダリスが見つかった」ということだが, この電報を受け取った草間さんからすぐに電話があり, 内容を聞いた私は「… デタ」という文面が気になった. 私は草間さんに「おそらく材から羽化したのだろう」と伝えた. 数日後中村さんに確認したところそのとおりで, その年の 5 月の連休に伊豆・天城山へ先輩カミキリ屋の郡山信夫さんと, タンナサワフタギの材を取りに入った. 彼らが何を目的にタンナサワフタギの材を採取に行ったかは聞き漏らしたが, おそらく当時すでにこの木が食樹であることがわかっていたヘリウスハナカミキリが狙いであったことは想像に難くない.

その材から見慣れぬネキダリスが羽化したため, ご注進・ご注進とばかりに電報が打たれた次第であった. 日を待たずこのネキは新種ではなく, トガリバホソコバネであることが草間さんから報告があり, 本種の生態の一端が明らかとなった. ともあれ, この 1 通の電報はカミキリ屋仲間に大きな衝撃を走らせたのである.

1966年7月3日，横浜在住の先輩カミキリ屋でネキダリス好きにおいては人後に落ちない田中康彦さん，それに蝶屋の手束喜洋さんと私の三人は，梅雨の最中らしい雨天にもかかわらず，伊豆半島・遠笠山へと向かった．なぜ遠笠山になったかというと，前の年からこの年の6月19日に当地へ採集に入る計画が組まれていたため，天候の具合などの都合により2週間ほどずれ込んでこの日になった．

われわれの心がけがよかったせいか，高度を上げるに従い周囲の明るさは増し，標高700mを越える付近で梅雨雲の上に出たらしく，急に青空が広がり，信じられないほどの晴天となった．もちろん狙いはトガリバホソコバネで，まずはタンナサワフタギの立ち枯れや倒木探しから始めた．この付近にはタンナサワフタギがたくさん生えていて，手頃な倒木や立ち枯れをすぐに見つけることができた．直径15〜16 cmほどの倒木を見ていた私は，根の部分にハチのような虫が止まっているのに気づいた．あまりにもよくハチに似ていたのですぐには手を伸ばすことができず，もう一度よく確認したところ，間違いなく本種であることがわかった．舞い上がっていたので，どのようにして毒瓶に入れたのかハッキリ覚えていないが，動きは意外に敏捷ではなかった印象が強い．

狂喜して二人に知らせようと広い道へ飛び出したところ，田中さんも同じような勢いで飛び出してきた．お互いの情報を交換したところ，田中さんのほうはネキではなく，同じタンナサワフタギを寄主植物にしているヘリグロホソハナカミキリだった．このハナカミキリも当時は非常に珍しいもので，特に東日本では伊豆・天城山で過去に数個体得られていただけの種類で，田中さんはこれが次々に飛んでくるタンナサワフタギの倒木を見つけたという．案内していただくと，たくさんのヘリグロホソハナがそこに集まっていた．

トガリバホソコバネのほうも私が捕まえた倒木に飛来してきたやや大きめなメスを，手束さんがネットインした．手束さんはネットに入れたまま「これそうだよね」と私に見せた．私もこんなところに飛んでくるのはネキに間違いないと思いながらも，あまりにハチそっくりの姿と動きを見て，思わず「刺されないように捕まえて」といってしまったほどだ．

このようにして本命のトガリバホソコバネを採ることはできたが，いま一つ納得がいかなかった．というのも今まで経験したネキの採集は，ほとんど「立

ち枯れ」だったので，「立ち枯れ」で採れないことが気になっていた．ところが手束さんはタンナサワフタギの立ち枯れの周囲に生えている草を，かき分けるようにして探し，本種が根際に静止していることを発見した．われわれカミキリ屋は先入観に捕らわれて，ネキを探すのに立ち枯れの根際を見るなどということは全く思いもつかず，高いところばかりを探していたため見つけられなかったのだろう．蝶屋の手束さんだからこそ，このような習性を見つけ出すことができたのだなと，そのとき強く感じた．

かくして私は五ツ星目を手にすることとなった．

(e) ヒゲジロホソコバネカミキリ

カミキリムシの世界は1960年代後半から南西諸島ブームが起きた．このブームのおかげで日本のネキダリスも奄美大島や屋久島から新しい種が発見され，北海道ではアイヌホソコバネカミキリが，さらに本州中央部からも日本未記録種のカラフトホソコバネカミキリが見いだされ，ほんの数年の間に4種も日本のネキダリスが増えてしまった．

これら4種のネキが記録される直前の1969年，それまで日本から知られていた6種類のネキダリスの (この頃はすでにツヤホソコバネカミキリはホソコバネカミキリと同じ種類であることが判明していた)，私にとっては最後の種となるヒゲジロホソコバネカミキリに，遂に遭遇できた．

この年の7月16日，私と松本忠之さん (当時 東京大学の学生) は，福島県舘岩村にあるチップ工場の大きな貯木場にきていた．ここではヒゲジロホソコバネが過去にいくつか採集されている実績があった．当時すでに，このカミキリの寄主植物はミズナラであることが判明していた．そしてこの貯木場にはヒゲジロホソコバネのものらしい食痕があるミズナラの太い材も何本か見られた．

この日は朝から気合を入れて，この貯木場を中心に夕方まで採集したが，ヒゲジロホソコバネは姿を現してはくれなかった．今回の採集行は一泊の予定だったので，その夜は灯火採集 (われわれ虫屋はこれをナイターと称している) をすることにしており，ここの貯木場で行うべく準備を始めた．ぼちぼち薄暗くなりかけた午後6時半頃，灯火採集用にシーツ3枚分をつなげた大きな白布を張る場所を探していた．適当な場所がなかなか見つからなかったが，貯木場に面しているチップ工場入口の鉄の梁が目についた．高さ2.5 mくらいの梁

に，白布の隅につけてある固定用の紐をくくり付けて白布をぶら下げようというわけである．ところがこの高さでは適当な踏み台のようなものでもないと届かない．何かないかと周りを見回すと，なぜか 1.5 m ほどの短い梯子が転がっていた．

これを立て掛けるところがなく，仕方がないので松本さんが梯子を押さえて私が登り，紐を結ぶことになった．白布の隅の紐をもって梯子を登り，梁に結び付けようと手を伸ばしたその先に，なんと今日一日探し求めていたヒゲジロホソコバネが止まっているではないか．「ネキだ！」と叫んだ私は，思わず紐を離して虫をつかんでいた．

これが当時わかっていた日本産ネキダリス 6 種の，完全制覇の瞬間であった．

その週の木曜サロン*は，この話題でもちきりとなった．ネキダリス愛好者の中心人物であった田中康彦さんは，私がヒゲジロホソコバネを採った状況を聞き，即座に「これは認めない！」と宣言したものだ．もちろん本気で言ったわけではないので，無事私の六ツ星目は認められることとなったのである．

ネキダリス番外編

1969 年以降，日本産ネキダリスは 4 種 (アマミホソコバネカミキリ，ヤクシマホソコバネカミキリ，アイヌホソコバネカミキリ，カラフトホソコバネカミキリ) も増えてしまい，現在 (2013 年) では 10 種が知られている．私はこの 4 種のうちヤクシマホソコバネを除いた 3 種と出会うことができた．さらにこのなかのカラフトホソコバネとアイヌホソコバネとの遭遇は，私としても記憶が鮮明なうちに書き留めておきたい出会い方だったので，そのときのことをお話しておこう．

(a) カラフトホソコバネカミキリ (図 5-6)

1984 年 7 月 27 日，当時すでに本種が確実に生息している場所として，よく知られていた木曽の御嶽山にきていた．同行者は，若い頃からなぜか「オヤジ」の愛称で多くの虫屋から親しまれていた，カミキリ屋の木下富夫さんであ

---

* 京浜昆虫同好会の有志メンバーが毎週木曜日に集まって虫談義をする小集会で，京浜昆虫同好会の創始者である西川協一さんが 1959 年に始めた会合．正月や木曜日が祝日の場合を除いて毎週木曜日に休みなく開かれており，京浜昆虫同好会が解散して 20 数年たった現在でも続いている．

る．この日，われわれは御嶽山登山口の一つである王滝口登山道の3合目あたりになるのだろうか，八海山駐車場付近に朝7時過ぎに着いた．この駐車場周辺がカラフトホソコバネカミキリの採集ポイントになっていることは前もって調べがついていた．駐車場に着いた直後，太いカラマツの高さ6〜7mほどの枝先に飛んできた虫をオヤジがネットインした．これが何とカラフトホソコバネのオスだったのである．あまりにもあっけない出会いとなった．

その後2kmほど上のスキー場へ移動し，ショウマなどの花でスミイロハナカミキリを狙うも失敗に終わった．このスキー場脇に直径1m近くある大きなコメツガが生えていて，目の高さ付近に直径20cmくらいの樹皮が剥げた部分があった．そこにはネキの脱出した跡と思われる孔がいくつか開いているのを確認した．午後は再び八海山駐車場に戻り，私は幸いにもカラマツの樹皮が剥げているところにきていた本種のメスを採集することができた．

翌朝スキー場に行き，スミイロハナに再挑戦したがまたも敗退，やむなくコメツガの木を見に行った．樹皮の剥げた部分を見た私は，何か違和感を覚えた．それが何のためであるかはすぐわかった．ネキの脱出孔と思われる孔が，昨日より増えている気がしたからだ．もしかしたらと思い樹皮の剥げた部分の数cm上を見ると，交尾しているカラフトホソコバネが静止しているではないか．これを採集して木下さんを呼んだところ，私が交尾個体を採った位置から数cmしか離れていないところにいたメスを，彼にすぐさま採られてしまっ

図5-6 カラフトホソコバネカミキリ カラマツの樹皮が剥がれた部分に飛来 (長野県御岳．1984年7月29日，高桑正敏撮影).

5-2 思い出のカミキリたち　　　　　　　　　　　　　　　　　　　　　　　　　　259

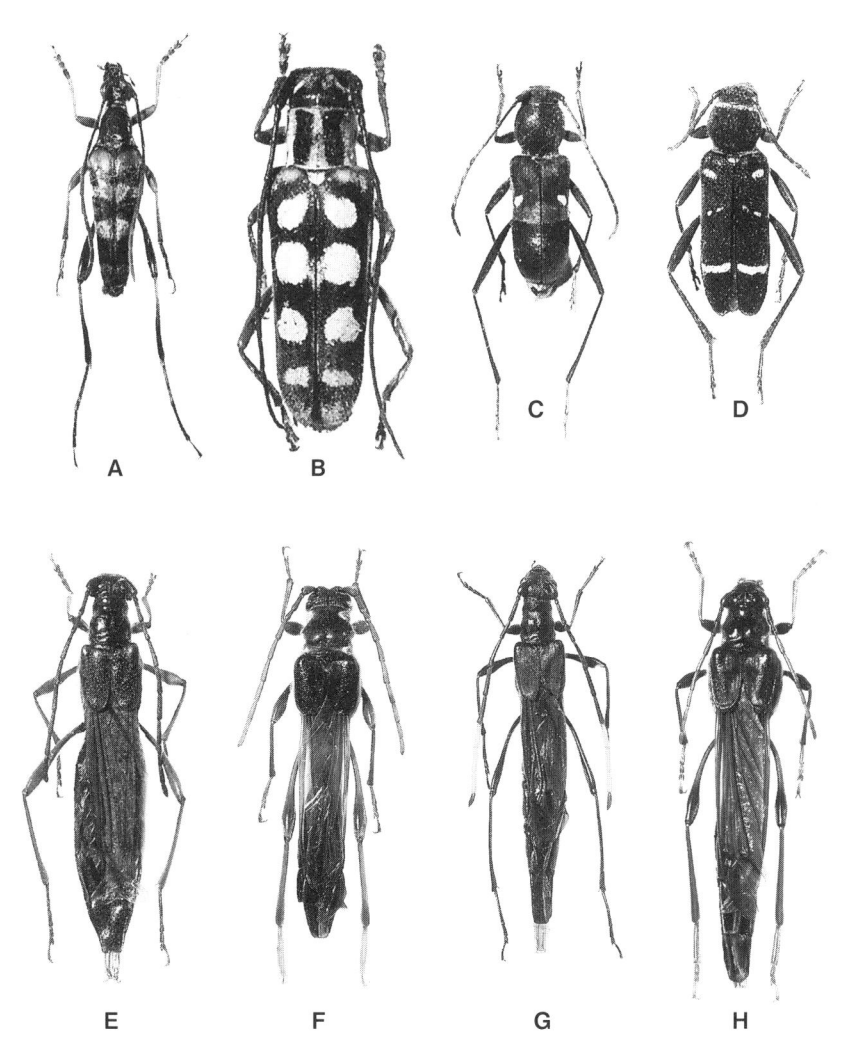

図 5-7　思い出のカミキリたち (1)　　(A) ヒメヨツスジハナカミキリ (静岡県大井川椹島. 1954年8月6日, 露木繁雄採集). (B) カスガキモンカミキリ (長野県南信濃村遠山川. 1956年7月29日, 露木採集). (C) ヨコヤマトラカミキリ (東京都八王子市小仏峠. 1957年4月28日, 露木採集). (D) キョクトウトラカミキリ (北海道知床羅臼岳. 1958年7月26日, 露木採集). (E) ホソコバネカミキリ (北海道知床岬. 1958年7月27日, 露木採集). (F) オニホソコバネカミキリ (群馬県片品村東小川. 1959年7月20日, 露木採集). (G) ヒゲジロホソコバネカミキリ (福島県舘岩村新田原. 1969年7月26日, 露木採集). (H) アイヌホソコバネカミキリ (北海道幌加内町北母子里. 2002年7月19日, 露木採集).

た. さらに 30 分ほど粘っている間に, 飛来したオスもオヤジにさらわれてしまった.

結局 2 日間で私は 1 オス 2 メス, 木下さんは 2 オス 2 メス採集することができ, カラフトホソコバネ初挑戦にしては大成果を上げられた次第である.

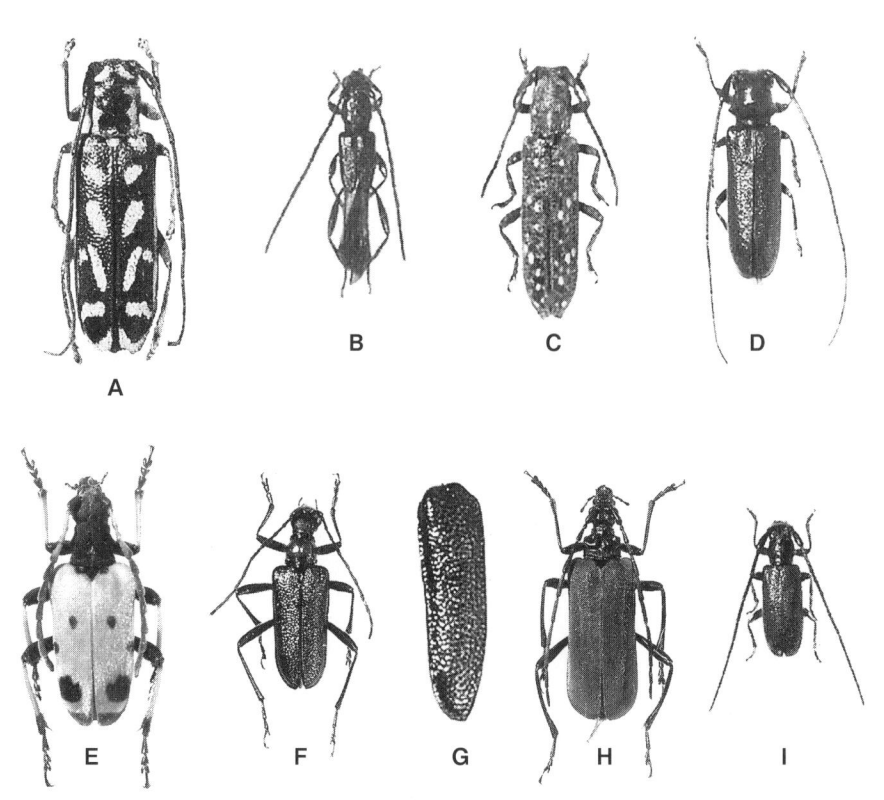

図 5-8 思い出のカミキリたち (2) (A) ジュウニキボシカミキリ (栃木県奥日光湯元. 1961 年 7 月 16 日, 露木繁雄採集). (B) クロツヤヒゲナガコバネカミキリ (神奈川県川崎市向ヶ丘遊園. 1962 年 4 月 15 日, 露木採集). (C) カノコサビカミキリ (神奈川県鎌倉市大町. 1963 年 8 月 18 日, 養老孟司採集). (D) フトキクスイモドキカミキリ (京都府美山町芦生. 1975 年 5 月 26 日, 露木採集). (E) フタスジカタビロハナカミキリ (静岡県富士山南斜面. 1975 年 5 月 25 日, 露木採集). (F) オトメクビアカハナカミキリ (長野県長谷村仙丈ヶ岳, 1975 年 7 月 25 日, 吉田良和採集). (G) オトメクビアカハナカミキリの翅鞘 (長野県小海町麦草峠. 1990 年 7 月 21 日, 露木採集). (H) ムナコブハナカミキリ (京都府美山町佐々里峠. 1985 年 6 月 29 日, 露木採集). (I) トゲムネアラゲカミキリ (山梨県北杜市金山平. 2007 年 7 月 17 日, 露木採集).

(b) アイヌホソコバネカミキリ

　私自身この虫を初めて採集したのは 1982 年のことで，このときはネキダリスの採集としては，まさに王道といえるダケカンバの立ち枯れに飛来したものをゲットした．それから 20 年後の 2002 年 7 月 19 日，場所も同じ北海道幌加内町北母子里のブトカマベツ林道でのことである．この日，私はここ十数年ブトカマベツ林道周辺では，アイヌホソコバネカミキリが最もよく集まることで知られていたダケカンバの立ち枯れにきていた．午後の 1 時頃で，私のほかには誰も採集者はいなかった．この立ち枯れはずいぶんと古く，2 年前に訪れたときよりかなり腐朽が進んでいて，別の木なのかと思うほど様子が変わっていた．しばらく立ち枯れ上部を見ていたが，虫の影は全くなかった．今にも倒れそうな雰囲気で，これではアイヌホソコバネはあまり期待できないなと思いながら，根際の腐って凹んだ部分にちょっと殺虫スプレーをかけてみた．何かカミキリ以外の甲虫でも出てこないかと期待したが，何の反応もなかったので，再び立ち枯れの上部を眺めていると，足元で「ビビビビッ，ビビビビッ」という羽音がした．

　虫の羽音らしかったので，何だろうと音のするほうを見ると，その主は足元のササの葉の上に羽を震わせながら這い上がってきた大きなアイヌホソコバネのメスだった．全く思いもよらないめぐり逢いで，このときも私とネキダリスとの奇縁・因縁を強く感じた．

　ネキダリス編の最後に，日本国内ではないが台湾での出来事を一つ．1995 年 6 月，当時台湾でヒラヤマホソコバネカミキリと珍品度では双璧といわれていたミズヌマホソコバネカミキリの生態解明に成功したことも，ネキダリスにまつわる思い出として忘れることはできない．

マダラゴマフカミキリ (図 5-9)

　1960 年 6 月 17 日に小比賀正敬さん，奥井一満さんと私は，日光・中禅寺湖畔にいた．何が目的でこの時期にここへ来たのかよくは覚えていないが，おそらくヘリウスハナカミキリがメインターゲットだったと思う．中宮祠から菖蒲ヶ浜に向かってバス道路 (といっても当時は未舗装のデコボコ道であった) 沿いを歩きながら採集した．この道から 10 m ほど入った辺りに電線が 1 本走っており，電柱などの点検用に踏み跡程度の道がついていた．そこに直径 70～80

cm もある太いブナの立ち枯れがあった. 行きに見たときは何もいなかったが, いかにもオオホソコバネカミキリが集まりそうな雰囲気をもっていたため, 帰りにもこの立ち枯れを眺めてみた.

と, そのとき, 1匹の虫がこの立ち枯れから飛び出したように見えた. 触角らしいのが見えたのでカミキリだと思い, 懸命に追いかけたところ, 運よくバス道路を横切って向こう側の大きなミズナラの根元近くにぶつかって落ちた. 拾い上げて確認したところ見慣れないゴマフカミキリだったが, 前に一度, 国立科学博物館の黒沢良彦さんのところで見せていただいたマダラゴマフカミキリに似ていることに思い当たった. 同行の二人にも見てもらったが, これがマダラゴマフであると確定するまでには至らなかった. その後ブナの立ち枯れをよく見直したが, 2匹目を見つけることはできなかった.

翌1961年の同じ時期に, 今度は私, 小比賀さん, それに木村欣二さんの三人で, この立ち枯れを再訪した. 断定癖のある小比賀さんは立ち枯れに到着する前から「この木から飛び出したに違いない」と主張していたが, 採った本人の私はまだ半信半疑のままだった. ところがこの立ち枯れに到着するやいなや, 小比賀さんが「何か這っている！」と叫んだ. 早速ネットを伸ばしてネットインし, のぞき込んだ小比賀さんがまた叫んだ. 「ポエキラ！」(ポエキラとはマダラゴマフカミキリの学名).

持参した望遠鏡で眺めてみると, 地上から8～10 mくらいのところを何個体

図 5-9　マダラゴマフカミキリ　コナラの立枯れ上を這う (山梨県下部町. 2005年5月14日, 高桑正敏撮影).

も這い回っているではないか．当時の捕虫網の竿は竹製の継ぎ竿で，最長でも 6m くらいしかなかったため，腕をいっぱいに伸ばしても，ようやく届くか届かないかという高さであった．ときどき届くところまで下りてくるのをどうやら何個体か採集することはできたが，かろうじて届いてもネットに入らずに目の前に落ちてきて逃げられるという悔しい思いも幾度か味わった．

　ゴマフカミキリの仲間は，一般的に7〜8月が発生期と考えられていたため，5〜6月に発生のピークがあるマダラゴマフの発見が遅れたのも納得できる．その後しばらくはブナの立ち枯れだけから得られていたが，近年，カエデ類やコナラ，ミズナラ，シデの類など各種広葉樹の立ち枯れにも寄生することがわかり，しかも標高が低いところでは4月末頃から発生していることも知られるようになった．カミキリの採集や生態に関しての知識の集積を如実に感じられる出来事だ．

ジュウニキボシカミキリ

　この小ぶりで可愛い斑紋をもった美しいカミキリに初めてお目にかかったのは，1961年7月16日に奥日光・湯元を訪れたときのことである．この日はおそらく土曜日か日曜日で，その2〜3日前の「木曜サロン」で，この虫の生態に関する情報が初めてもたらされた．この年までジュウニキボシカミキリについての情報は皆無に等しかった．この情報の主は，当時すでに奄美大島をはじめ，八重山諸島のカミキリ相解明に多大な貢献をされて名を馳せていた丸岡宏さんだった．彼の情報によると本種はセンノキ(ハリギリ)の葉を後食するというものであった．

　湯元には小比賀さんも同行しておられ，湯ノ湖周辺で採集をしていた．たまたま湯ノ湖から流れ落ちている湯滝脇の急な山道を二人で下っていたとき，そこにセンノキがあることに気づいた．サロンでの話を思い出して葉を見上げたところ，葉の上に何かが乗っている影が映っていた．どうせゴミでもついているのだろうと思いながら，ダメモトでネットを伸ばしてすくってみたところ，そこには本物のジュウニキボシが入っているではないか．あまりにもアッサリ採れてしまったため，少々拍子抜けの感さえした．その後は懸命にセンノキの葉をスイーピングして，二人とも複数の個体を得ることができた．

　何ごともわかってしまえば「コロンブスの卵」で，これ以降ジュウニキボシ

が珍品の座から急激に滑り落ちてしまったのは言うまでもない．

クロツヤヒゲナガコバネカミキリ

　体は小さいながらも上翅が短いコバネタイプで，オスの触角が長いヒゲナガコバネカミキリ属 *Glaphyra* のなかでは，オスでも触角が短いなど特異な形質をもつ本種は，2006 年に新里達也さんにより創設された新亜属 (クロツヤヒゲナガコバネカミキリ亜属 *Yamatoglaphyra*) に所属させられた．この新亜属は本種と中国西部の 1 種をもとに設立され，その後さらにもう 1 種が中国西部から追加発見されている．

　このカミキリが初めて発見されたのは 1951 年で，場所は川崎市登戸近くの向ヶ丘遊園地付近であった．発見者の服部仁さんの話によると，尾根筋を歩いているときに目の前に小さな虫が飛んできた．その影にはアンテナがあり「カミキリだ！」と認識してネットを振った．中には上翅に緑色の光沢をもつ，見たことのないコバネカミキリが入っていた．

　発見から 10 年間は，岐阜県で 1 例記録されただけの大珍品であったが，1961 年になって 1 メスが向ヶ丘遊園地付近で採集されたという情報がもたらされた．この年のとある木曜サロンでのこと，カメムシを研究されていた小倉暁雄さんが，その標本をもって現れた．採集されたときの状況をお聞きしたところ，ガマズミかコバノガマズミと思われる白い花から得られたという．余談だが，本種の発見地 2 個体目のこの標本は，小倉さんがその場で私に快くお譲りくださり，さらにその後，私から小比賀さんの手に渡り，現在もそこに保管されているはずである．

　この情報をもとに翌年，この虫の採集にチャレンジするため，向ヶ丘遊園地に出向いた．1962 年 4 月 15 日のことである．まず私が考えたことは，小倉さんがガマズミのような白い花から採集していることに注目した．さらに春に出現するほとんどのヒゲナガコバネカミキリの仲間は，カエデ類の花に集まることが知られていたので，クロツヤヒゲナガコバネもカエデの花を狙えばまず間違いなく採れるだろうと予想して出かけた．

　現地に着いてしばらくは 1 本のカエデも見つからなかったが，ようやく小ぶりだがよく花をつけているカエデを見つけた．うまいことにそこは風当たりが少なく，陽もよく当たっていた．早速採集を開始し 4～5 回も花をすくっただ

ろうか，ネットの中には夢にまで見たクロツヤヒゲナガコバネが入っていた．これを見た私は体型からオスだと思ったが，それにしては触角がずいぶん短いのが気になった．さらにこの木でもう1個体，今度はメスを採集できた (と思った)．

これで1ペアそろったと思い，意気揚々と家路に着いたのだが，帰宅後よく確認してみると，オスのほうは間違いなく本種だが，メスはオダヒゲナガコバネカミキリという別の種類であることがわかった．結局はただ1個体の採集ということになったが，初めてのオスということと，自分の考えていたとおりカエデの花から得られたことに十分満足した．偶然新しい種を見つけることは当然うれしいのだが，過去のデータなどからいろいろ推理して，そのとおりの結果が得られたときは，ことのほか楽しいものである．

この週の木曜サロンにオスの標本を持参し，並み居るカミキリ屋に見せびらかせたのはいうまでもない．これを見て，2～3日後すぐ同地へ出撃したのが丸岡 宏さんだ．彼はとても採集が上手で，私同様カエデを探して1日で3個体 (1オス2メス) ものクロツヤヒゲナガコバネを採集した．

不思議なことにこれを最後に，何人ものカミキリ屋の猛者がチャレンジしたにもかかわらず，同地では今日に至るまで，1例のやや不確かな記録を除けば，本種の追加個体は得られていない．1984年に寄主植物がナツグミであることがわかった後，北海道南部から本州中部地方までの各地で本種が発見されたが，原産地の登戸周辺では再発見にいたっていない．また現在の分布状況や最近の採集事情から見ると，原産地付近は最も本種が得られにくい状況にあるように思える．このような地で最初にこの種が見いだされたことは実に不可思議としか言いようがない．

最後に，ホロタイプ標本は惜しいかな消滅してしまったため，タイプロカリティー (基準産地) の標本として現存しているのは私のところの1オス，小比賀さんのところの1メス，それに丸岡さんの1オス2メス，計5個体ということになる．しかし最近 (2009年) 丸岡さんに確認したところ，オスの個体はだいぶ以前に大阪の林 匡夫さん (故人) に貸したままになっているので，現在その標本がどうなっているかは知らないとのことであった．

カノコサビカミキリ

　1963 年 8 月 18 日の夜，神奈川県丹沢山麓のハイキングから帰った私は，昼間に鎌倉在住の養老孟司さんから電話があったことを告げられた．何事かと電話を入れてみると，鎌倉市大町にある妙本寺のお墓付近で，蔓性の植物をビーティング (叩き網採集) したところ，カノコサビカミキリが 2〜3 個体落ちてきたとのこと．日曜の夜 9 時過ぎであったにもかかわらず，私はすぐ彼の家へ飛んで行き，確認したところ間違いなく本種であった．

　当時，カノコサビは，私の記憶によれば関東地方では鎌倉市と藤沢市で各 1 個体ずつが記録されているにすぎない大珍品だった．それから 1 週間後の 8 月 25 日に，私と横浜の田中康彦さんは妙本寺を訪れていた．養老さんの話のとおり墓地のところへ行ってみると，それらしい蔓があった．二人で相談してビーティングする前にまず目で見て探すことにした．

　体長 1 cm 程度の小さなカミキリなので見つけるのに苦労したが，田中さんが枯れた細い巻き蔓に止まっている本種を見つけた．間違いなくこの蔓が寄主植物であることがわかったので，後は安心してビーティングすることができ，二人とも数個体ずつのカノコサビを採ることができた．田中さんがこの蔓の葉を持ち帰り調べたところ，カラスウリであることが判明した．

　その後，北鎌倉にある鎌倉五山の一つである建長寺境内にもカラスウリの群落があることがわかり，多くのカミキリ屋が建長寺詣でをすることになったのも，懐かしい思い出の一つである．なお，建長寺周辺では野外で成虫越冬する珍しいカミキリとして知られるタテジマカミキリも見られることが，ここを訪れるカミキリ屋にとってプラス・アルファの楽しみになっていたのである．

ムネマダラトラカミキリ (図 5-10)

　私がこのカミキリに初めて出会ったのは 1964 年 5 月 10 日のことで，東京・奥多摩の小川谷を一人で訪れていたときだ．当時小川谷は盛んに伐採されており，谷沿いの林道の数カ所に大規模な貯木場があったが，時期的にはちょっと中途半端で，カエデの花はほぼ終わりだし，材に集まるカミキリには少し早過ぎるというわけで，採集者は私以外に一人もいなかった．

　比較的大きな土場の一つで，斜面に乱雑に積まれた各種の広葉樹材を，足

図 5-10 ムネマダラトラカミキリ 　葉上で休む (沖縄県石垣島. 2006 年 3 月 31 日, 鈴木正雄撮影).

　元に気をつけながら見て回った．時期的なこともあり虫の影はほとんどなかったが，太い材の上を素早い動きで這っているトラカミキリの仲間らしい姿が目に映った．一瞬その動き方や色合い，大きさなどからウスイロトラカミキリかと思ったが，この虫が出るには早過ぎる時期で，この考えは私の頭の中ですぐに否定された．そうなると何というトラカミキリかわからない．ようやく静止した虫を見て驚いた．前胸の上にいくつかの白い点がハッキリと見えたのだ．これこそ今まで出会ったことのない，ムネマダラトラカミキリだった．

　当時のこの虫に関するわれわれの知識は，特に中部地方から北では「石川県でキリの木より得られている」とか「群馬県で 1 例記録がある」という程度で，こんな身近なところにいるとは思いもよらなかった．

　このとき本種は 5〜6 個体得られたが，這っていた木はシオジという種類だとすぐにわかった．というのも，前年の春にミヤマルリハナカミキリを採るために，奥多摩の小留浦を訪れた際，その入口に材木屋があり，いろいろな材木が積まれていた．それらの材木の中で，ひときわ太くて白っぽい肌をして，いかにもカミキリが好みそうな木があったので，材木屋の人に「この木は何ていう木ですか」と尋ねてみたところ，「シオジだ」といわれ，よく覚えていたのである．

　半ば偶然とはいえ，このときほどカミキリ採集には木の種類を知ることが，いかに大切かを痛感したことはない．

ヒラヤマコブハナカミキリ (図 5-11)

　本種は私から二世代ほど，つまり 20 歳くらい下までのカミキリ屋にとっては，ある種伝説的なカミキリムシと言えるだろう．

　ヒラヤマコブハナカミキリは 1939 年 7 月 5 日に，唐沢安美さんにより，群馬県烏淵村 (現在は群馬県高崎市倉渕町) で発見された種で，1960 年代までは全国で数例しか記録がない大変な珍品だった．この頃までに私が見たヒラヤマコブハナはたったの 2 個体で，一つは小比賀正敬さんが東京・高尾山麓のスギの貯木場で，飛んでいるところを採集したもの．もう一つは伊豆・天城山麓の大川端で 1956 年 5 月 4 日に，蝶屋の手束喜洋さんがやはり飛翔中の個体をネットインしたものである．この日の手束さんは本種のほか，当時やはり相当な稀種として知られていたヘリウスハナカミキリも採り，草間さん，服部さん，私など多くのカミキリ屋も形無しの大活躍であった．

　私自身がヒラヤマコブハナを手にしたのは，1971 年のことである．これより数年前のこと，東京・高尾山のケーブルカー脇の斜面にカエデの木が十数本植栽されており，この花にヤマトシロオビトラカミキリやヒゲナガコバネカミキリ類 3 種など，春に出現するいろいろなカミキリが集まるため，4 月中旬からゴールデンウィークにかけて，大勢のカミキリ屋がここに集まっていた．

　たくさんの目で見ているせいもあったのだろうが，不思議なことにこの斜面に問題のヒラヤマコブハナがときどき飛来することがわかった．そのため輪をかけて採集者が集まるようになり，いろいろな事情でこの場所が立ち入り禁止になるまでの数年間は，この時期カミキリ屋のまさにサロン状態と化していた．

　1971 年 4 月 23 日に，ヒラヤマコブハナを狙うというよりも，どんなカミキリ屋さんが集まっているかを見に行くのが主な目的で，ケーブルカー斜面へと向かった．本来ヒラヤマコブハナを採る目的ならば，朝の 7 時頃から飛び始めるため，早い時刻から頑張らなくてはならないのだが，到着したのはお昼近くになっていた．

　この日も相変わらずたくさんの採集者が集まっていたが，私が着いたちょうどそのときのことである．おそらく社会人に成り立てだった東京の粂久仁雄さんと，北九州の竹下博さんが「これから込縄林道へ転戦するところです」というので，ここへは一度も行ったことのない私は彼らについて行くことにした．

図 5-11　ヒラヤマコブハナカミキリ　　アカメガシワ樹洞外に這い出た (神奈川県湯河原, 1994 年 4 月 16 日, 高桑正敏撮影).

　込縄林道は高尾山口から国道 20 号を 1～2 km 甲府方面に向かった南側にある谷沿いの林道である. この場所は 1～2 年前に東京上野の福田惣一さんが見つけ出したところで, 彼はここで採取したキブシの枝から, 当時は非常に珍しいとされていたトワダムモンメダカカミキリを多数羽化させていた. このカミキリがキブシを寄主植物としていることは, このとき初めてわかった. さらにここにはコボトケヒゲナガコバネカミキリが多産することも知られていた.

　込縄林道に入ってぶらぶら歩きながら採集していたが, ふと小川の縁に生えている草の葉の上に, 赤い虫が止まっているのに気がついた. すぐにそれがヒラヤマコブハナの非常に大きな個体であることがわかり, 私は思わず大きな声で何か叫んでいた. この声を聞きつけて近くにいた粂さんが飛んでくるなり, 私の指につままれている虫を見て「ギャッ」といって絶句してしまった. これが後にヒラヤマコブハナのメッカとなった込縄林道での最初の記録だ.

　その後ここでもヒラヤマコブハナが採れ始め, 高尾山ケーブル斜面が立ち入り禁止になったこともあって, 春の野外カミキリサロンは込縄林道へと移ることとなった. それからヒラヤマコブハナの生態が解明されるまでの十数年の間, 毎年 4 月中旬から 5 月初旬にかけてのこの時期は, ヒラヤマコブハナ詣でのカミキリ屋で, 込縄林道は大賑わいとなった.

　以上が数々の伝説と逸話を生んだ, ヒラヤマコブハナカミキリの黎明期の話である.

フトキクスイモドキカミキリ

　この地味で分類の難しいカミキリは，われわれの年代のカミキリ屋にとっては 1990 年に記載された比較的新しい種類だが，私が初めて見たのは，それより 16 年も前の 1974 年のことだ．その年の 5 月 26 日に大阪で眼科医をされていた，すでに故人となられた田村 保さんと，当時はまだ学生で，これも大阪在住の安藤清志さんに案内されて，京都府芦生の京都大学演習林へと向かった．

　ここへ行った主な目的は，この時期に咲くカエデの花に集まるピドニア（ヒメハナカミキリ類）の採集にあった．狙いどおり適当なカエデの花があり，関東地方には分布していないヤマトヒメハナカミキリやシラユキヒメハナカミキリ，翅鞘全体が黒くなるキベリクロヒメハナカミキリのメスなどが採集でき，私としてはこれだけで十分な成果であった．

　演習林内の林道を歩いているとき，道端のスイバのような草の葉上に真っ黒なカミキリが乗っているのに気がついた．そのときの印象は「今まで見たことがない」，「草の葉の上にいる」，「体型・大きさ」，「体全体があまりツヤのない黒」だったので，一瞬幻のアオキクスイカミキリかと思いドキッとしたが，よく見るとシナノクロフカミキリ属の虫であることがわかった．

　ところが属まではわかったものの，当時はこの属で本州に分布している種はシナノクロフカミキリとキクスイモドキカミキリの 2 種だけで，そのどちらとも明らかに異なっていた．似ているほうのキクスイモドキと比べると，とにかく体から脚や触角まで，全てが黒いこと，体型が寸詰まりなこと，触角がやや太くて短いことなどが異なっていた．

　その後この属の研究者である小宮次郎さんに，この標本を預けて調べてもらった．その結果は今まで知られていた種とは違うが，1 個体では記載することはできないので，標本数がそろうまでしばらく様子を見るとのことであった．さらに 10 年ほどたった 1990 年に，豊嶋亮司・岩田隆太郎両氏によりようやくフトキクスイモドキカミキリとして新種記載され，私の標本もタイプシリーズに加えられた．

　記載された後も，同定の難しさや地味で人気のないこともあって，本種の記録はなかなか増えなかった．それでも，中国地方から東北地方にかけてわずかずつ見いだされ，寄主植物もどうやらクリが怪しいというところまできていた．

このような状況下にあった 2003 年 7 月 7 日，幸運にも私はこのカミキリに再会することができた．

この日，神奈川県逗子市のカミキリ屋である小畑 裕さんと私は，群馬県新治村赤谷にいた．主な目的はオニホソコバネカミキリの探索，それからクリの花に集まるフタコブルリハナカミキリなどの採集であった．これらの虫を探し歩いていたとき，地上 70〜80 cm のところにクリの下枝が伸びていて，そこに花をつけていた．そこに何か虫らしい影がスッと飛んできたように見えたが，7〜8 m は離れていたので，それが虫であるかどうかさえわからなかった．何となく気になって近寄り，虫らしい影が消えたあたりをネットですくってみると，フトキクスイモドキのメスとおぼしき虫が入っていた．飛んできたものがこの虫だったのか，もともとそこに止まっていたものなのかは全くわからなかったが，クリの枝をすくって入ったことだけは確かだ．

これより 4 年前の 2000 年 7 月初めに，九州大学の緒方靖哉さんに案内されて，青柳さんと二人で大分県黒岳を訪れたときのこと，青柳さんがクリの枝をビーティングしてフトキクスイモドキらしいカミキリを採集していたので，この標本をお借りして私の採った個体と比較してみた．両方とも本種に間違いないことが確認できたので，青柳さんの個体が九州初記録となることもあり，また主な寄主植物はクリであることがほぼ確実になったため，私の記録と合わせて昆虫専門誌の『月刊むし』に短報を投稿した．

フタスジカタビロハナカミキリ

この黄色くて丸いとてもチャーミングなハナカミキリを，誰いうとなくわれわれカミキリ屋は「キマル」という愛称で呼んでいる．1960 年代頃まではこの可愛いカミキリの生態が知られておらず，そのためたまに飛んでいるものやミズキの花に飛来したものがわずかに得られているにすぎなかった．

四国や中国地方ではヤマシャクヤク (通称ヤマシャク) の花に本種が集まるという情報を，私が知ったのは何年も後のことで，東日本でもヤマシャクにいるに違いない，いつの日かこの花にいるキマルを採ってみたいと思っていた．

1975 年 5 月 25 日，そのチャンスがようやく訪れた．神奈川県藤沢市在住の鈴木和利さん (故人) は，近年ではほとんどピドニア (ヒメハナカミキリ属) だけに絞って研究・収集されているが，当時は他のカミキリもよく採集されていた．

当日われわれはまず，富士山北西麓に広がる青木ヶ原へと向かった．ここに少ないながらヤマシャクヤクがあるという情報を木曜サロンの仲間の一人から聞き及んで出向いたのだが，ヤマシャクヤクがどういう環境を好んで生えるものなのか，何の知識もなく出かけたため，やみくもに林内を歩き回っただけで，かろうじて1～2本のまだ花が開いていない株を見つけたにすぎなかった．

やむをえず午後からは富士山の南側斜面へと移動した．この辺りも何本かの林道が走り，当時は一般車も自由に乗り入れることができた．そのうちの一つ吉原林道に入ったのは，かれこれ午後4時頃になっていたと思う．この林道も伐採されて2年くらい経過したところが多く，スギやヒノキの幼木が生えている斜面が広がっていた．

運転をしない私は助手席側に座っていたので，当然左側の斜面を見るかたちで窓から何か花が咲いていないか注意していた．と，私の目に白いものがチラッと映った．もし花ならヤマシャクヤクのような気がしたので，鈴木さんに車を止めてもらい，二人で確認のため緩やかな斜面を登っていってみると，そこには可憐なヤマシャクが花開いていた．よく見るとこの斜面にかなりの数のヤマシャクの花が咲いていることがわかった．二人で一つひとつ花をのぞいていくと，10ほども見た頃だろうか，いました！　真っ白な花びらの中に黄色くて丸い，これぞキマルちゃんが，鎮座していた．

この日は二人でわずか2～3個体の成果であったが，とにかくヤマシャクヤクの花から採れることが自分の目で確認でき，非常に感激したことを思い出す．その後，富士山ではもちろん，東日本各地でもヤマシャクヤクの花に，その可憐な姿が見られるようになったのである．

ベーツヒラタカミキリ (図 5-12)

1976年夏のお盆休みに，家でのんびりしていた私に1本の電話がかかってきた．それは横浜市金沢区に在住の高桑正敏さんからで，その内容が振るっていた．「これから神武寺にベーツヒラタを採りに行こう」というものであった．神武寺は逗子市と横浜市の境目近くにある古刹で，標高100 mほどの境内には，この付近の昔からの植生である常緑広葉樹を主体とした立派な社叢林が残っていた．

ここのベーツヒラタカミキリは戦前から記録はあったが，戦後の確実なもの

図 5-12　ベーツヒラタカミキリ　スダジイ樹幹枯死部を夜間に這う (東京都三宅島．1982 年 7 月 25 日, 高桑正敏撮影).

はただの 1 例だけで，彼の電話のようにとても「採りに行こう」といえるような状況ではなかったが，高桑さん独特のユーモアをこめた言い回しと受け止めて，私もすぐに「おぉ，行こう行こう」と調子に乗って答えたものだ．もっとも，自信の塊みたいな彼のことだから，本気で「採れる」と思って電話をかけてきたのかもしれない．

　この日，彼の家には当時すでに稀代の採集名人として名を馳せていた小田義広さんがきており，三人でベーツヒラタを探しに出かけることとなった．この虫は夜行性であることはよく知られていたが，いきなり夜に行っても様子がわからないため，日中に行くこととした．三人のなかで高桑さんだけが鹿児島市城山で本種を採集したことがある唯一の経験者だったので，採集したときの状況などを彼に聞きながら現地へと向かった．

　ベーツヒラタは常緑の相当太い木を好み，枯死部に楕円形の孔を開けているということなので，神武寺周辺でそのような木を探して歩いた．そのうち，一抱え以上あるがほぼ枯れて，わずかに樹皮が残っている 1 本のスダジイを見つけた．その木の皮がない部分には長径 1 cm くらいの孔がいくつか開いており，そのうちの一つはとても新しいように思えた．「こんなのでいいの？」と高桑さんに聞いたのだが，いま一つハッキリした返事が返ってこなかったので，小瓶に用意していった酢酸エチルを少し流し込んでみた．しばらく待ってみたが何の反応もなく諦めようかと思ったが，何か気になったので近くにいた小田さん

を呼んだところ，彼はいきなりマッチを擦って火をつけ，それを孔に突っ込んだのである．狭い孔なので当然火はすぐに消えてしまうが硫黄の臭いが強烈なため，もし中に虫がいれば追い出し効果は非常に大きい．と，突然，その孔からすごい勢いで虫が這い出してきた．これぞまさしくベーツヒラタであった．本当に採れるとは思っていなかったので，夢を見ているのではないかと思うほど驚いた．

このような孔でよいことがわかり，その後は三人で同様な方法により，いくつかの個体を得ることができた．ところでこの虫を探していて，ちょっと面白いことに気づいた．ベーツヒラタの脱出孔は前述のとおりやや扁平な楕円形である．私のイメージとしては幹に対して水平に開いているものとばかり思っていたが，どの孔も幹に対して垂直，つまり縦に開いているのである．ということは立ち木，立ち枯れの場合は虫は横になって出てこなければならず，虫にとってはこの体勢のほうが何か都合の良いことがあるのか，とても不思議に思えた．

この大フィーバーから1週間後，今度は横浜の田中康彦さんと夜に当地を訪れた．今回はどこによい木があるかがわかっているので容易にたどり着けた．懐中電灯でその木の表面を照らしてみると，予想どおりベーツヒラタが這っているのが見えた．当然だが夜行性の本種は，日中は孔の中に潜んでいて出てこないが，夜になると孔から出て表面を這い回っているため，採集はとても容易である．したがってこの夜は二人で10個体以上の収穫があった．ただしゴキブリやオオゲジなどのお邪魔虫もいろいろいるので，あまり気分のよい採集とはいかない．それにこの場所は岩場の崖になっているところもあり，下調べもせずにいきなり夜に行っては危険である．

今回，新たに面白いことに気づいた．それは大きい個体は大きい孔を，小さい個体は小さい孔を使っているということであった．当たり前といえば当たり前なのだが，自分の孔をもっていて暗くなるとそこから這い出して，明るくなると戻るという生活をしているように思えた．とにかく自分の体に合っている孔を利用しているように思え，大いに興味をそそられた．

イボタサビカミキリ (図 5-13)

この小さくて毛むくじゃらで，日本のカミキリとしてはちょっと風変わりな

虫は，私が住んでいる三浦半島内ではもちろん神奈川県全域としても，1954年7月19日に逗子市逗子の虫屋宅の灯火に飛来した記録が唯一のものであった．この記録は私が虫を始めてすぐの頃のもので，草間さんを通じて知ってはいたが，当時は偶然採れたものくらいの認識しかなく，そのようなものが自分に採れるわけがないと最初から諦めていた．しかしその後，イボタサビは東京・高尾山では灯火でポツポツ採れていること，食樹がテイカカズラであることなどがわかり，地元でも十分採集が可能だと思われたので，三浦半島での採集時にはいつもそのことを頭の隅に入れておいた．

　逗子市の記録から30年以上もたった1985年6月23日，私と青柳鷹之介さんは横須賀市の武山山塊にある富士山 (通称・三浦富士) へ採集に出かけた．三浦富士へ登るルートはいくつかあるが，この日は京急長沢駅方面から登るルートをたどった．この道は多少のアップダウンを繰り返しながら尾根筋の林の中を進んで行くが，山頂への最後の100 mほどがきつい急坂となっている．マテバシイやヤブニッケイ，シロダモ，アラカシ，アオキといった常緑広葉樹が多く，落葉広葉樹としてはサクラやハゼノキ，ミズキなどの喬木，キブシやコゴメウツギ，ハコネウツギほかの低木も見られた．アオキの枯れ葉にはヤハズやビロウド，ニセビロウド，チャボヒゲナガ，シナノクロフなどのカミキリが隠れており，ビーティングするとポロポロと落ちてきた．

　急坂になる手前辺りからイボタサビカミキリの寄主植物であるテイカカズラ

図5-13　**イボタサビカミキリ**　テイカカズラの枯れ蔓に静止する (鹿児島県屋久島．2005年5月31日，鈴木正雄撮影).

が目につくようになり，私は青柳さんに要チェックであることを告げ，二人で重点的にテイカカズラをビーティングしながら山頂へと向かった．頂上直下までテイカカズラは点々とあったが，イボタサビはいっこうに姿を現さなかった．頂上について一休みし，周りを見回すと狭い頂上の周囲にもテイカカズラが何本かあるのに気づいた．青柳さんがそれをビーティングしていたところ「露木君，これそうじゃない？」と，叩き網の上に落ちた虫を私の目の前に差し出した．それはまさしくイボタサビであった．私はこの手のカミキリは落ちてきた同じところを叩くと，たいてい，また落ちることを知っていたので，叩いた場所を青柳さんに確認してその辺りをビーティングしたところ，予想どおり数個体のイボタサビが落ちてきた．不思議なことにイボタサビが落ちるのは山頂周りのテイカカズラだけで，ほんの 10 m くらい下がった辺りのテイカカズラは，いくら叩いても本種は落ちてこなかった．

　この件もコロンブスの卵で，その後は三浦半島各地でイボタサビカミキリが記録されるようになった．

オトメクビアカハナカミキリ

　1964 年 6 月頃の木曜サロンでの出来事だったと思う．当時東京教育大でハバチの研究をしていた人がサロンに現れた．この頃の木曜サロンのメンバーは蝶屋さんが 6 割 5 分，甲虫屋が 3 割，カメムシなどその他昆虫を対象にしている人が 5 分といったところで，ハチをやっている人は皆無に近かった．このようなところになんでハチ屋さんが現れたのか訝しく思われたが，その人はカミキリムシの標本を持参していた．標本といっても小さな紙包みに 3 個体ほど無造作に入れられていたのだが，それを見せられた私は非常に驚いた．それは全て前胸の黒いガウロテスであった．ガウロテス (*Gaurotes*) とはクビアカハナカミキリ属の俗称で，日本からは *Carilia* 亜属のクビアカハナカミキリとオトメクビアカハナカミキリの 2 種，それに別亜属 (*Paragaurotes*) の普通種であるカラカネハナカミキリが知られていたが，当時の私の知識ではクビアカハナとオトメクビアカハナ両種とも前胸は赤いものと思っていたため，あるいは第 3 の種ではないかとの思いが頭をよぎったほどである．しかし，冷静に考えてみると，オトメクビアカハナカミキリには前胸背の黒いタイプもあることが知られているのを思い出した．

その人の話では場所は南アルプス・仙丈岳の馬の背で，ハバチを採集していて同時に採れたとのことであったが，どういう状況で採れたかは明かしてくれなかった．ただ帰り際に「ハバチの採集は針葉樹の花が面白いんですよ」とつぶやいた．

この話を近くにいた蝶屋の先輩である吉田良和さんにしたところ「この標高でハバチの採集によい針葉樹の花といえばハイマツしかないよ」と断言した．たまたま吉田さんは，ちょうどこの年に南アルプスで発見され，大きな話題になっていたセセリチョウの一種タカネキマダラセセリを，仙丈岳・馬の背に探しに行く計画があるという．私は「ぜひオトメクビアカハナを探してください」とお願いしたところ，驚くことに吉田さんは12～13個体もの本種をハイマツの花から採集し，私のために持ち帰ってくれた．しかも，前胸背が赤いタイプも2～3個体混じっていたのだ．結局のところ，オトメクビアカハナがハイマツの花に集まるのを発見したのはハチ屋さんで，それを確認したのは蝶屋さんということになる．

このオトメクビアカハナに関しては，私にとっては後日談というか，ちょっと面白いエピソードがあるので紹介しておきたい．

オトメクビアカハナがハイマツの花に集まることが知られてから26年もたった1990年7月21日，私は長野県八ヶ岳の麦草峠にいた．この日の目的は，花にはめったに来ないため大変採集の難しいヒメハナカミキリとして知られているタカネヒメハナカミキリであった．なかでもこのメスはオス50～100個体に対し1個体くらいの割合でしか得られないという代物で，当時はダケカンバの太い立ち枯れの根際に隠れているらしいという，噂程度の情報しかなかった．それでもこれを頼りに探すほかはなく，ダケカンバの根際を見て回っていたところ，小さな光るものが落ちているのに気づいた．拾い上げてみるとそれはガウロテスの翅鞘の片方であることがすぐわかった．

私はこれまでカミキリの死骸はいくつか拾ったことはあったが，翅だけ，特にハナカミキリのものを拾った経験はなかった．当然ながら普通種のカラカネハナのものだろうと思い，捨ててしまおうとしたが，念のためと考えを改めて持ち帰ることにした．家に帰って調べてみるとカラカネハナではないことがすぐにわかった．カラカネハナカミキリ亜属では翅端が切れているのに対し，クビアカハナカミキリ亜属では丸いからである．ということは，この翅の主はク

ビアカハナかオトメクビアカハナかのどちらかということになるのだが，麦草峠は標高が 2,100 m 以上もあり，私はこれがオトメのものであることを確信した．この時点では八ヶ岳からオトメクビアカハナの記録はなかった．

その後 7 年間はこの記録は幻のままだったが，1997 年 7 月 20 日についに同行していた木下富夫さんにより，同地でオトメクビアカハナが採集され，私の記録は幻でないことがようやく証明された．

ムナコブハナカミキリ

日本特産の 1 属 1 種であるこのハナカミキリは，人気の 4 大バロメーターである大きさ，形，色彩，珍品度の全てをクリアーしている．しかしながら私のような東日本のカミキリ屋にとっては，少々縁の薄いカミキリである．それは分布が九州から中国地方，近畿圏までで，福井県と三重県を結ぶ線が東限となっているためだ．また，不思議なことに四国には分布していない．しかも 1980 年頃までは九州・久住山塊での山頂吹き上げ採集以外はほとんど単発の記録で，そのようなところへ行ってみてもとても採集できるとも思えなかった．

ところが 1980 年頃から京都市の北のはずれにあたる佐々里峠で，数年続けて 10 個体以上の本種が採集されているという情報は耳にしていた．京都ならば機会があれば行ってみたいと思っていたところ，1985 年の 6 月に木曜サロンにきていた豊嶋亮司さん (名古屋出身で，当時仕事の関係で東京に赴任していた) が，佐々里峠へムナコブハナカミキリを採りに行くと話していたので，無理にお願いして連れて行ってもらうことにした．

1985 年 6 月 28 日の夜に私は豊嶋さんの名古屋の実家へお邪魔した．そこにやはり名古屋在住のカミキリ屋である細川浩司さんが車でやってきた．仮眠して 30 日の未明に細川さんの車で出発した．目的の佐々里峠へは 8 時頃到着したが，天気は下り坂で，採集地に着いた頃には小雨が降り出してしまった．ここは尾根通しの小道で片側の斜面が伐採跡地となっており，この斜面をムナコブハナが吹き上がってくるという．小雨が降っているような天候でも，雨が止んで少し明るくなったときに飛んでくることがあるということなので，しばらく待ってはみたものの何も飛んでこなかった．そのうち雨がやや強くなってきたので飛んでくる虫は諦めて，こういう天気のときのほうが探しやすくなるコブ

ヤハズカミキリ類 (この地域ではマヤサンコブヤハズカミキリが分布している) を求めて，一人ビーティングネットを持って付近を徘徊した．

伐採斜面を少し下がった辺りに，小さなノリウツギが生えているのが見えた．南アルプスの大井川・二軒小屋付近ではノリウツギの根際のビーティングでタニグチコブヤハズカミキリが採れているのを知っていたので，ここでも可能性があると思い，木の下側に下りて，ネットを根際に差し込んで軽く叩いてみた．すると比較的大きめのカミキリが，真っ黒な腹面を上にして落ちてきた．何かなと思ってひっくり返してみると，なんとそれは今採集行の目的物であるムナコブハナカミキリであった．しかもそれは立派な雌個体で，飛翔している本種を採集すると9割5分以上はオスといわれているため，とても貴重なものだった．

私はこのとき，ノリウツギから落ちたのは偶然だと思っていた．小さなノリウツギの木ではあったが，斜面に生えていたので斜面下方から吹き上げられてきたムナコブハナが，そこにたまたま止まっていたのだろう，と考えるのがごく当たり前な状況だったからだ．結局，2日間で採れたのは私の1メスだけで終わったが，ノリウツギの生木から採れたことが，後の本種の生態解明の手掛かりになるとは，夢にも思わなかった．

この日から月日は流れ，17年もたった2002年6月14日に，私は「むし社」の社員でタマムシ屋の小林信之さんと，広島県戸河内町横川(現安芸太田町横川)にきていた．この場所は広島県のカミキリ屋さんにとっては，毎年ムナコブハナが採れている聖域のようなところで，カミキリの幼虫や生態に大変詳しい地元のカミキリ屋である中崎清隆さんにご案内いただいて，現地を訪れていた．

この17年間，小林さんはムナコブハナの生態解明に執念を燃やしてきた．本種の有名産地である熊本県阿蘇山の仙酔峡に何度も通い，ムナコブハナの動きを詳しく観察すると同時に，周囲の植生の状況などから判断して，寄主植物がノリウツギである確率が非常に高いと推測していた．このとき彼は17年前に私が京都でノリウツギの生木からメスを採集したのが，偶然ではなかったことに気づいた．

ここで少々横道にそれるが，日本のカミキリのなかで珍品度No.1の座を長いこと守ってきたアカムネハナカミキリの寄主植物が，クロツバラであること

をいち早く見抜いたのも，小林信之さんであることを知っている人は意外に少ないのではないだろうか．

　私たち二人はムナコブハナの寄主植物がノリウツギであることの確証を得るため，ここ広島県戸河内町を選んだ．この場所は広い駐車場脇の斜面に雑木林が広がっていて，ムナコブハナはこの林縁に姿を現し，目の高さくらいの葉上に静止している個体や飛翔中のものが採集されていた．雑木林の斜面はそれほどきつくなく，われわれが寄主植物とにらんでいたノリウツギも比較的多く見られたので，調査するには都合のよいフィールドと思われた．

　今回の調査は6月14〜16日の3日間あり，3日とも地元の虫屋さんが数人こられていて，延べ人数にすると25〜26人ほどになっただろうか．ムナコブハナは飛んでいたもの，葉上に静止していたもの合わせて7個体が3日目の午前中までに採集されたが，全てオスばかりだった．もちろん私と小林さんは，3日目の午前中までの間，何回も斜面林内を徘徊してノリウツギの幹や枝などを見て回ったのだが，ムナコブハナの姿は見られなかった．こんな状態だったので私は「ノリウツギは本当に寄主植物なのだろうか」と少々自信を失いかけていた．最終日の16日も午後になり帰りの時刻もそろそろ気になり始めた1時半頃，最後の望みをかけて林内のノリウツギの見回りとビーティングを行った．これまでに何回もチェックしているあまり太くないノリウツギ(直径3cmくらい)をビーティングしようと見たところ，ちょうど目の高さほどの幹にカミキリのシルエットが見えた．ギョッとしてよく見てみると，まさしくムナコブハナのメスが止まっているではないか．

　ちょうどすぐ下の駐車場にいた小林さんを大声で呼び，彼がもっていたデジタルカメラでムナコブハナの様子を撮影することができた．これを慎重に回収し，中崎さんと三人で周辺のノリウツギを見て回ったが，追加はできなかった．小林さんが「さっきの木に産卵しているかもしれない」というので，再びさきほどの木に戻り幹をじっくりと観察してみると，表面に2〜3卵，さらに表皮をめくって2卵を確認することができた．その後この駐車場から数100m離れた場所のノリウツギ群落へ移動して調べたところ，小林さんがノリウツギの根際に止まっているメスを1個体，私がビーティングでさらに1個体のメスを追加することができた．これでムナコブハナの寄主植物はノリウツギであることが間違いないものとなった．

トゲムネアラゲカミキリ

　この種類は小さい，模様がない，地味な色彩である．形もごく普通である，と，人気が出ない要素ばかりのカミキリだが，珍しさにおいては本州に分布している種のなかで5指に入ると思われる．

　トゲムネアラゲカミキリは1947年に加賀白山で得られた1オスに基づいて1953年に記載された種だが，その後10年近く全く記録が出なかったため，当時は幻のカミキリといわれていた．

　ところが1953年に草間さんが伊豆・天城山 (水生地) で採集していた1個体の標本を，本種の記載者である林 匡夫さんに見せたところ，それがまさにトゲムネアラゲであることが判明した．これが原記載以来2個体目となる記録だった．これとは別に，ヒラヤマコブハナカミキリの発見者である唐沢安美さんが，1956年7月8日に伊豆・水生地付近で2個体の不明種カミキリを採集していた．その年の冬，私は唐沢さん宅を訪れる機会があり，この標本を見せられた．伊豆にはこれに似たカミキリはホソヒゲケブカカミキリしかおらず，クリイロチビケブカカミキリは分布していない．ホソヒゲケブカと違うことはすぐにわかったが，私は唐沢さんに「クリイロチビケブカじゃないんですか？」と答えたところ，唐沢さんは「露木君，これ全然違うじゃない」といわれた．このとき私は当然のことながらトゲムネアラゲがどんなカミキリなのか全く知らなかったため，結局正体不明のままこの場は終わってしまった．

　この標本については40数年後に偶然再見する機会があり，2個体とも間違いなくトゲムネアラゲであることを私の目で確認することができた．

　伊豆・天城山はマイフィールドの一つで，当地を訪れるたびにトゲムネアラゲは気になる存在だったが，私の前には全く姿を現してはくれなかった．1980年代後半になってようやく本種の寄主植物がサワグルミであることが解明されたにもかかわらず，少なくとも東日本では珍品の座から滑り落ちるようなことはなかった．

　寄主植物が解明され，幼虫はサワグルミの樹皮を食い，成虫はサワグルミの葉を後食するという生態がわかった後に伊豆・天城山には数回チャレンジしたが，壁は厚く，その都度はね返されてしまった．ところがこんな私の思いが天に通じたのか，2007年になってようやく幸運の女神が私に微笑んでくれた．

2007年7月7日，山梨県増富鉱泉奥の金山平にきていた私は，舗装道路脇に一抱えもありそうな太いサワグルミの生木が倒れているのに気づいた．生木なので当然葉は青々と茂っており，立ち木であれば10〜20mも高い位置にある枝や葉が目の前にあるわけで，こういう状況は滅多にお目にかかれるものではない．山梨県ではトゲムネアラゲは全く記録がないが，千載一遇ともいえる状況を見逃す手はないと，まずサワグルミの葉裏をじっくりと見て回った．その後に直径10〜20cmくらいの枝の樹皮に脱出孔がないかを調べたが，ことはそう甘くはなく，葉からも樹皮からも本種の影は見いだせなかった．

　いったん諦めて倒木の周辺を見回っていたとき，直径30cmはあろうかと思われるヤマハンノキらしき立ち枯れがあった．この立ち枯れは古く，一部の樹皮は剥がれてキノコが生えていたので，キノコにつく甲虫でもいないかと，殺虫スプレーをかけて下にネットを広げて受けていたところ，1個体のやや小さめな甲虫がネットの上に落ちてきた．やや薄暗い場所ですぐには何の甲虫かわからなかったが，ほどなく1cmほどのカミキリであることが判明した．とりあえず毒瓶に収容して明るいところで確認したところ，クリイロチビケブカかトゲムネアラゲかのどちらかであることがわかった．もしトゲムネアラゲだとしたら，さきほど見たサワグルミの倒木が怪しいので，再度これを調べてみたが，やはりなんの痕跡も見られなかった．

　この両種を肉眼で見分けるのは不可能だが，採集した状況からトゲムネアラゲの可能性が高いと思い大切に持ち帰った．帰宅後すぐにルーペでのぞいてみると，体全体に粗い毛が生えていて，間違いなくトゲムネアラゲであることが確認できた次第である．長年探し求めていた伊豆・天城山とは場所こそ違ったが，とにかく自分の手で待望の種類を得られたことは久々の感動的な出来事として記憶に新しい．

　私の頭の中に蓄積された本種に関するいろいろな情報から導き出された結論は「この虫は生活圏が高い」ということである．そのために生態や採集地が判明しているにもかかわらず，得がたい種としての地位を保ったまま今日にいたっているのだ．今回の件でこの考えが正しいということに，さらに一歩近づいたものと思っている．

　その後，東京在住の武田雅志さんからの情報によれば，四国ではサワグルミ

の幼木の葉裏に静止している個体をいくつか採集したとのこと．「生活圏が高い」という私の考えは，撤回しなければならないかもしれない．

5-3　虫屋との出会い

　私と虫の出会いは最初に述べたように中学2年のときである．それから60年あまりカミキリムシを中心に虫との付き合いがあり，その間に多くの虫屋さんとの出会いがあった．そのなかにはとても「虫屋」などと呼ぶには恐れ多い大先生方もたくさんいらっしゃるが，ここではあくまで私の思い出のなかの「虫屋」として登場していただくため，「○○さん」という呼称をとらせていただいた．

草間慶一さん (1924〜1998．図5-14)

　私が初めて草間さんに会ったのは，小学校5年生だったと思う．そのときは虫屋としての草間さんではなかった．中学2年のとき私の家庭教師をしてくださった方が，たまたま草間さんの家に下宿されていて，勉強を教わっていた部屋に草間さんの昆虫標本が置いてあった．これが私と虫との出会いであることは前述した．

　草間さんは男ばかりの四人兄弟の長男で，当時は東京大学の大学院生だった．戦後の混乱がまだ収まらない昭和23年(1948年)頃は，日本の各地で「子供会」なるものが多くあり，私の住んでいた神奈川県の逗子にも二つの子供会が存在した．その一つを草間さんが主宰していた．

　草間さん自身の虫歴は，小学校低学年の頃から虫には興味をもっていたようで，多くの虫屋がそうであったように，チョウの収集から始めたようだ．それがいつカミキリに変わったかというと，小学校5年生のとき同じクラスにいた田中 明さん(北海道大学名誉教授)から「チョウよりカミキリのほうが面白いから，これからはカミキリをやろう」と言われ，カミキリの道に入ったと聞いている．

　草間さんはまず，中学生の私を逗子周辺の山へ採集に連れて行った．いつ，どこに，どんなカミキリがいるか，また，採集した虫をどのようにすれば，きちんとした標本として残せるかなど，それこそ手取り足取り教えてもらった．

私が高校に入学すると，その年の夏にいきなり南アルプス南部に 2 週間，山登りも兼ねて採集に引っ張っていかれた．このときの採集の状況や成果，また登山の印象があまりにも強烈だったため，生涯忘れられない思い出となった．

　その後大学にかけての数年間に，南アルプスへ 2 回，伊豆・天城山に数回，さらに北海道への 2 週間にわたる大採集行など，とにかく頻繁に連れて行ってもらった．採集ばかりでなくカミキリムシの種類の見分け方 (たとえばミヤマホソハナカミキリ・ハコネホソハナカミキリ・ホソハナカミキリの見分け方，チビハナカミキリとホクチチビハナカミキリの区別の仕方) や虫の名前の調べ方など，昆虫採集にまつわるもろもろのことを教わった．

　草間さんは 1959 年から 3 年ほどアメリカへ留学され，帰国してほどなく東京大学から静岡大学に移られ，住まいも長年住み慣れた逗子を離れて静岡市に居を構えられた．物理的に離れてしまったため，私と草間さんの関係は以前よりは当然疎遠にはなったが，師弟関係は亡くなられるまで続いた．その間，1976 年には第 2 次世界大戦末期の激戦地である硫黄島に，おそらく戦後初めての昆虫調査のため，二人で入島した．硫黄島には民間人は一人も住んでおらず，海上自衛隊とアメリカのコーストガード (沿岸警備隊) が常駐しているにすぎず，通常民間人の入島はできない．草間さんの子供会の頃の教え子が航空自衛隊の幹部におり，その伝手でこの島の昆虫調査が可能となった．ただし許可が出たのは二人までとのことで，本人以外の一人として私を誘ってくれたのだが，当時の私はサラリーマン生活の真っ只中で，1 週間もの休暇をとるのは相当の覚悟が必要であった．このときはよい上司に恵まれたことと，持ち前のずうずうしさでこの壁を乗り越え，無事，硫黄島行きを実現できた次第である．

　硫黄島ではわれわれが調査に入るまでは，カミキリムシはイオウジマケシカミキリただ 1 種が記録されていたにすぎなかった．草間さんも本種の生息確認が主な目的と考えていたふしがある．ところがいざ調査をしてみると，1 週間かかって 1 個体のイオウジマケシも見いだせなかった．なぜ本種を採集できなかったのか，いまだに不可解な思いがある．

　硫黄島での話はまだたくさんあるが，本題とは離れるのでこれくらいにして，草間さんの話に戻ることにする．草間さんがいつもこぼしていたことがある．それは文献探しの苦労のことだ．日本ではどんな文献がどこの機関にあるのか

図 5-14　草間慶一さん　　　図 5-15　西川協一さん

を, ほとんど一人で探し出したようで, 私に会うたびに「もうこんな苦労は俺一人でいい. 後の人には絶対させたくない」と述懐していた. この言葉が今でも私の頭にこびりついて離れない.

西川 協一さん (にしかわきょういち) (1936〜2000. 図 5-15)

　私の虫屋人生において, この人を忘れるわけにはいかない. 1953 年 4 月に私は幸い慶応義塾高校に入学することができ, すぐに昆虫好きのグループが所属するクラブ「生物学研究会」に入った. このとき, 同クラブの 1 年先輩に西川さんがいた. 西川さんは草間さん同様, 男ばかりの四人兄弟の長男で, こういう家族関係の人はなぜかいろいろな会を創始する傾向がある. 西川さんも 1949 年に「少年昆虫会」を立ち上げていて, 私は当然のごとく同会に入会したのである.

　それからの 2 年間は学校のクラブと同好会の両方で関係をもつようになったため, ほとんど毎日顔を合わせることになった. 西川さんは「少年昆虫会」を作っただけでなく, 数年後には主に神奈川県の虫屋を会員に取り込んで「京浜昆虫同好会」へと改称・発展させ, さらに東京にもう一つあった昆虫同好会の「東京昆虫同志会」との合併を謀り, ついに名実とも日本一の昆虫同好会を作り上げてしまった. そのうえ社会人になった 1959 年には, 主に社会人虫屋がウィークデーの夜に集まって話ができる機会を作ろうと, 自宅を開放して「木曜サロン」と称する小集会を始めた. 1 年もたたないうちに個人の家で集まるのは難しい状況になり, 喫茶店などに会場を移した. 本体の京浜昆虫同好会は巨大化しすぎて空中分解の憂き目を見たが, 木曜サロンは 2013 年現在も連綿として週 1 回のペースで開催されている.

西川さんのすごいところは，いろいろなことを始めて，それをまとめ上げてしまうところにある．前述の会や会合を立ち上げたのをはじめ，幾種類もの出版物も世に送り出している．たとえば京浜昆虫同好会の主雑誌である"Insect Magazine"，同連絡誌の『はばたき』，また単行本の『蝶類採集案内』，『山の昆虫たち』，『新しい昆虫採集』など枚挙に暇がない．ユニークだったのは，いわゆる「2号雑誌」に終わってしまったが『インセクト ジャーナル』があげられよう．何しろ北 杜夫さんなどという大物作家からしっかりと原稿を頂戴できたのも，西川さんの力に与ったところが大きい．

　西川さんのあだ名の一つに「西川教祖」がある．私はこの「教祖」というあだ名は，まさに「いい得て妙」な表現だと思っている．彼はけっして命令口調や押しつけがましいやりかたをしない．それにもかかわらず，いつの間にか周りの人を自分のペースに巻き込んで仕事をさせてしまう，実に不思議な能力を備えた人であった．

　青柳鷹之介さん(1924～2007)，衣笠恵士さん(1925～2013)，小比賀正敬さん(1932～)のお三方も私のカミキリ人生を語るには外せない方々だが，お名前を挙げるだけで，詳細な紹介は省かせていただいた．

甲虫談話会の大先生方

　1953年に国立科学博物館の黒沢良彦さんらの肝入りで，関東地方在住の甲虫研究者やアマチュアの集まりである「甲虫談話会」が発足した．私が高校1年のときで，おそらく草間さんに連れられて行ったのだろうと思うが，なぜか第1回から出席していた．この会には当時の甲虫研究者の大御所が何人も顔をお出しになった．なかでも江崎悌三さんが出席されたときのことは，今でも鮮明に覚えている．その日，どなたかの講演が終わって，恒例の一人一話に移ったが，話をした人が次に話す人を指名できるシステムであった．で，江崎さんをいったい誰が指名するか皆さん注目していたところ，私と同じまだ高校1年生だった養老孟司さんが「次は江崎先生お願いします」と発声し，その場がなんとなくホッとした雰囲気に包まれたものである．

　江崎さんが小話をされ，終わりに「次の人はこの中で一番若い方にお願いします」と言われた．この席で一番若かったのは，養老さんと一緒に出席されていた中学生の山崎和男さん(後，広島大学教授)であった．これでさらに場の

空気が和んだ. 私が江崎さんにお会いしたのはこの一度だけだが, 私たちの年代で直接江崎さんにお目にかかっている虫屋は, あまり多くないのではなかろうか. これが私のプチ自慢である.

岡崎常太郎さんもこの会でお目にかかった先生の一人だ. このときは神奈川県箱根の姥子温泉でご自身が採集されたクロホソコバネカミキリのメス標本を持参され, 採集時の様子を話してくださった. 当時はまだ神奈川県で本種の記録がなかったため, 強く印象に残っている. チョウの大御所であった岩瀬太郎さんも甲虫がお好きだったようで, ちょくちょくこの会に顔を出された. 悠揚せまらぬ話し方で, いかにも大物といった風格をそなえておられた. 東京農業大学を卒業された野村 鎮さんは, ガの井上 寛さん, 半翅目の長谷川 仁さんとともに農大の三羽烏と言われ, 名前を音読みにしたチン・カン・ジンの愛称は尊敬と親しみを兼ねて虫屋仲間に浸透していた. 野村さんはほとんど毎回出席され, ハナノミやナガクチキ, コガネムシなどの話や同定をなさっていた. われわれ若輩者にもとてもやさしい語り口と態度で接するとともに, 多くのことを親切に教えてくださった.

カミキリ屋さんでは東京農工大の藤村俊彦さん, 東京農大の服部 仁さんも忘れられない. 藤村さんについては東京・府中市にある農工大の農場でご自身が採集されたアオキクスイカミキリのことが1番の思い出だ. 私が確認できた日本に現存するアオキクスイの標本4個体のうちの一つである. 惜しむらくは採集時の様子を直接藤村さんからお聞きしていないことで, いつかお伺いする機会を得たいと思っている*. 服部さんはいわずとしれたクロツヤヒゲナガコバネカミキリ *Glaphyra hattorii* の発見者で, 甲虫談話会で初めてお会いした頃はまだ農大の学生であったと記憶している. その後いっとき岐阜の大林一夫さんに師事したが, 東京に戻られてからは40年以上虫の世界からは離れられていた. ところが2006年のある日, 突然私のところに「またカミキリを始めるからよろしく」と, 昔と変わらぬ低音の張りのある声で電話がかかってきた. それからは40年のブランクを取り返すべく, 採集に, 標本作成に勤しんでおられる.

＊ 2012年6月に, 沖縄県石垣島に在住されている藤村さんに, 50数年ぶりにお目にかかり, アオキクスイカミキリを採集された当時の状況を直接お聞きすることができた.

私と同年代および私より若いカミキリ屋さんたち

まず最初に小宮次郎さんにご登場願おう (図 5-16). 彼は私と同じ 1937 年生まれだが, 早生のため学年は 1 年先輩となる. 若い頃から採集は非常に上手で, 超能力とも思える手腕を発揮して驚異的な記録をいくつも出している. 私の記憶にあるものだけでも福島県大滝山のムモンベニ, 富士山のムナミゾハナ, フタスジカタビロハナ, タケウチホソハナと, 発見当時には想像を絶するカミキリばかりであった. タケウチホソハナの表富士 (静岡県側) での記録は, いまだにこの 1 例だけである. 長じてからは世界のノコギリカミキリ亜科を研究対象とし, 現在では世界有数の研究者として活躍されている.

一つ年上の木村欣二さんは純粋のカミキリ屋とはいえないが, 甲虫はもちろん昆虫全般, 植物, 鳥, 天文など, 全ての自然分野にわたって造詣が深く, 私など足元にも及ばない素晴らしいナチュラリストだと私淑している (図 5-17). 木村さんの絵が上手なことは虫の世界では周知の事実だ. 単にイラストが美しいとかきれいだというだけでなく, なかに込められたユーモア溢れるアイデアが光っているのだ. 豊富な知識に裏打ちされた控えめな言動は, 人を引きつけて已まない. 私個人としては死ぬまで親しくお付き合いいただきたい人である. 「うざい」などといわないで, これからも軽妙な会話で私を楽しませていただきたい. なお, 本章に掲載した似顔絵はすべて, 木村さんが描き下してくださった. この場を借りて厚くお礼申しあげたい.

私より 4〜5 歳若い人では丸岡 宏さんと中村俊彦さんがいる (図 5-18). 丸岡さんは日本の南西諸島のカミキリに, いくつもその名を残す有名人だ. 高校生だった丸岡さんからいきなり電話があり, 私の地元の逗子市池子にある神武寺へ採集に連れて行ってほしいという内容であった. タマアジサイの枯れ枝にいるドウボソカミキリを, 本当にうれしそうに採集する彼の笑顔はいまだに忘れない. これをキッカケにカミキリの世界にはまって, 学生時代はカミキリ界の若きエースとして大活躍された. 社会人になられてからは仕事に精励され, 大企業の重鎮に上り詰めたため, 虫の世界とはやや疎遠にならざるをえない状態にあった様子だが, 私の見るところカミキリムシへの情熱は, 心の中で燃え続けているように思えた. 仕事をリタイアされた暁には, ぜひともカミキリ界に復活の狼煙を上げてほしいものと願っていたところ, 2008 年の秋に突然復活

図 5-16　小宮次郎さん　　図 5-17　木村欣二さん　　図 5-18　中村俊彦さん

宣言され，もともと好きだったコブヤハズ類の採集を再開した．これからの活躍を期待したい．

　中村俊彦さんとは東京・高尾山へ採集に行ったときにお会いしたのが初めてであった．若い頃の中村さんは，採集が大変上手だったばかりでなく，いわゆる「引きの強さ」では右に出る者はいなかった．意外な場所で意外なものを採るので「いないところでも採る男」の異名を頂戴した．たとえば房総半島の海水浴場の砂浜でベーツヒラタカミキリやヒメビロウドカミキリを拾ったり，伊豆諸島の御蔵島ではコゲチャヒラタカミキリを採り (伊豆諸島での本種の記録はいまだにこの一つだけ)，四国初記録のやはりコゲチャヒラタを高知県黒尊で電柱に止まっているところを見つけるなど，いずれも常識では考えられない状況でゲットしている．お仕事は東京都の監察医をされており，大変な激務の合間を縫ってカミキリなど甲虫を中心に採集・収集を続けられた努力には頭が下がる思いだ．しかも何十年もの間，ほとんど変わらぬペースで進められたところがすごい．願わくは収集された膨大な資料と知識をできるだけ多くの方に公開し，特に若い虫屋のために役立ててくださることを期待している．

　私とは一世代ほど違う 1947〜1949 年 (昭和 22〜24 年) 生まれの「団塊の世代」にも，数多くのカミキリ屋が輩出した．今は研究の中心をハナノミに移された本書の著者の一人でもあるシルク博物館館長の高桑正敏さん，奄美大島が日本のカミキリムシのメッカであった頃に大活躍された粂 久仁雄さん，ヤクシマホソコバネカミキリ (通称ヤクネキ) の発見者として知られる小林敏男さん，カミキリの幼虫を含めた生態に詳しい木下富夫さん (故人)，キスジトラカミキリ屋久島亜種に名を残す鎌苅哲二さんほか，枚挙に暇がない．

　団塊の世代以降のカミキリ屋では，カミキリムシの口器の形態を調べて高次

分類を試みた伊藤 淳さん，高知県出身で「香川県のカミキリムシ」をまとめられた小笠原隆さん，日本産カミキリムシのコレクションとしては有数の質量を誇り，美しい標本作製で知られる平山洋人さん，今は「むし社」の社長として，またクワガタの研究者として活躍されている藤田 宏さん，そして日本のカミキリムシ研究者の中核として，特にカミキリ亜科については世界的なレベルにまで成長された新里達也さんは，本書の企画立案者でもある．

　私の半世紀以上の長いカミキリムシ人生のなかでは，まだまだたくさんのカミキリ屋・虫屋さんとのお付き合いがあり，ここにご登場願わなければならない方々は目白押しだが，誌面の都合上，割愛せざるをえなかった．ご賢察をお願いしたい．

引用文献

序 章

Bense, U., 1995. Bockkäfer: Illustrierter Schlüssel zu den Cerambyciden und Vesperiden Europas. 512 pp. Margraf Verlag, Weikersheim.

新里達也, 2008. ヤエヤマトラカミキリ種群をめぐる諸問題. 月刊むし, (453): 2-9.

大林延夫・新里達也 (共編), 2007. 日本産カミキリムシ. 818 pp. 東海大学出版会, 秦野.

Reitter, E., 1912. Die Käfer des Deutschen Reiches. *Fauna Germ.*, 6: 1-236, pls. 129-152. K. G. Lutz, Stuttgart.

Tavakilian G. & H. Chevillotte, [2013]. Base de données Titan sur les Cerambycidés ou Longicornes, [30/mai/2013]. [http://lully.snv.jussieu.fr/titan/index.html]

第 1 章

Boppe, P., 1921. Coleoptera Longicornia. Fam. Cerambycidae, Subfam. Disteniinae – Lepturinae. *In* Wytsman, P.(ed.), *Genera Insectorum*, (178), i+121 pp., 8 pls. Desmet-Verteneuil, Bruxelles.

Bousquet, Y., D.J. Heffern, P. Bouchard & E.H. Nearns, 2009. Catalogue of family-group names in Cerambycidae (Coleoptera). *Zootaxa*, (2321): 1-80.

蒋 書南・陳 力, 2001. 鞘翅目天牛科花天牛亜科. 中国動物誌, 昆虫綱, 21: 1-296. 科学出版社, 北京.

Danilevsky, M.L., 1979. Description of the female, pupa and larva of *Apatophysis pavlovskii* Plav. and discussion of systematic position of the genus *Apatophysis* Chevr. (Coleoptera, Cerambycidae). *Ent. Obozr.*, 58: 821-828.

Ehara, S., 1954. Comparative anatomy of male genitalia in some cerambycid beetles. *J. Fac. Sci., Hokkaido Univ., Series 6, Zool.*, 12: 61-115.

Gressitt, J.L., 1947. Notes on the Lepturinae (Coleoptera, Cerambycidae). *Proc. ent. Soc. Washington*, 47(7): 190-192.

Gressitt, J.L., 1951. Longicorn Beetles of China. *Longicornia*, 2: 1-667, pls. 1-22.

Hayashi, M., 1957. Studies on Cerambycidae from Japan and its adjacent regions (VIII). *Ent. Rev. Japan*, 8: 45-48, 3 figs.

Hayashi, M., 1960. Study of the Lepturinae (Col.: Cerambycidae). *Niponius, Kyoto*, 1(6): 1-26, 25 figs.

Hunt, T., J. Bergsten, Z. Levkanicova, A. Papadopoulou, O.St. John, R. Wild, P.M. Hammond, D. Ahrens, M. Balke, M.S. Caterino, J. Gómez-Zurita, I. Ribera, Barraclough, M. Bocakova, L. Bocak & A.P. Vogler, 2007. A comprehensive phylogeny of beetles reveals the evolutionary origins of a superradiation. *Science*, 318: 1913-1916.

石川良輔, 1991. オサムシを分ける錠と鍵. 295 pp. 八坂書房, 東京.

小島圭三・林 匡夫, 1969. カミキリ編. 原色日本昆虫生態図鑑, 1: 1-295, pls. 1-56. 保育社, 大阪.

窪木幹夫, 1987. 日本の甲虫 ⑤ ヒメハナカミキリ. 8 pls. + 171 pp. 文一総合出版, 東京.

Linsley, E.G. & J.A. Chemsak, 1972. Cerambycidae of North America, part VI, no. 1. Taxonomy and classification of the subfamily Lepturinae. *Univ. Calif. Publ. Ent.*, 69: i-viii + 1-138 + 2 pls.

Löbl, I. & A. Smetana (eds.), 2010. Chrysomeloidea. *Catalogue of Palaearctic Coleoptera*, 6. 924 pp. Apollo Books, Stenstrup.

Matsushita, M., 1933. Beitrag zur Kenntnis der Cerambyciden des japanischen Reichs. *J. Fac. Agr. Hokkaido imp. Univ.*, 34: 157–445, pls. 1–5.

Nakane, T. & K. Ohbayashi, 1957. Notes on the genera and species of Lepturinae (Coleoptera: Cerambycidae) with special reference to their male genitalia. *Sci. Rep. Saikyo Univ. (Nat. Sci. & Liv. Sci.)*, 2 (4): 241–246, 12 figs.

Nakane, T. & K. Ohbayashi, 1959. Notes on the genera and species of Lepturinae (Coleoptera, Cerambycidae) with special reference to their male genitalia. II. *Sci. Rep. Kyoto Pref. Univ. (Nat. Sci. & Liv. Sci.)*, 3 (1): 63–66, 12 figs.

Niisato, T. & N. Ohbayashi, 2004. Discovery of the brachelytrous cerambycid genus *Necydalis* (Coleoptera, Cerambycidae) from northeastern Laos, with description of four new species. *Elytra, Tokyo*, 32: 201–218.

日本甲虫学会, 1968. 故大林一夫幹事追悼号. 昆虫学評論, 20: 1–78.

Ohbayashi, N., 1970. On some cerambycid-beetles from the Ryukyu Islands. *Bull. Japan ent. Acad., Nagoya*, 5: 1–4.

Ohbayashi, N., 1999. A new subspecies of *Leptura kusamai* (Coleoptera, Lepturinae) from Shikoku, Japan. *Elytra, Tokyo*, 27: 51–54.

Ohbayashi, N., 2007. A revision of the genus *Formosotoxotus* (Coleoptera, Cerambycidae, Apathophyseinae), with description of a new species from Sikkim. *Elytra, Tokyo*, 35: 194–204.

Ohbayashi, N., 2008. A revisional study of the *Macroleptura* genus-group (Coleoptera: Cerambycidae: Lepturinae). *Spec. Publ. Japan Coleopt. Soc., Osaka*, (2): 407–438.

Ohbayashi, N. & T. Shimomura, 1986. Two new lepturine beetles of the tribe Xylosteini (Coleoptera, Cerambycidae) from the Darjeeling district and the Malay Peninsula. *Ent. Pap. pres. Kurosawa, Tokyo*, 282–290.

Ohbayashi, N., T. Niisato & W.-K. Wang, 2004. Studies on the Cerambycidae (Coleoptera) of Hubei Province, China, Part I. *Elytra, Tokyo*, 32: 451–470.

Ohbayashi, N., T. Kurihara & T. Niisato, 2005. Some taxonomic changes on the Japanese Cerambycidae, with description of a new subspecies (Coleoptera). *Japan. J. syst. Ent., Matsuyama*, 11: 287–298.

大林一夫, 1963. カミキリムシ科. 中根猛彦他 (編), 原色昆虫大圖鑑 II, 甲虫篇, pp. 267–318, pls. 134–159. 北隆館, 東京.

大林延夫・新里達也 (共編), 2007. 日本産カミキリムシ. 818 pp. 東海大学出版会, 秦野.

Özdikmen, H., 2008. A nomenclatural act: Some nomenclatural changes on Palaearctic longhorned beetles (Coleoptera: Cerambycidae). *Mun. Ent. Zool.*, 3 (2): 707–715.

Sama, G., 2002. Atlas of Cerambycidae of Europe and the Mediterranean Area, Vol. 1: Northern, Western, Central and Eastern Europe. British Isles and Continental Europe from France (excl. Corsica) to Scandinavia and Urals. 173 pp. incl. 36 pls. Nakladatelství Kabourek, Zlín.

Sama, G., 2007. Notes on the genus *Nona* Sama, 2002 (Coleoptera, Cerambycidae, Lepturinae). *Atti. Soc. italia. Sci. natur. & Mus. Stor. natur., Milano*, 148: 101–104.

Švácha, P. & M.L. Danilevsky, 1987-1989. Cerambycoid larvae of Europe and Soviet Union (Col., Cerambycoidea), part I–III. *Acta univ. carol.*(Biol.), 30 [1986] (1–2): 1–176; 31 [1987] (3–4): 121–284; 32 [1988] (1–2): 1–205.

Švácha, P., J.-J. Wang & S.-C. Chen, 1997. Larval morphology and biology of *Philus antennatus* and *Heterophilus punctulatus*, and systematic position of the Philinae (Coleoptera: Cerambycidae and Vesperidae). *Ann. Soc. ent. Fr.* (N. S.), 33: 323–369.

高橋正道, 2006. 被子植物の起源と初期進化. 506 pp. 北海道大学出版会, 札幌.

玉貫光一，1942．天牛科 2, 花天牛亜科．日本動物分類，10 (8-15): i-v + 1-259 pp. 三省堂，東京．

第 2 章

Bates, H.W., 1873. On the longicorn Coleoptera of Japan. *Ann. Mag. nat. Hist.*, (4), 12: 1-39.

周 文一，2008. 台灣天牛圖鑑 (第 2 版)．408 pp. 猫頭鷹出版社，台北．

Löbl, I. & A. Smetana (eds.), 2010. Chrysomeloidea. *Cat. Palaearctic Coleopt.*, 6: 1-924. Apollo Books, Stenstrup.

Dejean, P.F.M.A., 1821. *Catalogue des coléoptères de la collection de M. le Baron Dejean.*, viii + 136 + [ii].

Gressitt, J.L., 1935. New Japanese longicorn beetles (Coleoptera, Cerambycidae). *Kontyû, Tokyo*, 9: 166-179.

Hayashi, M., 1974. Studies on Cerambycidae from Japan and its adjacent regions, XX. (Col.). *Ent. Rev. Japan*, 26: 11-17.

Hayashi, M., 1983. Study of Asian Cerambycidae (Coleoptera) V. *Bull. Osaka Jonan Women's Jr. Coll.*, (16): 29-44.

林 匡夫，1984．カミキリムシ科．林 匡夫・森本 桂・木元新作 (編), 原色日本甲虫図鑑, 4: 1-146 (pls. 1-28). 保育社，大阪．

細川浩司，1999．リュウキュウメダカアメイロカミキリの生態について．昆虫と自然, 34(7): 24-26.

小島圭三・林 匡夫，1969．カミキリ編．原色日本昆虫生態図鑑, 1: 1-295, pls. 1-56. 保育社，大阪．

草間慶一・高桑正敏，1984．カミキリ亜科．日本鞘翅目学会 (編), 日本産カミキリ大図鑑, pp. 249-351, pls. 26-48. 講談社，東京．

Kusama, K. & M. Takakuwa, 1984. New taxa described by Kusama and/or Takakuwa. *In* Japan. Soc. Coleopterol. (ed.), *The Longicorn Beetles of Japan in Color*, pp. 9-14. Kodansha, Tokyo.

李 承模，1987．韓半島天牛科甲虫誌．287 pp., 26 pls. 國立科學館，ソウル．

Linsley, E.G., 1961. Phylogenetic relationship of the higher categories of Cerambycidae (palaeontological, ecological & morphological evidences). *Univ. Calif. Publ. Ent.*, 18: 59-69, fig.

Miroshnikov, A.I., 1990. New and little known longicorn beetles (Coleoptera, Cerambycidae) from the Far East and the systematic position of the genus *Stenhomalus* White, 1855. *Ent. Obozr.*, 68: 739-746 (In Russian, with English summary).

Niisato, T., 1991. True identity of a Japanese species of the genus *Obrium* (Coleoptera, Cerambycidae). *Elytra, Tokyo*, 19: 158.

新里達也，1992．カミキリ亜科．大林延夫・佐藤正孝・小島圭三 (編), 日本産カミキリムシ検索図説, pp. 117-146, 467-534. 東海大学出版会，東京．

Niisato, T., 2000. A review of *Obrium longicorne* Bates (Coleoptera, Cerambycidae). *Elytra, Tokyo*, 28: 429-435.

Niisato, T., 2005. A new synonym of *Obrium obscuripenne* (Coleoptera, Cerambycidae). *Elytra, Tokyo*, 33: 658.

Niisato, T., 2006a. A new obriine genus *Uenobrium* (Coleoptera, Cerambycidae) and its components. *Elytra, Tokyo*, 34: 207-221.

Niisato, T., 2006b. Taxonomic disorder of *Obrium japonicum* (Coleoptera, Cerambycidae) and its allied species. *Elytra, Tokyo*, 34: 379-395.

新里達也，2007．生態 (生活環，後食，産卵習性，日周活動，越冬); カミキリ亜科 (図解検索と種の解説)．大林延夫・新里達也 (共編), 日本産カミキリムシ, pp. 164-168;

pp. 252-281, 424-512. 東海大学出版会, 秦野.
新里達也, 2012. カミキリムシの産卵行動と熊手状器官. Annimate 通信, (16): 1-5.
Niisato, T. & T. Horiguchi, 2007. *Obrium brevicorne* (Coleoptera, Cerambycidae) discovered in central Honshu, Japan. *Elytra, Tokyo*, 35: 344.
Niisato, T. & L.-Z. Hua, 1998. Three additional species of the tribe Obriini (Coleoptera, Cerambycidae) from China. *Elytra, Tokyo*, 26: 451-460.
Niisato, T. & T. Ohmoto, 1994. A new obriine species (Coleoptera, Cerambycidae) discovered from Iriomote-jima of the Ryukyu Islands. *Elytra, Tokyo*, 22: 349-352.
Niisato, T. & M. Takakuwa, 1996. New record of *Obrium semiformosanum* (Coleoptera, Cerambycidae) from northwestern Kyushu, Southwest Japan. *Elytra, Tokyo*, 24: 141-146.
Ohbayashi, K., 1959. New Cerambycidae from Japan. (5). *Ent. Rev. Japan*, 10: 1-3.
大林一夫, 1963. カミキリムシ科. 中根猛彦他 (編), 原色昆虫大圖鑑 II, 甲虫篇, pp. 267-318, pls. 134-159. 北隆館, 東京.
Ohbayashi, K., & N. Ohbayashi, 1965. New forms of Cerambycidae from the Ryukyus (Coleoptera). *Bull. Japan ent. Acad.*, 2: 1-5.
Pic, M., 1904a. Longicornes Palearctiques nouveaux. *Échange*, 19: 17-18.
Pic, M., 1904b. Description d'un *Obrium* du Japon et note de chasse. *Mat. Longic.*, 5(1): 22.
Saito, A., 1992. Female reproductive organs of cerambycid beetles from Japan and the neighboring areas. III. Obriini through Rosaliini. *Elytra, Tokyo*, 20: 103-118.
Tsherepanov, A.I., 1981. Usachi Severnoi Azii (Cerambycinae). 216 pp. Nauka Novosibirisk (In Russian).

第3章

Makihara, H., 1999. Atlas of longicorn beetles in Bukit Soeharto Education Forest, Mulawarman University, East Kalimantan, Indonesia. *PUSREHUT Special Publication*, (7): 1-140. Samarinda, Indonesia.
槇原 寛, 2000. 熱帯降雨林の昆虫採集学. 馬場金太郎・平嶋義宏 (編), 新版昆虫採集学, pp. 549-576. 九州大学出版会, 福岡.
槇原 寛, 2004. アルトカルプスの実を食害するカミキリムシ. 月刊むし, (398): 47-48.
槇原 寛, 2007. 熱帯林のカミキリムシ (1). カミキリムシの概要と種の多様性. 熱帯林業, 70: 51-59.
Makihara, H. & D.I. Ghozali, 1998. Effective suppression and control methods for coal seam fires. *In* Tropical forest fire-Prevention, control, rehabilitation and trans-boundary issues. *Proceeding of International Cross Sectoral Forum on Forest Fire Management in South East Asia, 7-8 December 1998, Jakarta, Indonesia*, pp. 429-447.
Makihara, H., W.A. Noerdjito & F. Budi, 2003. Actuality of Sebulu Experimental Forest in East Kalimantan. – On cerambycid beetles profile in Burnt Forest from January to February in 2003 –. *Proceedings of Rehabilitation of Degraded Tropical Forests, Southeast Asia 2003*, pp. 61-76.
槇原 寛・W.A. ノエルジッド・スギアルト, 2004. 東カリマンタン低地林に棲息するカミキリムシ. ―アルトカルプストラップと森林環境指標カミキリムシ―. 昆虫と自然, 39(6): 28-31.
Matius, P. & T. Toma, 2000. Checklist for a tree flora in Bukit Soeharto Education Forest, in East Kalimantan, Indonesia. *JICA Exptert Report-b, Prevention and Management Research for Forest Fire Disaster, Method of Research and Development and Evaluation*. 14 pp.
Niisato, T. & H. Makihara, 1999. Two new *Paramimistena* (Coleoptera, Cerambycidae) from eastern Kalimantan. *Elytra, Tokyo*, 27: 327-334.

野淵 輝・槇原 寛, 1997. 穿孔虫の移動分散. 昆虫と自然, 22(2): 22-26.
Soeyamto, C., H. Makihara, Sugiarto & F. Budi, 2000. Atlas of stag beetles in Bukit Soeharto Education Forest and Bukit Bangkirai Forest of Inhutani-1 in East Kalimantan, Indonesia. *JICA Expert Report*. 32 pp.
Sugiarto, F. Budi, H. Makihara & E. Iskandar, 2001. Cerambycid fauna in the campus of PPHT, Mulawarman University, East Kalimantan, Indonesia. *JICA (Prevention and management research for Forest fire disaster method of research and development and evaluation) Expert Repot*. 5 pp.
Takahata, S., 1996. Illustrated plant list of PUSREHUT. *PUSREHUT Special Publication,* (5): 1-314, 587 figs. PUSREHUT & JICA.
藤間 剛, 1999. ボルネオ島東部の異常乾燥と森林火災. *TROPICS*, 9: 55-72.
Wikipedia, [2008]. エルニーニョ・南方振動. <http://ja.wikipedia.org/wiki/エルニーニョ・南方振動>.
Yasuma, S., 1994. An invitation to the mammals of East Kalimantan. *PUSREHUT Special Publication,* (3): 1-384. Mulawarman University, Samarinda, Indonesia & JICA.

第4章

周 文一, 2008. 台灣天牛圖鑑 (第2版). 408 pp. 猫頭鷹出版社, 台北.
藤森克彦・米沢尚実, 1990. 美濃戸周辺のコブヤハズカミキリ属について. まつむし, (78): 15.
平井 勇, 1980. 南アルプスにおけるタニグチコブヤハズカミキリの分布. 月刊むし, (107): 3-6.
平井 勇・木下富夫, 1997. 山梨県須玉町のコブヤハズカミキリ属2種の分布. 月刊むし, (321): 16-21.
河路掛吾, 1976. コブヤハズカミキリ類の冬期採集例. 月刊むし, (61): 21.
河路掛吾, 1988. コブヤハズカミキリ類の飼育による雑種. 月刊むし, (203): 33-35.
小林靖彦, 1973. 長野県産コブヤハズカミキリ属について. まつむし, (44): 19-26, pl. 2.
久保田耕平・久保田典子・乙部 宏, 2008. コリクワガタとその近縁種の分類学的改訂について. 鰓角通信, (17): 3-18.
草間慶一・高桑正敏, 1984. フトカミキリ亜科 (一部). 日本鞘翅目学会 (編), 日本産カミキリ大図鑑, pp. 511-549. 講談社, 東京.
松本むしの会, 1969. 長野県のカミキリムシ覚え書, 1. *New Entomologist*, 18: 35-41.
松本むしの会 (編), 1976. 長野県のカミキリムシ. 212 pp. 日本民俗資料館, 松本.
守田益宗・崔 基龍・日比野紘一郎, 1998. 中部・東海地方の植生史. 安田喜憲・三好教夫 (編), 図説 日本列島植生史, pp.92-104. 朝倉書店, 東京.
中林博之, 1992. 長野県奥裾花渓谷のコブヤハズカミキリ類. 月刊むし, (260): 4-9, pl. 2.
中林博之, 2008. コブヤハズカミキリ入門. 高桑正敏の解体虫書, pp.76-104. 華飲み会, 小田原.
中林博之・高桑正敏・小林敏男, 2005. 長野県奥裾花渓谷におけるコブヤハズカミキリ属2種の分布動態. 日本鞘翅学会第18回大会講演要旨集, p. 14.
中林博之・高桑正敏・小林敏男, 2007. 白馬栂池高原におけるコブヤハズカミキリ属2種の動態. 日本鞘翅学会第20回大会講演要旨集, p. 16.
中林博之・中峰 空・小林敏男・高桑正敏, 2009. 北アルプス高瀬渓谷におけるコブヤハズカミキリ属2種の分布. 日本鞘翅学会第23回大会講演要旨集, p. 11.
中峰 空, 2003. コブヤハズカミキリ類の分子系統解析—果たして進化の過程を知ることはできるのか？—. 日本鞘翅学会第16回大会甲虫DNAワークショップ講演要旨集, pp.29-40.
中峰 空・竹田真木生, 2007. コブヤハズカミキリ属 (鞘翅目) のmtDNAハプロタイプの系

統関係と分岐年代の推定.日本昆虫学会第 67 回大会講演要旨集,p. 58.
Nakamine, S. & M. Takeda, 2008. Studies on the endophallic structures of the Japanese Phrissomini (Coleoptera, Cerambycidae). *Elytra, Tokyo*, 36(2): 241–254.
Nakamine, S. & M. Takeda, 2009. Molecular phylogeny and variations in elytra surface structures at the distributional boundary of *Mesechthistatus binodosus* and *M. furciferus* (Coleoptera, Cerambycidae). *Spec. Bull. Japan Soc. Coleopterol.*, Tokyo, (7) [Longicornists]: 297–307.
島田久隆,1988.妙高山塊東部におけるコブヤハズカミキリ属 2 種の分布－笹ヶ峰と西野谷をつなぐ 2 種の分布接点－.越佐昆虫同好会々報,(66): 27–33.
高桑正敏,1975–1978.日本のコブヤハズ類の問題点 (1)–(5).月刊むし,(48): 5–12; (55): 9–13; (62): 17–22; (77): 7–12; (86): 5–12.
高桑正敏,1987.コブヤハズカミキリ類とその非武装地帯.カミキリムシの魅力,pp.185–232.築地書館,東京.
高桑正敏,1988.コブヤハズカミキリ類の属種分化の距離.佐藤正孝 (編),日本の甲虫－その起源と種分化をめぐって－,pp.153–164.東海大学出版会,東京.
高桑正敏,2005.非武装地帯の崩壊？－コブヤハズ類にいま何が起きているのか－.月刊むし,(417): 38–45.
高桑正敏・平山洋人,2012.妙高山塊におけるコブヤハズカミキリ属 2 種の人工交雑個体とその関連研究.さやばねニューシリーズ,(5): 35–45.
高桑正敏・小林敏男・中林博之,2004.八ヶ岳におけるコブヤハズカミキリ属 2 種の分布の動態.日本鞘翅学会第 17 回大会講演要旨集,p. 17.
高桑正敏・小林敏男・中林博之,2006.コブヤハズカミキリ類 2 種の交雑帯周辺における形質吸収の軌跡.日本鞘翅学会第 19 回大会講演要旨集,p. 14.
遠山雅夫,1997.笹ヶ峰周辺におけるコブヤハズカミキリ群について.昆虫と自然,32(5): 23–27.
辻 誠一郎 (編),1990.最終間氷期以降の植生史文献：日本列島.327 pp. 米倉伸之,東京大学.
山屋茂人,2008.鞘翅目昆虫標本に見られるいくつかの雑種.長岡市立科学博物館研究報告,(43): 29–38.
山屋茂人・島田久隆,1993.コブヤハズカミキリ属の研究 (Ⅰ) コブヤハズカミキリとマヤサンコブヤハズカミキリの混棲.長岡市立科学博物館研究報告,(28): 63–72.
山屋茂人・須藤弘之・小菅十三八・伊丹英雄,1986.新潟県南西部におけるコブヤハズカミキリ属 2 種の分布.月刊むし,(182): 19–23.
安田喜憲,1990.気候と文明の盛衰.358 pp. 朝倉書店,東京.

本書に登場するカミキリムシの和名・学名一覧

Acalolepta dispar　171, 181, 182
Acalolepta opposita　157
Acalolepta rusticatrix　181, 182, 186
Acalolepta tarsalis　171, 181, 182
Acalolepta unicolor　182
Achthophora sandakana　157
Aliboron antennatum　157
Amechana nobilis　157, 171, 181, 182
Apatophysis barbara　28, 47
Artelida　44, 48
Artelida asiatica　44
Asilaris　39
Asilaris hayashii　146, 156
Atimura bacillina　180, 182
Bacchisa curticornis　158
Bandar pascoei　154, 155
Bellamira　58, 59
Bellamira scaralis　58
Camerocerambyx vittatus　147, 148
Capnolymma　27
Capnolymma borneana　152, 153
Capnolymma capreola　28
Celosterna pollinosa　152, 153
Cenodoxus granulosus　157
Chlorophorus dimidiatus　146
Clytellus kiyoyamai　147
Clytellus westwoodii　147
Cristaphanes cristulatus　156
Cylindrepomus peregrinus　157
Cyaneophytoecia sospita　157
Desisa lunulata　157
Desmocerus palliatus　61
Dialeges　155
Dialeges pauper　155
Dialeges pauperoides　152
Dialeges scabricornis　155
Distenia pryeri　158
Dorcasomus　48
Egesina fusca　165-167
Elacomia　39, 41
Elacomia borneensis　156
Elacomia histrionica　41, 42
Elacomia misolensis　41

Elacomia sp.　42
Elydnus amictus　171
Enoploderes sanguineus　35
Enoploderes vitticollis　35
Entelopes　157
Eodalis dentellus　147
Epepeotes　171
Epepeotes luscus　181
Epepeotes lateralis　181, 182
Ephies sp.　42, 43
Ephies taoi　41, 42
Epicasta turbida　155
Epicedia trimaculata　171, 181, 182
Epilysta mucida　156
Eroschema　48, 50
Eunidia　155
Euryptera unilineatocollis　62
Euryarthrum　147
Exocentrus rufohumeralis　165, 166
Falsoibidion　155
Formosotoxotus hisamatsui　47
Formosotoxotus masatakai　46
Formosotoxotus nobuoi　28
Gelonaetha hirta　170, 173
Glenea (Glenea) ochraceovittata　158
Glenea (Macroglenea) elegans　158
Glenea (Macroglenea) juno　158
Glenea (Poeciloglenea) sp.　152, 153, 158
Glenea (Tanylecta) aegoprepiformis　157
Gnatholea eburifera　158
Gnoma longicollis　157, 181, 182
Gnoma vittaticollis　157, 181, 182
Heffernia　26
Ibidionidum　80
Imantocera　161
Imantocera plumosa　161, 165, 167
Laoleptura phupanensis　58, 59
Leptorhabdium　26, 32, 33
Leptura obliterata　59, 60
Leptura obliterata vicaria　59
Leptura propinqua　60
Macroleptura mirabilis　59
Macroleptura quadrizona　58, 59

Melegena diversa 152, 153
Menesia bimaculata 158
Menesia fasciolata 157
Mesechthistatus yamahoi 195
Metopides occipitalis 182
Microdebilissa collare 146
Nedine adversa 180, 182
Neocerambyx 155
Neorhamnusium 26
Nidella 147
Niphona borneensis 157
Noemia 155
Nona 57, 59
Noona 59
Notorhabdium 26, 33
Notorhabdium immaculatum 33
Nyctimenius ochraceovittata 182
Oberea nigrescens 158
Oberea rubetra 157
Obrium brunneum 87
Obrium gracile 101
Obrium japonicum 69, 104
Obrium longicorne 69, 87
Obrium obscuripenne 101, 104
Obrium semiformosanum 83
Obrium tsushimanum 70, 99
Ocalemia 39
Ocalemia borneensis 156
Olenecamptus affinis 154
Olenecamptus borneensis 154
Oligoenoplus variicornis 156
Omocyrius jansoni 157
Oxymirus 26
Pachyteria lambi 149, 150
Palaeoxylosteus 26
Palaeoxylosteus kurosawai 33
Palimna annulata 139
Papuleptura 41
Paraegocidnus feai 152
Paraleprodera epicedoides 171, 181, 182
Paramimistena 157
Paramimistena brevis 156, 157
Paramimistena immaculicollis 156, 157
Paratoxotus 44
Parechthistatus chinensis 195
Parepicedia sp. 171, 181, 182
Pedostrangalia revestita 60
Pedostrangalia verticalis 60
Perissus aemulus 164, 169
Pharsalia duplicata 158

Philus antennatus 28
Philus ophthalmicus 154, 155
Polyphida argenteofasciata 147
Polyphida clytoides 156
Polyphida modesta 147
Pseudeuclea cribrosa 157
Pseudoparanaspia 39
Pseudotypocerus proxater 62
Pterolophia annulitarsis 180, 182
Pterolophia banksi 158, 172
Pterolophia crassipes 180, 182
Pterolophia lunigera 150
Pterolophia melanura 161, 165, 167, 172, 180, 182, 186
Pterolophia scopulifera 180, 182
Pyrocalymma 48
Rhamnusium 26
Rondibilis spinosula 180, 182
Ropica angusticollis 180, 182
Ropica marmorata 163, 165, 166, 180, 182
Ropica nigrovittata 165, 166
Ropica piperata 163, 165, 166
Ropica quadricristata 180, 182
Ropica sparsepunctata 180, 182
Salpinia diluta 155
Schmidtiana apicalis 149, 150
Schmidtiana borneensis 149, 150
Sclethrus borneensis 156
Sebasmia 152
Serixia aurulenta 157
Serixia prolata 157
Shimomuraia notabilis 41
Similosodus flavicornis 158
Similosodus fuscosignatus 157
Stenelytrana emarginata 61
Stenhomalus (Stenhomalus) unicolor 97-99
Stenhomalus lighti 104
Stenoleptura 39
Stenoleptura producticollis 156
Strangalia famelica 61
Strangalia flavocincta 62
Strangalia instabilis 62
Strangalia luteicornis 61
Strangalia melanura 62
Strangalia palaspina 62
Strangalia palifrons 62
Strangalia panama 62
Strangalia sp. 156
Strangalia virilis 61
Sybra binotata 180, 182

Sybra vitticollis　180, 182
Teledapalpus　26
Teledapus　26
Teratoleptura　59
Teratoleptura mirabilis　58
Tetraommatus testaceus　155
Toxotus　26, 44
Toxotinus auripilosus　44
Trachelophora maculosa　156
Trachystola scabripennis　157
Trigona　149
Tropimetopa　157
Trypogeus barclayi　156

Uenobrium laosicum　79
Uenobrium piceorubrum　79
Ulochaetes　53
Vesperus strepens　28
Xenolea tomentosa　166, 180, 182
Xenoleptura　37
Xoanodera angustula　155
Xylosteus　26, 32, 33
Xylosteus spinolea　28
Xystrocera alcyonea　155
Zegriades magister　160
Zotalemimon borneotica　157

あ 行

アイヌホソコバネカミキリ (極東亜種) *Necydalis (Necydalis) major aino*　256, 257, 259, 261
アオキクスイカミキリ *Phytoecia (Phytoecia) coeruleomicans*　270, 287
アオスジカミキリ属 *Xystrocera*　155
アオバホソハナカミキリ *Strangalomorpha tenuis*　40
アカオニアメイロカミキリ *Obrium cantharinum*　68, 87, 96, 109
アカオニアメイロカミキリ (北海道亜種) *Obrium cantharinum shimomurai*　70, 109
アカガネカミキリ *Plectrura metallica*　199
アカハネハナカミキリ属 *Formosopyrrhona*　39, 48, 50
アカムネハナカミキリ *Macropidonia ruficollis*　28, 279
アマミアカハネハナカミキリ *Formosopyrrhona satoi*　39, 48, 49
アマミホソコバネカミキリ *Necydalis (Necydalis) moriyai*　257
アメイロカミキリ (名義タイプ亜種) *Stenodryas clavigera clavigera*　80, 238
アラゲケシカミキリ属 *Exocentrus*　152, 165
アラメハナカミキリ *Sachalinobia koltzei*　16, 28, 37
アラメハナカミキリ属 *Sachalinobia*　26, 36, 37
イオウジマケシカミキリ *Sciadella (Sciadella) iwojimana*　284
イトヒゲカミキリ属 *Praolia*　157
イボタサビカミキリ *Sophronica obrioides*　274-276
ウォーレスクシヒゲミヤマカミキリ *Cyriopalus wallacei*　152, 153
ウスイロトラカミキリ *Xylotrechus (Xylotrechus) cuneipennis*　267
ウスゲアメイロカミキリ *Obrium kusamai*　71, 84, 85, 86, 108
ウスバカミキリ (名義タイプ亜種) *Aegosoma sinicum sinicum*　189
エゾアメイロカミキリ *Obrium brevicorne*　70, 93, 102, 103, 108-114, 116-123
エゾトラカミキリ属 *Oligoenoplus*　156
エゾハイイロハナカミキリ *Rhagium heylovskyi*　37
エトロフハナカミキリ *Etorofus (Etorofus) circaocularis*　59, 60, 246, 247
エトロフハナカミキリ属 *Etorofus*　59, 60, 61
オオウスバカミキリ (名義タイプ亜種) *Ergates faber faber*　3
オオクロハナカミキリ (＝クロオオハナカミキリ)　57
オオシマゴマダラカミキリ *Anoplophora oshimana*　1

オオシマホソハナカミキリ Strangalia gracilis 40, 54
オオホソコバネカミキリ Necydalis (Necydalisca) solida 247, 248, 251, 262
オオムラサキカミキリ属 Tetraophthalmus 157
オオヨツスジハナカミキリ Macroleptura regalis 54, 56-59
オオヨツスジハナカミキリ属 Macroleptura 53, 56
オガサワラトラカミキリ Chlorophorus boninensis 11, 12
オキナワサビカミキリ属 Zotalemimon 157
オダヒゲナガコバネカミキリ Glaphyra (Glaphyra) gracilis 265
オトメクビアカハナカミキリ Gaurotes (Carilia) otome 260, 276-279
オニホソコバネカミキリ (名義タイプ亜種) Necydalis (Necydalis) gigantea gigantea 247-250, 259, 271
オビハナカミキリ属 Desmocerus 26

■ か 行

カエデノヒゲナガコバネカミキリ Glaphyra (Glaphyra) ishiharai 15, 244
カエデノヘリグロハナカミキリ Eustrangalis distenioides 241, 242
カスガキモンカミキリ Paramenesia kasugensis 242, 243, 259
カスリドウボソカミキリ Pothyne variegata 176
カタキハナカミキリ Pedostrangalia femoralis 56, 59, 60
カタキハナカミキリ属 Pedostrangalia 56, 59, 60
カタビロハナカミキリ属 Pachyta 27, 38
カッコウメダカカミキリ Stenhomalus (Stenhomalus) cleroides 238
カナダアラメハナカミキリ Sachalinobia rugipennis 37
カノコサビカミキリ (名義タイプ亜種) Apomecyna naevia naevia 260, 266
カラカネハナカミキリ (名義タイプ亜種) Gaurotes (Paragaurotes) doris doris 276
カラカネハナカミキリ亜属 Paragaurotes 276, 277
カラフトホソコバネカミキリ Necydalis (Necydalisca) sachalinensis 256-258, 260
カラフトヨツスジハナカミキリ Leptura quadrifasciata 14, 15, 53, 108
ガロアケシカミキリ Exocentrus galloisi 87
カンショカミキリ属 Philus 28, 154, 155
キイロミヤマカミキリ Margites (Margites) fulvidus 126
キクスイカミキリ Phytoecia (Phytoecia) rufiventris 10
キクスイモドキカミキリ Asaperda rufipes 270
キスジトラカミキリ (屋久島亜種) Cyrtoclytus capra kamakarii 289
キタクニハナカミキリ属 Acmaeops 26, 38
キヌツヤハナカミキリ Corennys sericata 48
キヌツヤハナカミキリ属 Corennys 48
キバネニセハムシハナカミキリ Lemula decipiens 15, 28
キベリカタビロハナカミキリ Pachyta erebia 28
キベリクロヒメハナカミキリ Pidonia (Pidonia) discoidalis 270
キボシカミキリ Psacothea hilaris 1, 2, 10
キマダラミヤマカミキリ (名義タイプ亜種) Aeolesthes (Pseudaeolesthes) chrysothrix chrysothrix 126
キモンカミキリ Menesia sulphurata 243
キモンカミキリ属 Menesia 157, 158
キョクトウトラカミキリ Clytus arietoides 244, 245, 259
キンケカタビロハナカミキリ Formosotoxotus auripilosa 44, 46
キンケカタビロハナカミキリ属 Formosotoxotus 28, 44, 46, 47

クシヒゲミヤマカミキリ属 *Cyriopalus* 155
クスベニカミキリ *Pyrestes nipponicus* 66
クビアカハナカミキリ *Gaurotes (Carilia) atripennis* 276, 278
クビアカハナカミキリ亜属 *Carilia* 276, 277
クビアカハナカミキリ属 *Gaurotes* 26, 38, 276
クビアカモモブトホソカミキリ属 *Kurarua* 147
クビボソハナカミキリ属 *Nivellia* 245
クモマハナカミキリ属 *Evodinus* 38
クリイロチビケブカカミキリ *Terinaea atrofusca* 281, 282
クロオオハナカミキリ *Macroleptura thoracica* 57-59
クロオオハナカミキリ属 *Macroleptura* 56-59
クロサワヘリグロハナカミキリ *Eustrangalis anticereductus* 119
クロソンホソハナカミキリ *Mimostrangalia kurosonensis* 39
クロソンホソハナカミキリ属 *Mimostrangalia* 39
クロツヤヒゲナガコバネカミキリ *Glaphyra (Yamatoglaphyra) hattorii* 260, 264, 287
クロツヤヒゲナガコバネカミキリ亜属 *Yamatoglaphyra* 264
クロトラカミキリ *Chlorophorus diadema* 11, 12
クロトラカミキリ属 *Chlorophorus* 11, 146
クロトラカミキリ (日本亜種) *Chlorophorus diadema inhirsutus* 11
クロトラカミキリ (名義タイプ亜種) *Chlorophorus diadema diadema* 11
クロハナカミキリ *Leptura aethiops* 56
クロホソコバネカミキリ *Necydalis (Necydalisca) harmandi* 28, 247, 251-253, 287
クワカミキリ *Apriona japonica* 10
ケナガカミキリ属 *Artimpaza* 147
ケブカマルクビカミキリ *Atimia okayamensis* 199
ケブトハナカミキリ *Caraphia lepturoides* 32
ケブトハナカミキリ属 *Caraphia* 33
コウヤホソハナカミキリ *Strangalia koyaensis* 53, 54
コゲチャヒラタカミキリ *Eurypoda (Eurypoda) unicolor* 289
コジマヒゲナガコバネカミキリ *Glaphyra (Glaphyra) kojimai* 238
コバネカミキリ (名義タイプ亜種) *Psephactus remiger remiger* 50
コブハナカミキリ属 *Stenocorus* 26, 38
コブヤハズカミキリ *Mesechthistatus binodosus* 157, 192-194, 196, 197, 202-219, 229-231, 236
コブヤハズカミキリ属 *Mesechthistatus* 192-197, 201-203, 227-229, 231-234, 236
コボトケヒゲナガコバネカミキリ *Glaphyra (Glaphyra) kobotokensis* 244, 269
ゴマダラカミキリ *Anoplophora malasiaca* 1, 2, 238
ゴマフカミキリ *Mesosa (Mesosa) japonica* 262, 263

■ さ 行

サドチビアメイロカミキリ (日本亜種) *Obrium obscuripenne takakuwai* 69, 71, 73, 76, 84, 85, 90, 91, 99, 100, 101, 103-111, 113, 116
サドチビアメイロカミキリ (名義タイプ亜種) (=ツシマアメイロカミキリ) *Obrium obscuripenne obscuripenne* 70, 71, 90, 100-103, 109
サドチャイロヒメハナカミキリ *Pidonia (Mumon) telephia* 108
サビアヤカミキリ *Abryna (Abryna) obscura* 176
サビカミキリ属 *Pterolophia* 157, 158, 161, 165, 172, 186, 199

シナノクロフカミキリ *Asaperda agapanthina* 270, 275
シナノクロフカミキリ属 *Asaperda* 270
ジャコウホソハナカミキリ *Mimostrangalia dulcis* 39, 118
ジュウニキボシカミキリ *Paramenesia theaphia* 260, 263
シラホシカミキリ亜属 *Glenea* 135
シラホシカミキリ属 *Glenea* 135, 152, 157, 158, 169, 171
シラユキヒメハナカミキリ *Pidonia (Cryptopidonia) dealbata* 270
シラララカハナカミキリ *Judolia parallelopipeda* 245
シラララカハナカミキリ属 *Judolia* 38
シリグロアメイロカミキリ *Obrium fuscoapicalis* 85, 86
シロスジカミキリ *Batocera lineolata* 2, 3, 238
シロスジカミキリ属 *Batocera* 154
スギカミキリ *Semanotus japonicus* 10
スギノアカネトラカミキリ *Anaglyptus (Anaglyptus) subfasciatus* 10, 133, 157
スネケブカヒロコバネカミキリ *Merionoeda (Macromolorchus) hirsuta* 78, 79
スミイロハナカミキリ (本州亜種) *Nivellia extensa yuzawai* 258
セアカハナカミキリ (=クロオオハナカミキリ) 57
セダカコブヤハズカミキリ *Parechthistatus gibber* 193, 194, 196, 198
セダカコブヤハズカミキリ属 *Parechthistatus* 193-196, 198, 201, 232
センカククロトラカミキリ *Chlorophorus yakitai* 11, 12

■た 行

タカネヒメハナカミキリ *Pidonia (Pidonia) tsukamotoi* 277
タケウチホソハナカミキリ *Strangalia takeuchii* 40, 53, 54, 61, 288
タケトラカミキリ *Chlorophorus annularis* 176
タテジマカミキリ *Aulaconotus pachypezoides* 199, 266
タニグチコブヤハズカミキリ *Mesechthistatus taniguchii* 192-194, 196, 197, 201, 205, 220-229, 231-233, 235, 279
チビコブカミキリ亜属 *Miccolamia* 199
チビハナカミキリ *Alosterna chalybeela* 284
チャイロヒメコブハナカミキリ *Pseudosieversia japonica* 118
チャボヒゲナガカミキリ *Xenicotela pardalina* 275
ツシマアメイロカミキリ (=サドチビアメイロカミキリ (名義タイプ亜種)) 71, 100-103, 109
ツチイロフトヒゲカミキリ *Dolophrades terrenus* 199
ツマグロアメイロカミキリ属 *Pseudiphra* 72
ツヤケシハナカミキリ属 *Anastrangalia* 38
ツヤホソコバネカミキリ (=ホソコバネカミキリ) 247, 248, 256
テツイロハナカミキリ *Encyclops olivacea* 32, 36
テツイロハナカミキリ属 *Encyclops* 26, 34
ドウボソカミキリ *Pseudocalamobius japonicus* 157, 288
トガリバホソコバネカミキリ (日本亜種) *Necydalis (Eonecydalis) formosana niimurai* 247, 253-255
トゲフチオオウスバカミキリ属 *Bandar* 154, 155
トゲムネアラゲカミキリ *Aragea mizunoi* 260, 261, 282
トラフカミキリ (名義タイプ亜種) *Xylotrechus (Xyloclytus) chinensis chinensis* 10
トラフホソコバネカミキリ (名義タイプ亜種) *Thranius variegatus variegatus* 243
トワダムモンメダカミキリ *Stenhomalus (Stenhomalus) japonicus* 93, 94, 97, 98, 104-106, 269

本書に登場するカミキリムシの和名・学名一覧　　　303

■ な 行

ナガサキアメイロカミキリ (九州亜種) *Obrium semiformosanum abirui*　71, 82-85, 99
ナカネアメイロカミキリ *Obrium nakanei*　69, 70, 80-82, 90, 91, 99, 109-111, 114
ニイジマチビカミキリ属 *Egesina*　157, 165
ニジモンサビカミキリ *Pterolophia (Hylobrotus) formosana*　150
ニセノコギリハナカミキリ属 *Peithona*　26
ニセハナカミキリ属 *Apatophysis*　46, 47
ニセハムシハナカミキリ属 *Lemula*　26, 27
ニセビロウドカミキリ (名義タイプ亜種) *Acalolepta sejuncta sejuncta*　275
ニョウホウホソハナカミキリ *Parastrangalis lesnei*　40
ニンフホソハナカミキリ *Parastrangalis nymphula*　40, 120, 122
ノコギリカミキリ (名義タイプ亜種) *Prionus insularis insularis*　189

■ は 行

ハイイロハナカミキリ属 *Rhagium*　16, 26, 27, 36, 37
ハイイロヤハズカミキリ属 *Niphona*　157
ハコネホソハナカミキリ *Idiostrangalia hakonensis*　284
ハッタアメイロカミキリ *Obrium hattai*　70, 71, 93
ハネビロハナカミキリ *Leptura latipennis*　56
ヒゲジロハナカミキリ *Japanostrangalia dentatipennis*　40
ヒゲジロホソコバネカミキリ *Necydalis (Necydalisca) odai*　247, 252, 256, 257, 259
ヒゲナガアメイロカミキリ *Stenhomalus (Stenhomalus) longicornis*　87-94, 96-99, 104, 114, 115
ヒゲナガコバネカミキリ属 *Glaphyra*　51, 146, 264, 268
ヒゲナガゴマフカミキリ *Palimna liturata*　139
ヒゲナガホソハナカミキリ *Mimostrangalia longicornis*　39
ヒナルリハナカミキリ *Dinoptera minuta*　6, 15
ヒナルリハナカミキリ属 *Dinoptera*　27
ヒメアメイロカミキリ属 *Longipalpus*　72
ヒメカミキリ属 *Ceresium*　147
ヒメクロトラカミキリ (名義タイプ亜種) *Raphuma diminuta diminuta*　15, 108
ヒメコバネカミキリ属 *Epania*　146, 148, 149
ヒメハナカミキリ属 *Pidonia*　14, 26, 37, 38, 271, 277
ヒメヒゲナガカミキリ (名義タイプ亜種) *Monochamus subfasciatus subfasciatus*　238
ヒメビロウドカミキリ *Acalolepta degener*　289
ヒメヨツスジハナカミキリ (四国・九州亜種) *Leptura kusamai keiichii*　241
ヒメヨツスジハナカミキリ (名義タイプ亜種) *Leptura kusamai kusamai*　53-55, 240, 241, 259
ヒラヤマコブハナカミキリ *Enoploderes bicolor*　16, 34, 35, 268, 269, 281
ヒラヤマコブハナカミキリ属 *Enoploderes*　27, 34, 35, 38
ヒラヤマホソコバネカミキリ (名義タイプ亜種) *Necydalis (Necydalis) hirayamai hirayamai*　261
ビロウドカミキリ属 *Acalolepta*　157, 171, 186
フジコブヤハズカミキリ *Mesechthistatus fujisanus*　192-194, 196, 197, 201, 203, 220-229, 231-233, 235
フタオビミドリトラカミキリ *Chlorophorus muscosus*　189
フタコブルリハナカミキリ *Japanocorus caeruleipennis*　88, 120, 242, 271
フタスジカタビロハナカミキリ (日本亜種) *Brachyta bifasciata japonica*　260, 271, 288
フタスジハナカミキリ *Etorofus (Nakanea) vicarius*　56, 59, 60, 120

フタスジハナカミキリ亜属 *Nakanea*　56, 60, 61
フタツメイエカミキリ属 *Gnatholea*　158
フタホシサビカミキリ *Ropica honesta*　176, 184
フタホシサビカミキリ属 *Ropica*　163, 165
フタモンアラゲカミキリ *Ropaloscelis maculatus*　117
ブチヒゲハナカミキリ属 *Stictoleptura* (= *Corymbia*)　38
ブドウトラカミキリ (名義タイプ亜種) *Xylotrechus* (*Xylotrechus*) *pyrrhoderus pyrrhoderus*　10
フトキクスイモドキカミキリ *Asaperda silvicultrix*　260, 270, 271
フトヒゲアメイロカミキリ *Obrium takahashii*　71
ベーツヒラタカミキリ *Eurypoda* (*Neoprion*) *batesi*　272-274, 289
ベニカミキリ *Purpuricenus temminckii*　76
ベニカミキリ属 *Purpuricenus*　76
ベニバハナカミキリ *Paranaspia anaspidoides*　88
ベニボシカミキリ *Rosalia* (*Eurybatus*) *lesnei*　52
ヘリウスハナカミキリ (名義タイプ亜種) *Pyrrhona laeticolor laeticolor*　39, 49, 254, 261, 268
ヘリウスハナカミキリ属 *Pyrrhona*　39, 48, 50
ヘリグロホソハナカミキリ (名義タイプ亜種) *Ohbayashia nigromarginata nigromarginata*　39, 49, 255
ヘリグロホソハナカミキリ属 *Ohbayashia*　39, 50
ホクチチビハナカミキリ *Alosterna tabacicolor*　284
ホソコバネカミキリ *Necydalis* (*Necydalisca*) *pennata*　50, 52, 247, 248, 256, 259
ホソコバネカミキリ属 *Necydalis*　247
ホソトラカミキリ *Rhaphuma xenisca*　120, 238
ホソハナカミキリ *Leptostrangalia hosohana*　39, 66, 284
ホソハナカミキリ属 *Leptostrangalia*　39
ホソヒゲケブカカミキリ *Eupogoniopsis tenuicornis*　281

ま 行

マダラゴマフカミキリ *Japanomesosa poecila*　261, 262
マツノマダラカミキリ (日本・朝鮮半島亜種) *Monochamus alternates endai*　10, 133, 143, 157
マヤサンコブヤハズカミキリ *Mesechthistatus furciferus*　192-194, 196, 197, 202-219, 229-231, 235, 236, 279
マルオカホソハナカミキリ *Idiostrangalia maruokai*　40
マルガタハナカミキリ *Pachytodes cometes*　28
マルガタハナカミキリ属 *Pachytodes*　38
ミズヌマホソコバネカミキリ *Necydalis* (*Necydalis*) *mizunumai*　261
ミナミイオウトラカミキリ (北硫黄島亜種) *Chlorophorus minamiiwo kitaiwo*　11, 12
ミナミイオウトラカミキリ (名義タイプ亜種) *Chlorophorus minamiiwo minamiiwo*　11, 12
ミヤマカミキリ *Neocerambyx raddei*　160
ミヤマホソハナカミキリ *Idiostrangalia contracta*　40, 284
ミヤマルリハナカミキリ *Kanekoa azumensis*　15, 63, 267
ムコジマトラカミキリ *Chlorophorus kusamai*　11, 12
ムツボシシロカミキリ *Olenecamptus bilobus*　175
ムナコブハナカミキリ *Xenophyrama purpureum*　16, 280
ムナミゾアメイロカミキリ属 *Obrium*　68, 69, 70-74, 76, 79-81, 85, 87-93, 96, 97, 99, 102, 104, 105, 108, 109, 110, 113, 114
ムナミゾハナカミキリ *Munamizoa maculata*　288

ムネマダラトラカミキリ (名義タイプ亜種) *Xylotrechus (Xylotrechus) grayii grayii*　266, 267
ムモンベニカミキリ *Amarysius sanguinipennis*　288
メダカアメイロカミキリ属 *Uenobrium*　79, 80
メダカカミキリ属 *Stenhomalus*　72-74, 79, 87, 89, 90, 93, 94, 96, 97, 104, 155
モウセンハナカミキリ *Ephies japonicus*　39
モウセンハナカミキリ属 *Ephies*　39, 41, 42
モモグロハナカミキリ *Toxotinus reinii*　6, 16, 239, 240
モモブトコバネカミキリ属 *Merionoeda*　78, 146
モモブトホソカミキリ属 *Cleomenes*　146

や 行

ヤエヤマトラカミキリ *Chlorophorus yaeyamensis*　11, 12
ヤエヤマヒオドシハナカミキリ *Paranaspia yaeyamensis*　40
ヤクシマコブヤハズカミキリ *Hayashiechthistatus inexpectus*　56, 193, 194, 196, 198
ヤクシマコブヤハズカミキリ属 *Hayashiechthistatus*　193-195, 199
ヤクシマホソコバネカミキリ *Necydalis (Necydalis) yakushimensis*　56, 257, 289
ヤクシマヨツスジハナカミキリ *Leptura yakushimana*　53, 55
ヤツボシハナカミキリ *Leptura mimica*　40, 56
ヤハズカミキリ (名義タイプ亜種) *Uraecha bimaculata bimaculata*　275
ヤマトシロオビトラカミキリ *Kazuoclytus lautoides*　268
ヤマトヒメハナカミキリ *Pidonia (Pidonia) yamato*　270
ヤマトヨツスジハナカミキリ *Leptura subtilis*　40, 53, 55, 56
ヤマナラシノモモブトカミキリ *Acanthoderes clavipes*　108
ヨーロッパルリボシカミキリ *Rosalia (Rosalia) alpina*　7
ヨコヤマトラカミキリ *Epiclytus yokoyamai*　243, 244, 259
ヨスジホソハナカミキリ *Strangalia attenuata*　54, 61
ヨスジホソハナカミキリ属 *Strangalia*　31, 38, 54, 56, 57, 61, 62
ヨツスジハナカミキリ *Leptura ochraceofasciata*　40, 53-56
ヨツスジハナカミキリ (名義タイプ亜種) *Leptura ochraceofasciata ochraceofasciata*　120, 122
ヨツスジハナカミキリ (屋久島亜種) *Leptura ochraceofasciata yokoyamai*　55, 56
ヨツスジハナカミキリ属 *Leptura*　31, 53, 56, 57, 59, 61
ヨツボシメダカカミキリ *Stenhomalus (Stenhomalus) fenestratus*　96
ヨツメカミキリ属 *Tetraommatus*　155

ら 行

リュウキュウメダカアメイロカミキリ *Uenobrium takeshitai*　79, 80, 81
リンゴカミキリ属 *Oberea*　157, 158
ルリカミキリ属 *Bacchisa*　158

事項索引

■ **あ 行**

遺存種　34
遺伝子浸透　233
糸魚川-静岡構造線　196, 197, 202, 233-235
隠蔽的擬態　54
ウェーバー線　40, 41
ウォーレシア　40-43
ウォーレス線　16, 40, 41, 174, 175
ウルム氷期　37, 175
エルニーニョ南方振動　131
雄交尾器　28-31, 33, 35, 36, 47, 49, 56-61, 71, 73, 74, 95, 101, 103, 123, 193

■ **か 行**

海進　19, 174
階層分類　22, 29
海退　19, 174
海洋島　12
外来種　162, 191
海流　11, 12, 174, 175
拡大造林政策　192, 201, 208, 219, 220, 227, 228, 230, 233, 236
隔離　30, 34, 37
カラマツ植林　208, 219, 220, 222, 225, 227-229
間氷期　17, 19
気候変動　19, 38, 51, 233
寄主植物　8, 9, 69, 74, 75, 76, 78, 99, 108, 109, 111-113, 116, 122, 173, 201, 232, 255, 256, 265, 266, 269-271, 275, 279-281
基準産地　84, 93, 100, 101, 105, 106, 265
基準種　57, 61, 68, 79, 96
擬態　42, 43, 50, 51, 54, 55, 147, 149, 150
旧北区　10, 11, 16, 25, 37, 38, 39, 48, 57, 59, 74,
競合者　102
狭食性　8, 39
共進化　8, 9
共生関係　9, 74
共生菌　77
共通種　56, 175, 176
熊手状器官　75-81, 96, 110, 111, 122

K-r 選択理論　77
K-T 絶滅（＝K-T 境界）　17, 19
系統解析　24, 29
系統樹　23, 24
原記載　55, 80, 88-92, 94, 95, 97, 99, 106, 281
交雑　201, 202, 214-216, 230, 231, 235, 236
後食　7, 162, 200, 263, 281
交尾　7, 30, 69, 81, 199, 200, 252, 258
個体群　12, 54, 105, 106, 123, 202, 214, 215
古第三紀　8, 17-19, 33, 34, 38-40
固有率　11
混生地　203
ゴンドワナ大陸　18, 19

■ **さ 行**

最終氷期　37, 195, 233-236
雑種　29, 192, 207, 220, 230
　　ハイブリッド　193, 204, 207, 209-214, 217, 218, 220, 222-227, 229-231
　　ハイブリッド集団　204-206, 208, 230, 233
　　ハイブリッドゾーン　206, 211, 212, 214, 217-219, 221-225, 227
産卵加工　75, 77
産卵行動　74, 75, 77, 78, 81, 110, 111, 123
自然史　11, 93, 191, 229, 233, 236
自然分布　109
自然林　51, 208, 220, 227
指標種　171, 172, 179-182, 184-187, 189
姉妹群　79
種小名　97, 104, 241
種分化　12, 19, 29, 38, 39, 63, 198, 229, 233
ジュラ紀　17-20
衝突地帯　224
縄文海進　234, 235
照葉樹林帯　39
食性　8, 19, 36, 200
新生代　8, 17-19, 38
新第三紀　17-19, 36, 38-40, 63
新熱帯区　10, 16
新北区　10, 16, 26, 37, 39

事項索引

森林火災　128-132, 136-139, 150, 166-168, 170-172, 174, 177, 179, 184, 188, 189
森林環境　179, 180-182, 185, 187, 189
森林破壊　176
棲み分け　100, 111, 232
生活史　6, 7, 78, 199, 200, 203
生殖隔離　30
　　　生殖隔離機構　72, 102, 109, 230, 232
生態的地位（＝ニッチ）　19, 102, 111, 232
成虫越冬　199, 200, 266
生物多様性　66, 171, 182, 183, 185, 186, 220
生物地理学　16
生物地理区　40
青変菌　9, 10
摂食　3, 7
相転移説　213, 230
側系統　29
側所的　192, 197, 201, 209, 232, 235, 236
祖先的　5, 16, 28, 32, 72, 74

■ た　行

退化　28, 30, 50, 71, 72, 193, 199
タイプ標本（＝模式標本）　44-46, 55, 84-86, 92, 93, 95, 98, 99, 103-105, 135
第四紀　17, 19, 33, 37, 38, 198, 233
大陸移動　10, 18
単食性　8
担名タイプ　105
中央構造線　196, 197
昼行性　7, 32, 38
中生代　8, 17-19
地理的変異　84, 193
同所的　37, 54, 102, 103, 109, 113, 195, 197, 198, 201, 232, 235
東洋区　10, 11, 16, 39-41, 52
特殊化　71, 72, 74
独立種　12, 83, 230, 232

■ な　行

日華系要素　39
日本固有種　88
熱帯降雨林　125, 128, 129, 158, 162, 171

■ は　行

白亜紀　17-19, 36, 40
パンゲア超大陸　18

非武装地帯　191, 192, 202-206, 208, 211, 219, 221, 222, 226, 229, 230, 232, 233, 236
氷河期　17, 19, 174
表現型　218, 225, 230, 235
フォッサマグナ　196, 197, 198, 202, 220
分子系統　24
分布圏　202, 204, 206, 208, 209, 211, 212, 214, 217-219, 222-227, 230
分類学　14, 20, 22, 28, 65
分類体系　4, 22, 23, 25, 27, 29, 31, 57
分類単位　29, 83
変種　94
訪花性　19, 33, 34, 36, 38, 116, 246
捕食圧　77, 191
ホロタイプ（＝正基準標本）　85, 94, 95, 104, 105, 265

■ ま　行

未記載種　42, 152
mtDNA　195, 202, 215, 233, 235
名義タイプ亜種（＝原名亜種）　11, 54, 55, 70, 71, 90, 100, 103
命名　14, 25, 33, 44, 46, 50, 84, 94, 98, 105
雌交尾器　71-73, 81, 109, 110
木材穿孔性　174, 175, 189

■ や・ら・わ　行

夜行性　7, 32, 33, 147, 152, 153, 155, 160, 173, 273, 274
裸子植物　8, 17, 19, 36
類縁関係　11, 29, 80, 63, 85, 98, 103
レクトタイプ　95
ローラシア大陸　18, 19, 33, 38, 39
渡瀬線　11

■著者紹介

新里　達也（にいさと　たつや）農学博士
　　1957 年　東京都に生まれる
　　1980 年　日本獣医畜産大学卒業
　　現　在　（株）環境指標生物　代表取締役
　　研究テーマ　カミキリムシ科甲虫の分類
　　主な著書　『日本産カミキリムシ検索図説』（共著，東海大学出版会）
　　　　　　　『日本産カミキリムシ』（共編著，東海大学出版会）
　　　　　　　『カトカラの舞う夜更け』（海游舎）
　　　　　　　『野生生物保全技術 第二版』（共編著，海游舎）

槇原　寛（まきはら　ひろし）
　　1947 年　福岡県に生まれる
　　1971 年　鹿児島大学農学部卒業
　　2013 年　独立行政法人森林総合研究所　退職
　　主な著書　『日本産カミキリ大図鑑』（共著，講談社）
　　　　　　　『日本の昆虫 ― 侵略と撹乱の生態学 ―』（共著，東海大学出版会）
　　　　　　　『スギノアカネトラカミキリの生態と防除』（林業技術振興所）
　　　　　　　『沈黙する熱帯林』（共著，東洋書店）
　　　　　　　『日本産カミキリムシ検索図説』（共著，東海大学出版会）
　　　　　　　『新版　昆虫採集学』（共著，九州大学出版会）
　　　　　　　『日本産カミキリムシ』（共著，東海大学出版会）

大林　延夫（おおばやし　のぶお）農学博士
　　1944 年　岐阜県に生まれる
　　1965 年　愛媛大学農学部卒業
　　現　在　愛媛大学名誉教授
　　研究テーマ　昆虫分類学（主にカミキリムシ）
　　主な著書　『日本の甲虫，その起源と種分化をめぐって』（共著，東海大学出版会）
　　　　　　　『日本産カミキリムシ検索図説』（共編著，東海大学出版会）
　　　　　　　『新農学シリーズ　害虫防除』（共著，朝倉書店）
　　　　　　　『日本産カミキリムシ』（共編著，東海大学出版会）
　　　　　　　『里山の昆虫ハンドブック』（監修，日本放送出版協会）

高桑　正敏（たかくわ　まさとし）　農学博士
　　1947 年　神奈川県に生まれる
　　1970 年　東京都立大学経済学部卒業
　　2012 年　神奈川県立生命の星・地球博物館　名誉館員
　　2016 年　没
　　研究テーマ　ハナノミ科甲虫の分類；昆虫地理
　　主な著書　　『日本産カミキリ大図鑑』（共編著，講談社）
　　　　　　　　『ベニボシカミキリの世界』（編著，むし社）
　　　　　　　　『擬態＜だましあいの進化論＞1 昆虫の擬態』（分担執筆，築地書館）
　　　　　　　　『虫の名、貝の名、魚の名　和名にまつわる話題』
　　　　　　　　　　　　　　　　　　　　　　　　（分担執筆，東海大学出版会）

露木　繁雄（つゆき　しげお）
　　1937 年　神奈川県に生まれる
　　1960 年　慶應義塾大学経済学部卒業
　　1997 年　（株）富士通ゼネラル　退社
　　主な著書　　『カミキリムシの魅力』（共著，築地書館）

カミキリ学のすすめ

2013年9月20日　初　版　発　行
2019年9月20日　初版第2刷発行

編　者　　新里達也

発行者　　本間喜一郎

発行所　　株式会社 海游舎
　　　　　〒151-0061 東京都渋谷区初台 1-23-6-110
　　　　　電話 03 (3375) 8567　FAX 03 (3375) 0922

印刷・製本　　凸版印刷(株)

© 新里達也 2013

本書の内容の一部あるいは全部を無断で複写複製することは,著作権および出版権の侵害となることがありますのでご注意ください。

ISBN978-4-905930-26-6　　PRINTED IN JAPAN